数据科学与大数据技术

极速 Python：

高性能编码、计算与数据分析

[美] 蒂亚戈·罗德里格斯·安道(Tiago Rodrigues Antão)　著

沈　冲　　　　　　　　　　　　　　　　译

U0227663

清華大学出版社

北　京

北京市版权局著作权合同登记号 图字：01-2024-0792

Tiago Rodrigues Antão
Fast Python: High performance techniques for large datasets
EISBN: 9781617297939
Original English language edition published by Manning Publications, USA © 2023 by Manning
Publications Co. Simplified Chinese-language edition copyright © 2024 by Tsinghua University Press
Limited. All rights reserved.

图书在版编目(CIP)数据

极速 Python：高性能编码、计算与数据分析 / (美)蒂亚戈·罗德里格斯·安道 (Tiago Rodrigues Antão)
著；沈冲译. —北京：清华大学出版社，2024.3（2025.1重印）
（数据科学与大数据技术）
书名原文：Fast Python: High performance techniques for large datasets
ISBN 978-7-302-65629-6

I.①极… II.①蒂…②沈… III.①软件工具—程序设计 IV.①TP311.561

中国国家版本馆 CIP 数据核字(2024)第 036286 号

责任编辑：王 军
装帧设计：孔祥峰
责任校对：马遥遥
责任印制：宋 林

出版发行：清华大学出版社
　　　　　网　　　址：https://www.tup.com.cn, https://www.wqxuetang.com
　　　　　地　　　址：北京清华大学学研大厦 A 座　　　邮　　编：100084
　　　　　社 总 机：010-83470000　　　　　　　　　邮　　购：010-62786544
　　　　　投稿与读者服务：010-62776969, c-service@tup.tsinghua.edu.cn
　　　　　质 量 反 馈：010-62772015, zhiliang@tup.tsinghua.edu.cn
印 装 者：北京同文印刷有限责任公司
经　　销：全国新华书店
开　　本：170mm×240mm　　　印　　张：16.25　　　字　　数：375 千字
版　　次：2024 年 3 月第 1 版　　　印　　次：2025 年 1 月第 2 次印刷
定　　价：79.80 元

产品编号：097309-01

作 者 简 介

  Tiago Rodrigues Antão 拥有信息学工程学士学位和生物信息学博士学位。他目前从事生物技术工作，使用 Python 生态来处理科学计算和数据工程任务。大多数时候，他也使用底层编程语言(如 C 和 Rust)对算法的关键部分进行优化。目前，他在基于 Amazon AWS 的云计算设备上进行开发，但使用的基本是本地计算集群。

  除了业内经历，他在科学计算方面有两段学术经历，包括在剑桥大学和牛津大学从事数据分析博士后研究工作。作为蒙大拿大学的研究员，他从零开始创建了用于分析生物数据的整套科学计算方法。

  Tiago 是重要生物信息软件包 *Biopython*(用 Python 编写)的共同作者之一，也是 *Bioinformatics with Python Cookbook*(Packt 出版社，2022)一书的作者，该书已出版了第 3 版。他还在生物信息学领域发表了多篇重要的科研论文。

致　谢

　　我要感谢策划编辑 Frances Lefkowitz，他给予了我无限的耐心。还要感谢我的女儿和妻子，在我编写本书的几年时光里，无法陪伴在她们身边。感谢 Manning 出版社编辑团队齐心合力，促成本书出版。

　　向所有审稿人致敬，他们是：Abhilash Babu Jyotheendra Babu、Andrea Smith、Biswanath Chowdhury、Brian Griner、Brian S Cole、Dan Sheikh、Dana Robinson、Daniel Vasquez、David Paccoud、David Patschke、Grzegorz Mika、James Liu、Jens Christian B. Madsen、Jeremy Chen、Kalyan Reddy、Lorenzo De Leon、Manu Sareena、Nik Piepenbreier、Noah Flynn、Or Golan、Paulo Nuin、Pegah T. Afshar、Richard Vaughan、Ruud Gijsen、Shashank Kalanithi、Simeon Leyzerzon、Simone Sguazza、Sriram Macharla、Sruti Shiva kumar、Steve Love、Walter Alexander Mata López、William Jamir Silva 和 Xie Yikuan。感谢他们提出宝贵的建议，使本书质量更上一层楼。

关于封面插图

本书封面人物是"Bourgeoise de Passeau"或"Bourgeoise of Passeau",即"帕绍的居民",取自 Jacques Grasset de Saint-Sauveur 于 1797 年出版的一本图集。其中的每幅插图都是手工绘制和上色的。

在几个世纪前,很容易通过人们的穿着识别其居所、职业、社会地位。Manning 出版社用表现几个世纪前地区文化丰富多样性的插图作为书籍封面,以此反映计算机行业的创造性,并让这些珍贵的插图重新焕发生机。

前　言

　　若干年前，我们团队正在使用的基于 Python 的数据管道突然崩溃，导致某个进程持续占用 CPU。该组件对公司业务至关重要，因此必须尽快解决该问题。我们核查了算法，始终没有发现问题。算法的实现步骤其实非常简单，但经过多名工程师的数小时排查，才发现问题在于程序在一个非常大的列表上进行搜索。在将列表转换为集合后，问题就迎刃而解了。最终，数据结构不仅变得更小，搜索时间也从数小时降低到毫秒级别。

　　这次故障对我触动很大：

- 虽然问题并不严重，但暴露出团队在开发过程中并不关注性能问题。如果经常使用代码分析器，我们就能在几分钟内发现问题，而不是耗费了好几小时。
- 我们最终解决了问题，并且取得了双赢的结果，不仅程序查询时间更短，占用内存也更少。虽然在许多情况下，面对性能和成本需要做出取舍，但在某些情况下，兼顾两者不仅能获得满意的结果，还没有任何负面影响。
- 从更高的角度审视，结果也是双赢的。首先，查询速度更快非常有利于公司业务的开展。其次，算法经过优化后，使用 CPU 的时间更短、耗能更低，也更加环保。
- 虽然单个案例意义有限，但我意识到许多程序员或许都在寻找类似的优化解决方案。

　　因此，我决定编写本书，以便其他程序员可以从中受益。我的目标是帮助经验丰富的 Python 程序员设计和实现更高效的解决方案，同时能够了解底层的权衡机制。我将采用全面且透彻的方式，通过探讨 Python 代码和重要的 Python 库，从算法角度来探究现代硬件架构及其影响，并分析 CPU 和存储性能。希望本书能够帮助读者在使用 Python 生态进行开发时，游刃有余地处理性能问题。

关 于 本 书

本书旨在帮助读者在 Python 生态中编写更高效的应用程序。更高效是指让代码使用的 CPU 周期更少、占用的存储空间更少、消耗的网络通信更少。

本书采用全面且透彻的方式来分析性能问题。书中不仅涉及纯 Python 代码的优化技术，还介绍了如何高效使用数据科学库，如 NumPy 和 pandas。由于 Python 在某些场景下性能不足，为了使代码运行速度更快，本书还讲解了 Cython。为了使内容尽量全面，本书还讨论了硬件对代码设计的影响，即分析现代计算机架构对算法性能的影响。另外，还探究了网络架构对效率的影响，以及 GPU 计算在快速数据分析领域中的运用。

目标读者

本书面向中高级读者。希望读者接触过目录中的大部分技术，并且最好亲自使用过其中一些。除了 IO 库和 GPU 计算章节，本书只提供了很少的介绍性内容，所以要求读者了解基础知识。如果你正在编写高性能代码，并面临高效处理海量数据的切实挑战，这本书可提供很多建议。

为了从本书吸收更多的知识，你应该具备多年的 Python 编程经验，熟悉 Python 控制流、列表、集合和字典，并具备一定 Python 标准库的使用经验，如 os、sys、pickle 和 multiprocessing。为了充分运用书中介绍的技术，你或多或少应操作过标准的数据分析库，即 NumPy 和 pandas，例如，使用过 NumPy 中的数组和 pandas 中的数据帧。

如果你清楚如何通过 C 或 Rust 等语言接口来加速 Python 代码，或了解 Cython 或 Numba 等优化工具，即使没有实际操作过，本书对你也会很有帮助。在 Python 中处理 IO 的经验对你也会有所帮助。鉴于 IO 库方面的学习资料较少，我们将从 Apache Parque 和 Zarr 库开始介绍。

读者应该熟练使用 Linux 终端(或 MacOS 终端)的基本命令。如果使用 Windows，请安装基于 UNIX 的终端，并熟悉命令行或 PowerShell。此外，你还需要在计算机上安装 Python。

在某些示例中，我会讲解云计算技巧，但访问云或了解云计算方面的知识不是阅读本书的必要条件。如果你对云计算方法感兴趣，建议学习执行云计算的基本操作，例如，创建实例和访问云服务存储。

虽然本书不要求读者接受过学术培训，但了解复杂度的基本概念是有益的。例如，理解与数据量呈线性关系的算法优于与数据量呈指数关系的算法。如果你想使用 GPU 进行优化，阅读本书前不需要了解相关内容。

本书内容：学习路线图

本书各章基本是独立的，读者可以翻阅任何感兴趣的章节。全书内容分为四部分。
第 I 部分"基础知识"(第 1~4 章)，涵盖了入门知识。

- 第 1 章介绍了海量数据带来的问题，并解释了为什么必须关注计算和存储的效率。本章还介绍了全书的学习方法，并提供了如何根据需求学习本书的建议。
- 第 2 章讲解了对原生 Python 代码进行优化的方法。本章还讨论了 Python 数据结构的优化、代码分析、内存分配和惰性编程技术。
- 第 3 章讨论了 Python 中的并发和并行，以及如何最佳利用多进程和多线程(包括使用线程进行并行处理的限制)。本章还介绍了异步处理，它通常用于 Web 服务中的低负载、多并发请求场景。
- 第 4 章介绍了 NumPy，NumPy 是用于高效处理多维数组的库。NumPy 是当前所有数据处理技术的核心，是众多方法的基本库。本章分享了 NumPy 中的关键功能，如视图、广播和数组编程，以开发更高效的代码。

第 II 部分"硬件"(第 5 章和第 6 章)，主要涉及如何发挥硬件和网络的最大效率。

- 第 5 章介绍了 Cython。Cython 基于 Python，可以生成非常高效的代码。Python 属于高级解释性语言，因此不适合用于优化硬件。其他几种语言，如 C 或 Rust，从设计之初就能在硬件层高效运行。Cython 属于底层语言，虽然它与 Python 很相似，但可以将 Cython 编译成 C 代码。要想写出高效的 Cython 代码，关键在于掌握代码基础和实现方法。在本章中，我们就将学习如何编写高效的 Cython 代码。
- 第 6 章讨论了硬件架构对高效 Python 代码设计的影响。鉴于计算机的设计模式，反直觉的编程方法可能比预期的更有效率。例如，在某些情况下，即使需要承担解压缩算法的计算开销，处理压缩数据也可能比处理未压缩数据的速度更快。本章还介绍了 CPU、内存、存储和网络对 Python 算法设计的影响。另外，本章讨论了 NumExpr 库，它能利用最新的硬件架构特性使 NumPy 代码更高效。

第III部分"用于现代数据处理的应用和库"(第 7 章和第 8 章)，探讨了最新的用于数据处理的应用和库。

- 第 7 章讨论了如何高效使用 pandas，pandas 是 Python 中的数据帧库。我们将研究 pandas 相关的技术，以优化代码。和本书大多数章节不同，这一章的内容基于前面的章节。pandas 是在 NumPy 的基础上工作的，所以我们在这里会借鉴第 4 章的内容，探索与 NumPy 相关的技术进而优化 pandas。我们还将探究如何用 NumExpr 和 Cython 优化 pandas。最后，介绍了 Arrow 库，除了可以提高处理 pandas 数据帧的性能，它还具有其他强大的功能。

- 第8章探讨了数据持久化的优化问题。我们讨论了能高效处理列型数据的库 Parquet，以及能处理大型磁盘数组的库 Zarr。还讨论了如何处理超过内存容量的数据集。

第IV部分"高级主题"(第9章和第10章)，涉及 GPU 和 Dask 库。

- 第9章探讨了图形处理单元(Graphical Processing Unit，GPU)在处理大型数据集方面的使用方法。我们将看到，GPU 计算模型使用大量简单的处理单元，完全可以处理最新的数据科学问题。我们使用了两种不同的方法以利用 GPU 的优势。首先，将讨论现有 GPU 方面的库，这些库提供了与其他库类似的接口，例如 CuPy 是 NumPy 的 GPU 版本。另外，本章还介绍如何编写在 GPU 上运行的 Python 代码。
- 第10章讨论了 Dask。使用 Dask 库能编写出轻松扩展到计算集群上的并行代码，它提供了类似于 NumPy 和 pandas 的接口。计算集群既可以位于本地，又可以位于云端。

该书最后还包括两个附录。

- 附录 A 介绍如何安装必需的软件，以使用书中的示例。
- 附录 B 介绍 Numba。Numba 是 Cython 的替代品，可以生成高效的底层代码。Cython 和 Numba 是生成底层代码的主要途径。为了解决真实场景中的问题，我推荐使用 Numba。但是，为什么正文中用了一整章来介绍 Cython，却将 Numba 放在附录中呢？这是因为本书的主要目标是为你打下坚实的基础，确保能在 Python 生态系统中编写高效的代码，而 Cython 更适合深入了解内部的计算机制。

关于代码

本书包含许多源代码示例，为了区别于普通文本，这些源代码都采用等宽字体。有时，也会加粗代码，以强调代码发生的变动，例如，为已有代码添加新功能。

在许多示例中，不得不对初始源代码的样式进行调整。为了使页面版式更加美观，添加了换行符，并重新进行排版缩进。但在极少数情况下，如此调整后还要使用连行符(➥)。此外，如果文本中对代码进行了解释，通常会删除源代码中的注释。许多代码附带有注释，以突出重要概念。

本书示例的完整代码可从 GitHub 仓库(https://github.com/tiagoantao/python-performance)下载，或扫描本书封底的二维码进行下载。当发现错误或需要更新 Python 和库时，我会更新代码仓库。因此，请读者留意代码仓库的变动。代码仓库为每个章节列出了详细目录。

人们对代码风格各有偏好，我尽量调整了书中的代码，以使代码在纸质版的书中看起来更加美观。例如，我本来喜欢使用较长且具有描述性的变量名，但这种名称的印刷效果一般。因此，书中使用具有表达性的变量名，并遵循标准的 Python 惯例，如 PEP8，同时确保印刷效果的美观。本书对类型注释也采取了同样的做法，我原本想使用类型注释，但类型注释妨碍了代码的可读性。在极少数情况下，我使用算法来增强可读性，但算法并不能应对所有极端情况，或使代码逻辑更加清晰。

在大多数情况下，本书中的代码适用于标准的 Python 解释器。在少数情况下，需要使用 IPython，特别是进行性能分析时。你也可以使用 Jupyter Notebook。

关于安装的细节可以参考附录 A。如果任何章节需要使用特殊的软件，将在适当的地方注明。

硬件和软件

读者可以使用任何操作系统运行本书中的代码。不过，大部分生产代码都部署在 Linux 上，因此 Linux 是首选系统。或者，也可以直接使用 MacOS X。如果使用的是 Windows，建议安装 Windows Subsystem for Linux(WSL)。

除了操作系统，还可以选择 Docker。读者可以使用代码仓库中提供的 Docker 镜像，Docker 提供了容器化的 Linux 环境来运行代码。

建议你使用的计算机至少拥有 16 GB 的内存和 150 GB 的可用磁盘空间。第 9 章涉及与 GPU 相关的内容，需要使用 NVIDIA GPU，最低基于 Pascal 架构。过去五年中发布的大多数 GPU 都符合此要求。为了充分学习本书内容，有关环境准备的详细信息，请参见附录 A。

目　　录

第 I 部分

基 础 知 识

第I部分讨论有关 Python 性能的基础方法。介绍 Python 原生库和基本数据结构，以及 Python 在没有外部库的情况下如何使用并行处理技术。本部分还专门用一整章探讨如何优化 NumPy。虽然 NumPy 是外部库，但它对数据处理至关重要，因此 NumPy 和 Python 原生方法一样都是基础。

第 *1* 章

对高效数据处理的迫切需求

本章内容
- 数据指数级增长带来的挑战
- 比较传统和最新的计算架构
- Python 在数据分析中的作用和不足之处
- Python 高效计算方法

人们正以前所未有的速度和广度采集海量数据。但是，采集数据的过程具有很强的随意性和盲目性，不管如何处理、存储、访问、提炼数据，也不管数据的最终用途是什么，只是先将数据收集起来。在数据科学家分析数据之前，在设计师、政策制定者、开发者基于数据打造产品、提供服务、编写程序之前，软件工程师必须找到存储和处理大数据的方法。现在，大数据工程师比起以往任何时候，都更需要高效的方法来提高性能和优化存储。

在本书中，我分享了大量在自己工作中使用的提高性能和优化存储的策略。当出现问题时，简单粗暴地投入更多机器往往既不现实，又没有任何帮助。因此，本书中介绍的解决方案更多是靠理解和利用现有的东西：编码方法、硬件架构、系统架构、软件，当然还涉及 Python 语言、库和生态。

为了应对数据泛滥带来的问题，人们首选 Python 作为编程语言，并将 Python 作为使用其他编程语言的"胶水语言"。由于 Python 在数据科学和数据工程中使用广泛，进一步推动了 Python 的发展。根据 TIOBE 编程指数，Python 是目前最受欢迎的编程语言之一。在处理大数据方面，Python 有其独特的优势和局限性，其运行速度不够快无疑也带来了一定的挑战。不过正如本书在后文展示的，有许多不同的方法和技巧，可以使 Python 更高效地处理大量数据。

在讨论解决方案之前，需要全面了解问题，这是第 1 章的主要目标。我们将更深入地讨论数据泛滥所带来的计算挑战，明确到底要处理什么问题。接下来，将讨论硬件、网络和云计算架构的作用，以了解为什么过去的解决方案(如提高 CPU 速度)无法解决当前的问题。然后，将讨论 Python 在处理大数据时面临的特殊挑战，包括 Python 的线程和 CPython 的全局解释器锁(Global Interpreter Lock，GIL)。在明确需要运用新方法才能使

Python 更加高效后,我会简要概述后文涉及的解决方案,这样读者在学习过程中就会变得轻松很多。

1.1 数据泛滥的严重性

你可能知道这两个计算定律,即摩尔定律(Moore's Law)和埃德霍尔姆定律(Edholm's Law),后者指出了数据的指数式增长规律,前者则指出计算机处理数据的能力滞后于数据的增长。埃德霍尔姆定律表明通信数据速率每 18 个月翻一番,而摩尔定律预测处理器上可容纳的晶体管数量每两年翻一番。可以用埃德霍尔姆的数据传输率来表示采集的数据量,将摩尔的晶体管密度作为计算硬件速度和容量的指标。当对二者进行比较时,可以发现处理和存储数据的能力与采集数据的速度和数量之间存在 6 个月的滞后。因为用文字表达指数增长可能难以理解,所以我把这两个定律绘制在同一幅图中进行比较,如图 1.1 所示。

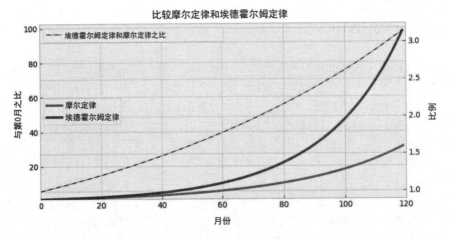

图 1.1 摩尔定律与埃德霍尔姆定律之比说明,硬件总是滞后于生成的数据量。并且,二者差距不断拉大

图 1.1 描述了待分析数据(埃德霍尔姆定律)与数据分析能力(摩尔定律)之间的不对称关系。其实,实际情况比图 1.1 描绘的更加严重。在第 6 章讨论现代 CPU 架构和摩尔定律时,我们将分析原因。本章先重点讨论数据增长,让我们看一个示例,即可用来间接衡量数据的网络流量。如图 1.2 所示,近 30 年的网络流量增长曲线大致符合埃德霍尔姆定律。

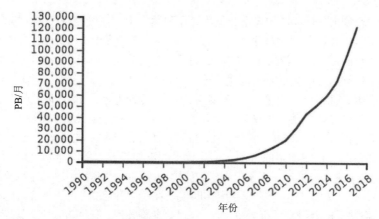

图1.2　近30年的全球互联网流量增长情况，以每月流量(单位为PB)作为衡量指标

(来源：https://en.wikipedia.org/ wiki/Internet_traffic)

此外，人类产生的数据中，有 90%是近两年产生的(参考《大数据及其意义》，http://mng.bz/v1ya)。不过，这些新数据的质量与其规模的相关性尚待研究。这里的问题是，人们需要处理生成的数据，但处理数据需要耗费大量资源。

软件工程师面临的问题不仅仅是数据规模，数据结构也在变化。有人预测，到 2025 年，大约 80%的数据可能是非结构化的(参考《发挥非结构化数据的力量》，http://mng.bz/BlP0)。简单来讲，从计算角度衡量，非结构化数据对数据处理的要求更高，我们将在后文详细讨论非结构化数据。

面对数据泛滥，我们又是如何应对如此海量的数据增长呢？事实证明，人们几乎无所作为。据《卫报》报道(http://mng.bz/Q8M4)，超过 99%的数据从未被分析过。阻碍人们挖掘数据价值的部分原因，是缺少高效的程序以对数据进行分析。

伴随数据增长和随之而来的数据处理需求，流传着这样一句口头禅，即"面对数据增长只需投入更多的服务器"。这句话是不对的，由于许多原因，投入更多的服务器往往不是可行或适宜的解决方案。相反，当需要提升现有系统的性能时，应该深入系统架构和实现，找到性能瓶颈并进行优化。我已经数不清有多少次在审查现有代码时，仅仅通过改正效率缺陷，就使性能提高了十倍之多。

最关键的是要理解，数据量大小和设备规模之间并不是线性关系。相比于机器，解决大数据问题需要对开发过程本身投入更多的时间和精力。这不仅适用于云环境，还适用于内部集群和单机实现。举一些示例，如下所示：

- 你的解决方案只需要一台计算机，但突然间你需要更多机器。增加机器意味着必须管理大量机器，在机器之间分配计算任务，并确保数据正确分区。你可能还需要一台文件系统服务器。维护服务器集群或维护云的成本，要比维护单台计算机高得多。
- 你的解决方案在内存中运行良好，但后来数据量增加，超过了内存大小。为了处理存储在磁盘中的新增数据，通常需要重构大量的代码。同时，代码本身的复杂度也会增加。例如,如果主数据库位于磁盘之上,你可能需要创建缓存策略。或者可能需要在多个进程中进行并发读取,或者更糟糕的是要进行并发写入。

- 你使用的是 SQL 数据库,突然达到了服务器的最大吞吐能力。如果这只是读取容量的问题,可能只需要创建若干读取副本就可以了。但如果是写入问题,该怎么做呢?你可以采用分片[1],或者转而使用其他性能更优的 NoSQL 数据库。
- 如果你使用的是供应商提供的云计算平台,你可能发现无限扩展性能更多是营销噱头,技术上难以实现。在许多场景下,如果你遇到性能瓶颈,唯一可行的解决方案是改进正在使用的方法,但优化过程需要投入大量的精力、财力和人力。

希望这些示例能够说明,仅靠"增加机器"不能带来性能的增长,而是需要做出多方面的努力,以应对系统增加的复杂度。即使是在单台计算机上使用并行计算这样相对"简单"的方法,也会带来并行处理的所有问题(竞争条件、死锁等)。使用更有效的解决方案,能对复杂性、可靠性和成本产生巨大的影响。

最后,事实证明,即使能做到线性扩展计算资源(实际上做不到),也会产生伦理和生态问题:据相关预测,与"数据海啸"有关的能源消耗占全球电力生产的 20%(参考《数据海啸》,http://mng.bz/X5GE),而且在更新硬件、处理旧设备的同时,也存在处理废弃垃圾的问题。

好消息是,在处理大数据时提高计算效率有助于降低计算开销、降低解决方案架构的复杂性、减少存储需求、缩短开发周期,以及节省能源。有时,更高效的解决方案也可能是价格最低廉的。例如,使用恰当的数据结构,只需少量开发,就能减少计算时间。

另一方面,我们要探究的许多解决方案都存在开发成本,并且会增加一定的复杂度。当查看数据并预测数据增长时,你必须做出判断以进行合理的优化,这是因为没有万金油或一刀切的解决方案。也就是说,可能只有一条规则可以全面适用:适用于奈飞、谷歌、亚马逊、苹果或脸书的解决方案,可能对你没有帮助,除非你是这些公司中的一员。

大多数人接触的数据量远远低于科技巨头公司的数据量。尽管你接触的数据量很大,也很复杂,但比起大公司的数据量,它可能仍然要低几个数量级。有些人认为适用于大公司的方法同样适用于小公司或个人,在我看来,这种看法是错误的。通常,不那么复杂的解决方案往往更适合大众。

世界正在快速发展,数据和算法的数量、复杂度都在极速增长,我们需要更复杂的技术,以高效和低成本的方式进行计算和存储。只是在必要的时候,才应该添加硬件、扩展计算资源。当你搭建架构、实施解决方案时,虽然用到的技术可能不同,但仍可以使用同样的思维方式关注效率问题。

1.2 现代计算架构和高性能计算

创建更高效的解决方案是非常具体的任务。首先,我们要划定问题的范围,也就是弄清要解决的实际问题是什么。同样重要的是应确定计算架构,我们将在该计算架构中

---

1 分片是指对数据进行分区,使不同数据位于不同的服务器。

运行解决方案。计算架构对设计出最佳的优化方法至关重要，所以必须对其加以考量。本节将了解影响解决方案设计和实施的主要架构问题。

1.2.1　计算机内部的变化

计算机内部发生了翻天覆地的变化。首先，对于最新的 CPU，其处理能力的提高主要归功于并行单元的数量，过去主要依靠 CPU 内核的运算速度。计算机还可以配备图形处理单元(Graphics Processing Unit，GPU)，这些单元最初只是用于图形处理，但现在也可用于通用计算。事实上，许多人工智能算法的高效实现都是依靠 GPU 完成的。不过，至少从用户角度来看，GPU 的架构与 CPU 完全不同：GPU 由成千上万的计算单元组成，并在所有单元中进行相同的"简单"计算。二者的内存模型也完全不同。这些差异意味着，对 GPU 进行编程需要采用与 CPU 编程完全不同的方法。

为了理解如何使用 GPU 进行数据处理，需要了解 GPU 的设计初衷和架构思想。正如其名，GPU 最初是用来进行图形处理的。游戏其实是对计算要求最高的应用。游戏和常见的图形应用持续不断地更新屏幕上的数百万个像素点。为解决这一问题，GPU 硬件架构设计有许多小型处理核心。单个 GPU 很容易拥有数千个内核，而 CPU 通常具有不到 10 个内核。GPU 内核简单得多，并且大多数内核上运行着相同的代码。因此，GPU 非常适合运行大量相似的任务，如更新像素。

基于 GPU 的强大处理能力，出现了图形处理单元通用计算(General-Purpose computing on Graphics Processing Units，GPGPU)，人们尝试将其用于其他任务。由于 GPU 架构的组织方式，GPU 特别适用于大规模并行任务。许多现代人工智能算法，如基于神经网络的算法，往往是大规模并行的。因此，GPU 和并行算法非常契合。

不过，CPU 和 GPU 之间的区别不仅在于内核数量和复杂度。GPU 内存是与主存分离的，具有很强算力的 GPU 尤其如此。因此，在主存和 GPU 内存之间存在传输数据的问题。因此，在使用 GPU 时，必须要考虑内核数量和显存问题。

我们将在第 9 章详细阐释，用 Python 对 GPU 进行编程比对 CPU 编程难得多，也更加烦琐。尽管如此，利用 GPU 进行 Python 编程，可以大大提高代码性能。

虽然没有取得 GPU 那样显著的进步，CPU 编程方式也发生了巨大的变化。不同于 GPU，CPU 编程中的大部分变化都可以通过 Python 实现。与过去相比，制造商通过不同的方法来提升 CPU 性能。基于物理学定律，CPU 制造商的解决方案是实现更多的并行处理，而不是将精力放在提高单核的速度上。有时，摩尔定律被表述为 CPU 速度每 24 个月翻一番，但准确的说法是晶体管密度每两年翻一番。十多年前，CPU 速度和晶体管密度之间就不再是线性关系了，CPU 速度增长不多，进入了平台期。但是，数据与算法复杂度持续增长，越来越难以进行处理。CPU 制造商最先提出了解决方案，即允许 CPU 进行更多的并行计算，为每台计算机配备更多的 CPU、每个 CPU 有更多的内核、在内核中展开多线程。处理器不再是纯粹的顺序计算，而是进行更多的并发执行。并发执行需要对计算机编程方式进行范式转变。以前，更换 CPU 后，程序运行速度能得到提高。但是现在，程序速度能否提高取决于开发者是否意识到底层架构向并行编程范式转变。

对于最新的 CPU，其编程方式有很多变化，第 6 章将对其进行深入分析，其中一些变化是非常反直觉的,必须引起注意。例如,虽然近年来 CPU 的速度增长不多,但 CPU 仍然比 RAM 快几个数量级。如果 CPU 中不存在缓存,那么大部分时间 CPU 都会闲置,这是因为 CPU 大部分时间都在等待 RAM。这意味着,有时使用压缩数据(包括解压缩的开销)比使用原始数据要快。这是因为如果将压缩数据放在 CPU 缓存中,则原本闲置的等待访问 RAM 的 CPU 周期就可以用来解压数据,而原本用于解压的 CPU 周期则可以进行计算。压缩文件系统也存在类似的现象,压缩文件系统有时会比原始文件系统更快。在 Python 中,可以直接应用这个特性。例如,通过简单地修改 NumPy 数组内部表示的布尔标识,你可以利用缓存局部性原则大大提升 NumPy 的处理速度。表 1.1 列出了不同类型内存的访问时间和大小,包括 CPU 缓存、RAM、本地硬盘和远程存储。这里不要计较列出的数字是否精确,而是要关注存储大小和访问时间的数量级差异。

表 1.1　台式机不同存储层级的大小和访问时间

类型	存储大小	访问时间
CPU		
L1 缓存	256 KB	2 ns
L2 缓存	1 MB	5 ns
L3 缓存	6 MB	30 ns
RAM		
DIMM	8 GB	100 ns
二级存储		
SSD	256 GB	50 μs
HDD	2 TB	5 ms
三级存储		
NAS(网络接入服务器)	100 TB	取决于网络
云设备	1 PB	取决于供应商

　　表 1.1 中的三级存储位于计算机之外、网络之上。网络情况也发生了很大的变化,下一节将进行讨论。

1.2.2　网络的变化

　　在高性能计算环境中,网络既是增加存储的方式,又是增加计算能力的途径。虽然我们偏向使用单台计算机来解决问题,但有时使用计算集群是不可避免的。对拥有多台计算机的云端或本地架构进行优化,是实现高性能计算的必由之路。

　　使用多台计算机和外部存储引发了一类全新的与分布式计算相关的问题,即网络拓扑结构、跨机器共享数据、管理跨网络运行的进程。有很多示例,例如,在需要高性能和低延迟的服务中使用 REST API 的成本是什么?如何解决远程文件系统的弊端并优化性能?

为了优化网络栈，必须理解网络栈的各个层级，如图 1.3 所示。网络之外是代码和 Python 库，它们对下面的网络层进行选择。在网络栈的顶端，通常用 HTTPS 进行数据传输、用 JSON 作为数据格式。

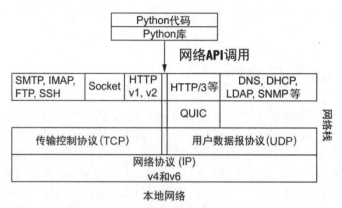

图 1.3　通过网络栈进行 API 调用。了解可用于网络通信的替代方案，
可以极大地提高基于网络的应用程序的速度

虽然这对许多应用来说是完全合理的方案，但在对网络速度和延迟要求很高的场景下，还有性能更高的方案。例如，二进制数据格式可能比 JSON 更高效。另外，可以用 TCP 套接字替换 HTTP。也有更激进的方案，例如替换整个 TCP 传输层。大多数网络应用协议都使用 TCP，但有几个例外，如 DNS 和 DHCP，它们都是基于 UDP 的。TCP 协议的可靠性很高，不过要以性能作为代价。有时候不需要如此高的可靠性，则网络开销较小的 UDP 是更高效的选择。

在传输协议之下，是网络协议(IP)和物理计算资源。当设计解决方案时，物理计算资源非常重要。例如，相比于不可靠的网络，如果本地网络非常可靠，则可能丢失数据的 UDP 是更好的选择。

1.2.3　云计算

过去，大部分数据处理都是在单台计算机或本地计算机集群上进行的。目前，基于云的计算资源变成了主流，云中的所有服务器都是"虚拟"的，云由外部公司维护。有时，利用所谓的无服务器(serverless)计算，我们甚至不用直接与服务器打交道。

云计算不仅仅是增加更多的计算机或网络存储，云计算对如何处理存储和计算资源有一套专门的插件，这些插件会影响云计算的性能。此外，虚拟计算机会给 CPU 优化带来麻烦。例如，在裸机中，你可以设计一个考虑到缓存位置问题的解决方案，但在虚拟机中，无法知道缓存是否被另一个同时执行的虚拟机抢占了。如何在云计算环境中保持算法的高效性是个问题。另外，云计算的成本模式完全不同。使用云计算的时间就是金钱，因此高效的解决方案变得更加重要。

云中的许多计算和存储解决方案也是专有的,具有特殊的 API 和功能。使用这些专有的解决方案也会对性能产生影响,应该加以考虑。因此,虽然与传统集群有关的大多数问题也适用于云,但有时会碰到云计算特有的问题。现在我们对架构的局限性有了初步了解,知道了架构会对性能造成影响。接下来,探讨 Python 在高性能计算中的优势和劣势。

1.3 Python 的局限性

现代数据处理应用中广泛使用了 Python。与任何语言一样,Python 有优点,也有缺点。使用 Python 有很好的理由,但这里更关心如何应对 Python 在高性能数据处理方面的限制。

毫不掩饰地说,Python 在高性能计算方面的表现非常差。如果性能和并行计算是仅有的考虑因素,就不会有人使用 Python。但是,Python 具有丰富的用于数据分析的库,并且有完善的文档,还有非常好的社区支持。这些理由是使用 Python 的原因。

程序圈中流传着这样一句话:"没有慢语言,只有慢实现。"我不同意这个观点。要求开发者使用 Python 这样的动态高级语言(或者 JavaScript),在速度方面与 C、C++、Rust 或 Go 这样的底层语言竞争是不公平的。

像动态类型和垃圾回收这样的功能,会对性能造成负面影响。但这样还好,因为在很多情况下,程序员的时间比计算时间更有价值。不过,过多的声明和动态语法会导致计算变慢,并造成内存开销变大。鱼与熊掌,不可兼得。

话虽如此,这不是 Python 语言实现性能不佳的借口。我们可以使用 CPython 重构代码,CPython 是性能最佳的 Python 实现。为了进行简单的分析,可以运行一个矩阵乘法函数并对其计时。然后,用另一个 Python 实现(如 PyPy)来运行它。接着,将代码转换为 JavaScript 并再次计时。使用 JavaScript 是比较公平的,因为 JavaScript 也是动态语言,使用 C 语言进行比较就不公平。

不过,在这个示例中,CPython 的表现并不是那么好。Python 是一门天生较慢的语言,而它的顶级实现似乎并没有把速度作为主要考量。好消息是,现在能克服大部分这样的问题。人们创建了许多应用程序和库,可以解决大多数性能问题。你仍然可以用 Python 写代码,Python 在占用内存不大的情况下表现得非常好。你只需要在写代码的同时,留意 Python 的缺陷。

注意
对于本书的大部分内容,当涉及 Python 时,指的是 CPython 实现。如果不是 CPython 实现,我会明确指出。

鉴于 Python 在性能方面的限制,有时仅仅优化 Python 代码是不够的。在某些情况下,我们会用底层语言重构部分代码,或者注释现有代码,使用代码转换工具重构为底层语言。需要重构的代码通常不多,所以 Python 仍然是最佳选择。当进行最后阶段的优化时,可能 90%以上仍然是 Python 代码。NumPy、scikit-learn 和 SciPy 就是如此,这些库中对计算要求很高的部分通常用 C 或 Fortran 实现。

全局解释器锁

在关于 Python 性能的讨论中，全局解释器锁(Global Interpreter Lock，GIL)是绕不开的话题。GIL 究竟是什么呢？虽然 Python 有线程的概念，但 CPython 的 GIL 同一时间点只允许执行一个线程。即使在多核处理器上，在同一时间点也只能执行一个线程。

Python 的其他实现，如 Jython 和 IronPython，没有 GIL，因此可以使用多核处理器中的所有内核。但是 CPython 仍然是主流实现，所有的主要库都是为 CPython 开发的。此外，Jython 和 IronPython 分别依赖于 JVM 和.NET。因此，鉴于 CPython 拥有丰富的库，它最终成了默认的 Python 实现。我们将在本书中简要讨论其他实现，特别是 PyPy，但在示例中仍然使用 CPython。

为了理解如何绕过 GIL，有必要理解并发和并行之间的区别。并发是指一定数量的任务可以在时间上重叠，尽管它们可能不是在同一时间运行。例如，它们可以交错运行。并行是指任务在同一时间执行。所以，在 Python 中可以实现并发，但不能实现并行。这种说法对吗？

没有并行的并发仍然是相当有用的。这方面最好的示例是 JavaScript 和 Node.JS，Node.JS 广泛用于 Web 服务器的后端。在许多服务器端的网络任务中，大部分时间实际上是在等待 IO。这是线程自愿放弃控制的好时机，这样其他线程就可以继续进行计算。最新的 Python 中有类似的异步方法，我们将对其进行讨论。

下面回到主要问题，GIL 是否带来了严重的性能问题？在大多数情况下，答案其实是否定的。有两个主要原因：

- 大部分高性能代码，尤其是内部循环代码，可能要用底层语言编写，正如之前所讨论的。
- Python 为底层语言提供了释放 GIL 的机制。

这意味着，当进入用底层语言重构的部分代码时，你可以指示 Python 继续与其他 Python 并行线程工作，并行线程是用底层语言实现的。并且，只在安全的情况下释放 GIL。例如，如果你不写入对象，其他线程就可能使用该对象。

另外，多进程(即同时运行多个进程)不受 GIL 的影响，GIL 只影响线程。所以即使在纯 Python 中，仍然有充足的方法部署并行解决方案。

因此，从理论上讲，GIL 与性能密切相关。但在实践中，很容易处理 GIL 带来的问题。我们将在第 3 章深入探讨 GIL。

1.4　解决方案小结

本书探讨了使 Python 代码获得高性能的方法。因为代码涉及具体场景，所以必须从数据、算法、计算架构等更宽广的视角出发，才能设计出高效的代码。虽然做不到在一本书中探讨架构和算法的方方面面，但我会尽量帮助你理解 CPU、GPU、存储、网络协议和云架构，以及其他系统方面的考量(如图 1.4 所示)，这样你就能为提高 Python 代码性能做出合理的判断。通过阅读本书，无论是单机、支持 GPU 的计算机、集群，还是云环境，你都能评估其计算架构的优点和缺点，并实施解决方案以充分发挥性能。

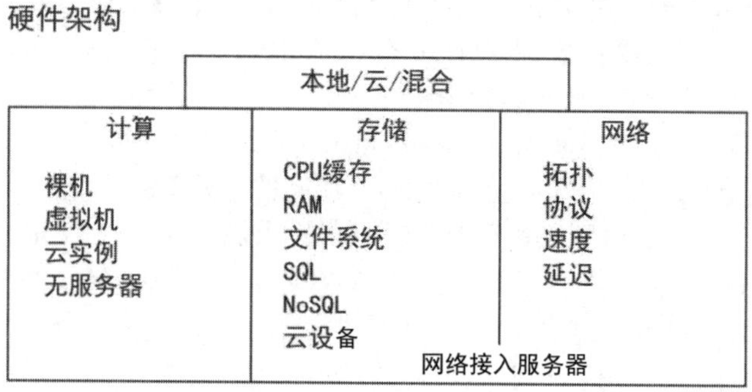

硬件架构

本地/云/混合		
计算	**存储**	**网络**
裸机 虚拟机 云实例 无服务器	CPU缓存 RAM 文件系统 SQL NoSQL 云设备	拓扑 协议 速度 延迟
	网络接入服务器	

图 1.4　在选择高性能编码方案时，必须考虑底层硬件架构

本书的目标是向读者介绍一系列解决方案，并展示每种解决方案的最佳应用方式，以便你能为特定资源、目标和问题选择并实施最高效的解决方案。我们将花大量时间通过实例进行探究，这样就可以看到这些方法的效果，包括正面和负面的。这里没有规定要应用所有的方法，也没有规定要按特定顺序应用这些方法。每种方法在性能和效率方面都能带来或大或小的收益，但也需要做出取舍。如果你了解系统中可支配的资源，以及改进该系统的可用策略，就可以选择性地使用时间和资源。为了帮助你理解这些方法，表 1.2 列出了书中展示的技术，并对系统开发过程中涉及的组件或领域进行了总结。

表 1.2　本书各章的目标

领域	应用	章节
充分利用 Python 解释器	Python 解释器	第 2 章，发挥内置功能的最佳性能
了解 Python 的内置功能，发挥计算机的最佳计算能力	Python 解释器	第 3 章，并发、并行和异步
发挥数据科学基础库的最佳性能	Python 库	第 4 章，高性能 NumPy
当 Python 性能不足时，发掘底层语言的性能	Python 库	第 5 章，使用 Cython 重构核心代码
了解硬件对计算性能的影响	硬件	第 6 章，内存层级、存储和网络
挖掘表格型数据	Python 库	第 7 章，高性能 pandas 和 Apache Arrow
使用最新 Python 持久化库提高存储效率	Python 库	第 8 章，大数据存储
理解 GPU 编程的重要性，并使用 Python 进行 GPU 编程	硬件	第 9 章，使用 GPU 进行数据分析
使用多台计算机处理应用程序	Python 库和硬件	第 10 章，使用 Dask 分析大数据

表 1.2 列出了许多内容，为了避免造成混乱，所以强调一下重点领域的实际应用。读完本书后，你将能够查看原生 Python 代码，并理解内置数据结构和算法的性能影响。你将能够发现低效的结构并以更合适的解决方案对其进行替换。例如，对于在恒定不变的列表上进行搜索，则将列表替换为集合，或者使用非对象数组替换对象列表以提高速度。针对性能不佳的算法，你还能对代码进行分析，找到造成性能问题的部分，并用最佳方法优化这些代码片段。

如前所述，本书使用的是流行的 Python 数据处理和分析库(如 pandas 和 NumPy)，目标是改进其使用方式。在计算方面，这是一个很宽泛的话题，所以我们不会讨论非常高级的库。例如，不会讨论对 TensorFlow 的优化，但会提及使底层算法更高效的方法。

关于数据存储和转换，你将查看数据源，并了解数据格式对高效处理和存储的影响。然后，你将能够对数据进行转换，使所有需要的信息仍然得以保留，但对数据的访问效率将大大提高。最后，你还会学习 Dask，它是基于 Python 的框架，可用于开发并行计算方案，从单台机器扩展到非常大的计算集群或云计算设备。

本书不是实战手册，而是一本介绍优化的思维方式，以及通过什么途径提高性能的书籍。因此，所讨论的方法在大多数情况下应该经得起硬件、软件、网络、系统，甚至是数据本身的变化。虽然不是每种技术都能提高性能，甚至在每种情况下都能派上用场，但完整阅读本书是学习方法、打开思路、制定解决方案的最佳途径。当你接触到各种问题时，可以把本书作为参考，挑选想要使用的方法。

注意

在继续学习本书之前需要设置软件，一定要查看附录 A 中关于设置环境的详细方法，以便运行每个示例中的代码。代码仓库是 https://github.com/tiagoantao/python-performance。

1.5　本章小结

- 因为数据量越来越大，所以若想挖掘数据中的价值，必须提高处理数据的效率。
- 算法复杂度的增加造成了额外的计算开销，必须使用适宜的方法以减轻对计算的影响。
- 不同计算架构存在很大差异。现在的网络也包含云计算。计算机内部有强大的GPU，其计算范式与 CPU 有很大区别。我们需要利用不同的硬件设备。
- Python 是一门杰出的数据分析语言，拥有丰富的数据处理库和框架。但是，Python在性能方面存在严重问题。我们需要规避这些问题，用复杂的算法处理大量数据。
- 虽然某些要处理的问题可能很棘手，但大多数问题是可以解决的。本书旨在向读者介绍大量可供选择的解决方案，并介绍每种解决方案在特定场景下的最佳使用方法。这样当你碰到具体问题时，就能选择并实施最有效的方法。

第**2**章

发挥内置功能的最佳性能

本章内容
- 分析代码以发现速度和内存瓶颈
- 更高效地利用现有的 Python 数据结构
- 了解 Python 中典型数据结构的内存占用
- 使用惰性编程技术处理大量数据

有许多工具和库可以帮助我们编写更高效的 Python 代码。在深入探究所有能提高 Python 性能的方法之前，我们首先学习如何才能写出更高效的原生 Python 代码，以提高计算和 IO 性能。事实上，许多(尽管不是全部)Python 性能问题都可以通过绕过限制、使用特定功能来解决。

为了证明可以通过原生 Python 提高性能，使用假设但符合真实场景的问题进行展示。假设你是一名数据工程师，负责对全世界气候分析数据进行准备工作。这些数据基于美国国家海洋和大气管理局(NOAA, http://mng.bz/ydge)的综合地表数据库。你的任务期限很紧，而且只能使用标准的 Python 语言。此外，由于预算限制，无法购买更多的处理设备。数据将在一个月后陆续到达，在数据到达之前的这段时间，你的任务是找到需要优化的地方并提高代码性能。

为了完成任务，首先需要对导入数据的代码进行分析。在优化现有的存在缺陷的代码之前，你需要找到性能瓶颈。代码分析很重要，因为它能让你以严格和系统的方式搜索代码中的瓶颈问题。仅靠经验进行猜测，几乎没有任何成效，因为很难通过观察发现导致性能瓶颈的代码。

优化纯 Python 代码并不是特别困难，但因为代码导致了绝大多数性能问题，所以优化 Python 代码往往可以提升性能。在这一章中，我们将查看 Python 中所提供的开箱即用的功能，编写出性能更佳的代码。我们首先使用几种分析工具对代码进行分析，以发现问题所在。然后，将重点讨论 Python 的基本数据结构，即列表、集合和字典。本章目标是提高这些数据结构的效率，并以最佳方式为它们分配内存，以获得最佳性能。最后，将使用最新的 Python 惰性编程技术来提高数据管道的性能。

本章在优化 Python 代码时，没有使用任何第三方库，但会使用一些外部工具优化性能和访问数据。我们将使用 SnakeViz 对 Python 代码分析的输出进行可视化，并使用 line_profiler 逐行分析代码。最后，使用 request 库从网络下载数据。

如果使用 Docker，默认的 Docker 镜像中包含了所需的一切。按照附录 A 中关于 Anaconda Python 的说明，可进行环境准备。接下来，我们开始进行代码分析，从气象站下载数据，并分析每个站点的温度。

2.1　分析同时具有 IO 和计算任务的应用程序

第一个任务是下载气象站的数据，并计算站点在某年的最低温度。NOAA 网站数据有 CSV 文件格式，按年份和站点分类。例如，文件 https://www.ncei.noaa.gov/data/global-hourly/access/2021/01494099999.csv 中有 01494099999 号站点在 2021 年的所有数据条目，其中包括温度和压力，每天可能进行数次记录。

接下来开发一个脚本，下载一组站点在特定时间段的数据。下载数据之后，计算每个站点的最低温度。

2.1.1　下载数据并计算最低温度

为了通过接口传入站点列表和时间间隔，脚本包含简单的命令行接口，并对输入进行处理。代码如下所示(代码位于 **02-python/sec1-io-cpu/load.py**)：

```python
import collections
import csv
import datetime
import sys

import requests

stations = sys.argv[1].split(",")
years = [int(year) for year in sys.argv[2].split("-")]
start_year = years[0]
end_year = years[1]
```

为了简化编码，使用 requests 库获取文件。如下是从服务器下载数据的代码：

```python
TEMPLATE_URL = "https://www.ncei.noaa.gov/data/global-hourly/access/{year}/
↪ {station}.csv"
TEMPLATE_FILE = "station_{station}_{year}.csv"

def download_data(station, year):
    my_url = TEMPLATE_URL.format(station=station, year=year)
    req = requests.get(my_url)
    if req.status_code != 200:
        return  # not found
    w = open(TEMPLATE_FILE.format(station=station, year=year), "wt")
    w.write(req.text)
    w.close()
```

使用 requests 可以轻松访问网络内容。

```
def download_all_data(stations, start_year, end_year):
    for station in stations:
        for year in range(start_year, end_year + 1):
            download_data(station, year)
```

这段代码将请求站点的多年数据写入磁盘。接下来，将所有温度数据整理成一个文件：

```
def get_file_temperatures(file_name):
 with open(file_name, "rt") as f:
    reader = csv.reader(f)
    header = next(reader)
    for row in reader:
    station = row[header.index("STATION")]
    # date = datetime.datetime.fromisoformat(row[header.index('DATE')])
    tmp = row[header.index("TMP")]
    temperature, status = tmp.split(",")   ◀──
    if status != "1":
            continue
    temperature = int(temperature) / 10
    yield temperature
```

忽略不可用的数据条目。

温度字段格式中包含数据状态质量子字段。

获取所有温度数据，计算每个站点的最低温度：

```
def get_all_temperatures(stations, start_year, end_year):
    temperatures = collections.defaultdict(list)
    for station in stations:
        for year in range(start_year, end_year + 1):
            for temperature in get_file_temperatures(
↪ TEMPLATE_FILE.format(station=station, year=year)):
                temperatures[station].append(temperature)
    return temperatures

def get_min_temperatures(all_temperatures):
    return {station: min(temperatures) for station, temperatures in
↪ all_temperatures.items()}
```

现在，可以把所有代码整合到一起，下载数据、获取所有温度、计算每个站点的最小值、打印结果：

```
download_all_data(stations, start_year, end_year)
all_temperatures = get_all_temperatures(stations, start_year, end_year)
min_temperatures = get_min_temperatures(all_temperatures)
print(min_temperatures)
```

例如，要加载站点 01044099999 和 02293099999 在 2021 年的数据，可以如下操作：

```
python load.py 01044099999,02293099999 2021-2021
```

输出如下：

```
{'01044099999': -10.0, '02293099999': -27.6}
```

接下来，就可以对代码进行分析了。继续从其他站点下载多年的大量数据。为了处理大量数据，需要使代码尽可能高效。第一步是按照一定步骤彻底地对代码进行分析，找到代码的性能瓶颈。为此，将使用 Python 的内置分析工具。

2.1.2　Python 的内置分析模块

为了确保代码尽可能高效，需要找到代码中存在的性能瓶颈。首先，要对代码进行分析，检查每个函数的时间消耗。为此，通过 Python 的 cProfile 模块运行代码。这个模块内置于 Python 中，可以从代码中获得分析信息。不要使用 profile 模块，因为它的速度要慢得多，只有在开发分析工具时才有用。

通过以下命令运行分析器：

```
python -m cProfile -s cumulative load.py 01044099999,02293099999 2021-2021 > profile.txt
```

使用-m 标志可使 Python 执行模块，因此这里执行了 cProfile 模块。这是 Python 推荐的收集分析信息的模块。在这条命令中，我们要求按累计时间对分析统计信息进行排序。使用该模块的最简便方法，就是在模块调用中将脚本传递给分析器，如下所示：

```
375402 function calls (370670 primitive calls) in 3.061 seconds    ◄──
                                                       第一行展示了基本的概要信息，即函数调
      Ordered by: cumulative time                     用的数量和总运行时间。

   ncalls  tottime  percall  cumtime  percall filename:lineno(function)
   158/1    0.000    0.000    3.061    3.061 {built-in method builtins.exec}
       1    0.000    0.000    3.061    3.061 load.py:1 (<module>)
       1    0.001    0.001    2.768    2.768 load.py:27 (download_all_data)
       2    0.001    0.000    2.766    1.383 load.py:17 (download_data)
       2    0.000    0.000    2.714    1.357 api.py:64 (get)
       2    0.000    0.000    2.714    1.357 api.py:16 (request)
       2    0.000    0.000    2.710    1.355 sessions.py:470 (request)
       2    0.000    0.000    2.704    1.352 sessions.py:626 (send)
    3015    0.017    0.000    1.857    0.001 socket.py:690 (readinto)
    3015    0.017    0.000    1.829    0.001 ssl.py:1230 (recv_into)
   [...]
       1    0.000    0.000    0.000    0.000 load.py:58 (get_min_temperatures)
```

代码的计算开销(计算由函数 get_min_temperatures 进行)可以忽略不计。

输出是按累计时间排序的，即在某个函数内花费的所有时间。另一个输出是每个函数的调用次数。例如，只有一次对 download_all_data 的调用(负责下载所有数据)，但它的累计时间几乎等于脚本的总时间。有两列数据名为 percall 的数据。第一列是函数花费的时间，不包括所有子调用花费的时间，第二列则包括子调用花费的时间。对于 download_all_data，很明显，大部分时间都是花费在子函数上。

在许多情况下，当你要执行大量 I/O 任务时，就像这个示例所示，很有可能 I/O 占用了大量时间。在该示例中，我们有网络 I/O(从 NOAA 获取数据)和磁盘 I/O(将数据写入磁盘)。网络耗时可能变化很大，甚至每次运行程序，网络花费的时间都不同，这是因为网络耗时取决于连接点的传输情况。由于网络 I/O 通常占用了大量时间，因此接下来我们处理网络问题。

2.1.3　使用本地缓存

为了减少网络通信，可以在首次下载文件时将其保存在本地，供以后使用。我们将创建一个本地数据缓存。使用和前面相同的代码，修改函数 download_all_data，如下所示(代码位于 02-python/sec1-io-cpu/load_cache.py)：

```
import os
def download_all_data(stations, start_year, end_year):
    for station in stations:
        for year in range(start_year, end_year + 1):
            if not os.path.exists(TEMPLATE_FILE.format(    ◀── 检查文件是否存在，
            ↪ station=station, year=year)):              如果不存在，则下载。
                download_data(station, year)
```

对于新函数，代码第一次运行时花费的时间与之前相同，但第二次运行时不需要任何网络访问。对于上一个示例，第二次的运行时间从 2.8 s 降低到 0.26 s，降低了一个数量级。注意，由于网络条件不同，每个人下载文件的时间可能有很大变化。这是对网络数据进行缓存的另一个好处，程序的运行时间更加稳定：

```
python -m cProfile -s cumulative load_cache.py 01044099999,02293099999
↪ 2021-2021 > profile_cache.txt
```

现在，程序的运行时间发生了变化，如下所示：

```
299938 function calls (295246 primitive calls) in 0.260 seconds

   Ordered by: cumulative time

ncalls  tottime  percall  cumtime  percall filename:lineno(function)
156/1    0.000    0.000    0.260    0.260 {built-in method builtins.exec}
    1    0.000    0.000    0.260    0.260 load_cache.py:1 (<module>)
    1    0.008    0.008    0.166    0.166 load_cache.py:51 (
↪ get_all_temperatures)
33650    0.137    0.000    0.156    0.000 load_cache.py:36 (
↪ get_file_temperatures)
[... ]
    1    0.000    0.000    0.001    0.001 load_cache.py:60 (
↪ get_min_temperatures)
```

虽然运行时间降低了一个数量级，但 IO 占用的时间仍然是最多的。这次不是网络，而是磁盘访问的时间较长，这主要是由于计算较慢造成的。

警告

如示例所示，缓存可以将代码的速度提高几个数量级。然而，缓存可能导致出现问题，是错误的主要来源。在这个示例中，文件不会随着时间的改变而改变，但对于另外的很多缓存，源文件可能会发生改变。在这种情况下，缓存代码需要识别数据源。我们将在本书的其他部分再次讨论缓存。

接下来，进一步处理 CPU 是限制因素的情况。

2.2 对代码进行分析以检测性能瓶颈

在本节分析的代码中，CPU 是进程中占用时间最多的因素。对于 NOAA 数据库中的所有站点，计算它们之间的距离，这是一个复杂度为 $O(n^2)$ 的问题。

在代码仓库中，你会发现一个文件(02-python/sec2-cpu/locations.csv)，其中是所有站点的地理坐标(代码位于 02-python/sec2-cpu/distance_cache.py)：

```python
import csv
import math


def get_locations():
    with open("locations.csv", "rt") as f:
        reader = csv.reader(f)
        header = next(reader)
        for row in reader:
            station = row[header.index("STATION")]
            lat = float(row[header.index("LATITUDE")])
            lon = float(row[header.index("LONGITUDE")])
            yield station, (lat, lon)

                                            # 计算两个站点间的距离。
def get_distance(p1, p2):   ◄──
    lat1, lon1 = p1
    lat2, lon2 = p2

    lat_dist = math.radians(lat2 - lat1)
    lon_dist = math.radians(lon2 - lon1)
    a=(
       math.sin(lat_dist / 2) * math.sin(lat_dist / 2) +
       math.cos(math.radians(lat1)) * math.cos(math.radians(lat2)) *
       math.sin(lon_dist / 2) * math.sin(lon_dist / 2)
    )
    c = 2 * math.atan2(math.sqrt(a), math.sqrt(1 - a))
    earth_radius = 6371
    dist = earth_radius * c

    return dist

def get_distances(stations, locations):
    distances = {}
    for first_i in range(len(stations) - 1):
        first_station = stations[first_i]                    # 因为要比较所有站点中
        first_location = locations[first_station]            # 的任意两个站点，所以复
        for second_i in range(first_i, len(stations)):       # 杂度为 O(n²)。
            second_station = stations[second_i]   ◄──
            second_location = locations[second_station]
            distances[(first_station, second_station)] = get_distance(
                first_location, second_location)
```

```
        return distances

locations = {station: (lat, lon) for station, (lat, lon) in get_locations()}
stations = sorted(locations.keys())
distances = get_distances(stations, locations)
```

这段代码的运行时间很长，并占用了大量内存。如果存在内存问题，可以限制所处理的站点数量。接下来，使用 Python 的分析工具查看时间消耗在哪里。

2.2.1　可视化分析信息

和之前一样，我们使用 Python 的分析工具来定位速度较慢的代码片段。为了更好地分析检测结果，使用第三方可视化工具 SnakeViz(https://jiffyclub.github.io/snakeviz/)。

首先，保存分析结果：

```
python -m cProfile -o distance_cache.prof distance_cache.py
```

参数-o 指定了存储分析信息的文件。在该参数后，像之前一样调用代码。

注意

Python 提供了 pstats 模块来分析写入磁盘的分析文件。通过执行 python-m pstats distance_cache.prof，启动命令行界面，对脚本进行分析。关于这个模块的更多信息，可以查阅 Python 文档或本书第 5 章。

为了分析这些信息，将使用基于网络的可视化工具 SnakeViz。只需执行 snakeviz distance_cache.prof，该命令将启动一个交互式的浏览器窗口(如图 2.1 所示)。

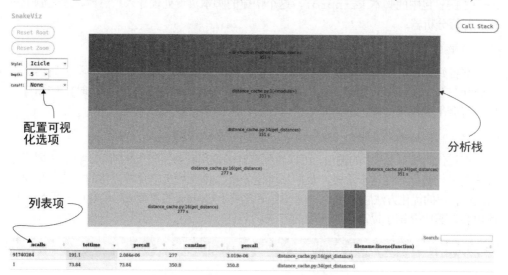

图 2.1　使用 SnakeViz 检查脚本的分析信息

熟悉 SnakeViz 界面

熟悉 SnakeViz 的界面很有必要。例如，你可以把界面风格从 Icicle 改为 Sunburst(界面变得更可爱，但由于文件名消失，展示的信息更少)。还可以重新排列底部的表格。检查 Depth 和 Cutoff 条目。点击色块，最后，通过点击 Call Stack 并选择条目 0 返回主视图。

从图 2.1 可以看出，函数 `get_distance` 占用了大部分时间，但是具体是哪里呢？我们可以看到一些数学函数的开销，但 Python 的分析结果无法深入函数内部。只能得到每个三角函数的汇总视图。`math.sin` 占用了一些时间，但是我们在若干行中使用了 `math.sin`，究竟是哪里占用了时间呢？要回答这个问题，需要使用行分析模块。

2.2.2 行分析

Python 内置的分析工具可以定位导致大规模延迟的代码片段。但是，cProfile 模块的功能有限。这一节将讨论分析工具的限制、介绍行分析，并使用行分析进一步分析代码，以找到性能瓶颈。

为了深入分析 `get_distance` 中的每一行代码，使用 `line_profiler` 包，下载地址是 https://github.com/pyutils/line_profiler。行分析器的使用方法非常简单，只需给 `get_distance` 添加装饰器，如下所示：

```
@profile
def get_distance(p1, p2):
```

你可能已经注意到，这里并没有导入 profile。这是因为我们将使用 `line_profiler` 包中的脚本 `kernprof`，这个快捷的脚本负责处理导入。然后，通过如下方式运行行分析器：

```
kernprof -l lprofile_distance_cache.py
```

准备好行分析器所需的装饰器后，可使代码的速度降低几个数量级。让分析器运行一分钟左右，然后中断(如果让程序完成运行，`kernprof` 可能会运行数小时)。中断程序后，将会生成跟踪文件。分析器结束运行后，用如下命令查看结果：

```
python -m line_profiler lprofile_distance_cache.py.lprof
```

查看代码清单 2.1 中的输出，可以看到有许多调用花费了较长的时间，我们需要对该段代码进行优化。在这个阶段，我们只讨论分析，将在后文中介绍优化的方法。如果你对这段代码的优化方法感兴趣，可以查看第 6 章关于 Cython 的内容或附录 B 中关于 Numba 的内容，其中介绍了提高代码速度的方法。

代码清单 2.1　line_profiler 包的输出

```
Timer unit: 1e-06 s                      代码的总运行时间。

Total time: 619.401 s  ◀────────
File: lprofile_distance_cache.py
Function: get_distance at line 16
```

每行代码的分析结果。对于每行代码，可得到调用次数、总运行时间、每次调用时间、时间比例。

Line #	Hits	Time	Per Hit	% Time	Line Contents
16					@profile
17					def get_distance(p1, p2):
18	84753141	36675975.0	0.4	5.9	lat1, lon1 = p1
19	84753141	35140326.0	0.4	5.7	lat2, lon2 = p2
20					
21	84753141	39451843.0	0.5	6.4	lat_dist = math.
					↪ radians(lat2 -lat1)
22	84753141	38480853.0	0.5	6.2	lon_dist = math.
					↪ adians(lon2 - lon1)
23	84753141	28281163.0	0.3	4.6	a = (
24	169506282	84658529.0	0.5	13.7	math.sin(lat_dist / 2)
					↪ * math.sin(
					↪ lat_dist / 2) +
25	254259423	118542280.0	0.5	19.1	math.cos(math.radians(
					↪ lat1)) * math.cos(
					↪ math.radians(
					↪ lat2)) *
26	169506282	81240276.0	0.5	13.1	math.sin(lon_dist / 2)
					↪ * math.sin(
					↪ lon_dist / 2)
27					)
28	84753141	65457056.0	0.8	10.6	c = 2 * math.atan2(
					↪ math.sqrt(a),
					↪ math.sqrt(1 - a))
29	84753141	29816074.0	0.4	4.8	earth_radius = 6371
30	84753141	33769542.0	0.4	5.5	dist = earth_radius * c
31					
32	84753141	27886650.0	0.3	4.5	return dist

可以看出，line_profiler 的输出信息比内置分析器的结果直观得多。

2.2.3 代码分析小结

正如我们所见，作为第一种方法，内置分析模块在总体上能提供很大的帮助，它比行分析速度快。但是行分析的信息量要大得多，这主要是因为内置的 Python 分析模块无法深入函数内部。Python 的分析模块只能提供每个函数的累计值，以及显示子调用的耗时。在特定情况下，有可能知道某个子调用是否属于某个函数。但是，通常无法进行判断。完整的分析策略中需要考虑到所有这些因素。

这里使用的策略是普遍适用的方法：首先，尝试内置的 Python 分析模块 cProfile，因为它速度快，并提供了一些高级信息。如果这些信息不足，再使用行分析，行分析的信息量更大，但速度慢。这里，我们主要是对瓶颈进行定位，后面的章节将介绍优化代码的方法。有时，仅仅改变现有解决方案的部分代码是不够的，还需要对架构进行重构，后文将进行介绍。

其他分析工具

还有其他可用于代码分析的工具，其中最重要的是 timeit 模块。timeit 可能是新手在分析代码时最常用的模块，网上有非常多的 timeit 模块示例。使用 timeit 模块最简单的办法是通过 IPython 或 Jupyter Notebook，因为这些系统对 timeit 做了非常合理的适配。在想要分析的方法前添加 %timeit 魔术命令即可进行测试，例如在 IPython 中按如下方式使用 timeit：

```
In [1]: %timeit list(range(1000000))
27.4 ms ± 72.5 µs per loop (mean ± std. dev. of 7 runs, 10 loops each)

In [2]: %timeit range(1000000)
189 ns ± 22.6 ns per loop (mean ± std. dev. of 7 runs, 10000000 loops
↪ each)
```

如上所示，通过多次运行要分析的函数，timeit 计算出函数的平均运行时间。timeit 会自动确定运行次数，并报告基本的统计信息。在示例中，我们比较了 range(1000000) 和 list(range(1000000)) 的区别。timeit 显示，range 的惰性版本比非惰性版本快两个数量级。

你可以在 timeit 模块的文档中找到更多细节，但对于大多数使用情况，IPython 的 %timeit 魔术命令就足够了。IPython 中有许多魔术命令，但本书大部分内容使用标准 Python 解释器，你可以自由探索 IPython。关于 %timeit 的更多内容，可参考 https://ipython.readthedocs.io/en/stable/interactive/magics.html。

现在你已经熟悉了分析的工具集和方法，接下来，我们把注意力转移到另一个主题，即优化 Python 数据结构的使用。

2.3 优化基本数据结构：列表、集合、字典

接下来，我们分析 Python 代码中低效的基本数据结构，并更高效地重构代码片段。为了展示分析过程，我们继续使用来自 NOAA 的温度数据。本节的任务是在指定的时间间隔内，确认某个站点是否出现了特定温度。

仍然使用 2.1 节的代码读取数据(代码位于 02-python/sec3-basic-ds/exists_temperature.py)。在这个示例中，我们感兴趣的是 01044099999 号站点从 2005 年到 2021 年的数据：

```
stations = ['01044099999']
start_year = 2005
end_year = 2021
download_all_data(stations, start_year, end_year)
all_temperatures = get_all_temperatures(stations, start_year, end_year)

first_all_temperatures = all_temperatures[stations[0]]
```

first_all_temperatures 是该站点的温度列表。可以通过 print(len(first_all_temperatures)、max(first_all_temperatures)、min(first_all_temperatures)) 获得一些基本信息，即列表长度、

最高温度、最低温度。列表中有 141 082 项，最高温度为 27.0℃，最低温度为-16.0℃。

2.3.1　列表搜索的性能

可以通过 temperature in first_all_temperatures 检查特定温度是否在列表中。粗略测试一下，检查-10.7 是否在列表中需要多少时间：

```
%timeit (-10.7 in first_all_temperatures)
```

在我的计算机上，输出是：

```
313 µs ± 6.39 µs per loop (mean ± std. dev. of 7 runs, 1,000 loops each)
```

再测试另一个值，该值不在列表中：

```
%timeit (-100 in first_all_temperatures))
```

结果如下：

```
2.87 ms ± 20.3 µs per loop (mean ± std. dev. of 7 runs, 100 loops each)
```

后者对比前者，搜索速度慢了一个数量级。

为什么第二次搜索的性能这么低呢？这是因为为了完成搜索过程，in 运算符从列表开头进行顺序扫描，直到列表结尾。这意味着，在最坏情况下，要对整个列表搜索一遍，这正是我们要查找的元素(-100)不在列表中的情况。对于小列表，从头开始进行完整搜索耗费的时间并不多。但是随着列表的增长，以及搜索次数的增加，搜索时间就会大大增加。

在这个示例中，毫秒和微秒的差距并不是特别大，不利于进行比较。接下来，尝试提高搜索效率，用更短的时间完成搜索。

2.3.2　使用集合进行搜索

将数据结构从列表转换为集合，查看性能是否会发生变化。将有序列表转换为集合，并对集合进行搜索。

```
set_first_all_temperatures = set(first_all_temperatures)

%timeit (-10.7 in set_first_all_temperatures)
%timeit (-100 in set_first_all_temperatures)
```

时间成本如下所示：

```
62.1 ns ± 3.27 ns per loop (mean ± std. dev. of 7 runs,
↪ 10,000,000 loops each)
26.6 ns ± 0.115 ns per loop (mean ± std. dev. of 7 runs,
↪ 10,000,000 loops each)
```

查询结果比上一节中的方法快了好几个数量级！为什么会有如此大的改进呢？有两个主要原因：一是与集合大小有关，二是与复杂度有关。下一节将讨论复杂度，本节先讨论集合大小的作用。

原始列表中有 141 082 个元素。原始列表上有大量的重复元素，但转换为集合后，列表中所有重复的值都变成了唯一值。集合的大小降低到 print(len(set_first_all_temperatures))，即 400 个元素。因为数据结构小了很多，搜索的速度自然变快了。

小结一下，列表中可能存在重复元素，将其转换为集合后，可以在更小的数据结构上搜索。但在 Python 中，列表和集合的实现还有更深层次的区别。

2.3.3 Python 中的列表、集合和字典的复杂性

在前面的示例中，性能提高主要是由于当列表转换为集合时，数据量大大减少。这引出了另一个问题：如果没有重复的值，列表和集合大小相同，会发生什么情况？为了测试，可以用范围值进行模拟，这样可确保所有元素都是不同的：

```
a_list_range = list(range(100000))
a_set_range = set(a_list_range)

%timeit 50000 in a_list_range
%timeit 50000 in a_set_range
%timeit 500000 in a_list_range
%timeit 500000 in a_set_range
```

现在，元素范围是 0 到 99999，数据结构分别为列表和集合。分别在这两个数据结构中搜索 50 000 和 500 000。结果如下所示：

```
455 µs ± 2.68 µs per loop (mean ± std. dev. of 7 runs, 1,000 loops each)
40.1 ns ± 0.115 ns per loop (mean ± std. dev. of 7 runs,
↳ 10,000,000 loops each)
936 µs ± 9.37 µs per loop (mean ± std. dev. of 7 runs, 1,000 loops each)
28.1 ns ± 0.107 ns per loop (mean ± std. dev. of 7 runs,
↳ 10,000,000 loops each)
```

集合的性能仍然优于列表。这是因为在 Python(更准确地说，是 CPython)中，集合是用哈希实现的，查找特定元素即是搜索哈希值。哈希函数有很多种类，必须处理很多设计问题。但在比较列表和集合时，一般可以认为集合的查找速度是恒定的，并且对于大小为 10 或 1000 万的集合，查找性能都表现良好。这种表述并不是特别准确，但以这种直观的方式理解集合查找优于列表查找是合理的。

另外，集合与字典的实现很相似，但集合没有值。这意味着，当在字典的键上进行搜索时，性能与在集合上搜索相同。然而，集合和字典并不是万能的数据结构。例如，如果你想搜索区间，有序列表的效率会高很多。在有序列表中，你可以找到最小的元素，然后从最小值开始遍历，直到找到区间的第一个元素。但在集合或字典中，必须对区间内的每个元素进行查找。因此，如果你知道要找的值，使用字典就会非常快。但是如果要在区间内查找，那么字典就不是合理的选择了，对有序列表进行二分查找的性能更佳。

虽然在很多情况下，许多数据结构的性能优于列表，但列表在 Python 中使用广泛，并且很容易使用。作为一种基本的数据结构，列表有很多好的用例。关键是要因地制宜地使用高效的数据结构，不能一概而论。

提示

当在大型列表中使用 in 进行搜索时，要特别小心。如果浏览 Python 代码，使用 in 寻找列表中的元素(实际上，列表对象的 index 方法是相同的)非常普遍。对小型列表来说，搜索时间不会很长，但对于大型列表，则可能导致查找时间特别长。

从实际的软件工程角度看，在列表中使用 in 可能会在开发中引发不被留意的小问题，也可能演变成生产中的严重问题。开发者在开发中通常只用小规模数据进行测试，因为在大多数单元测试中，输入大规模数据是不实际的。然而，真实数据量可能非常大，可能导致生产系统发生死机。

系统性的解决方案是偶尔用大规模数据集测试代码。在单元测试和端到端测试中，可以在不同的测试阶段进行大数据量测试。在适当的场景下，应使用列表，并要注意在开发和生产过程中由于数据量大小而产生的性能差异。

对于大多数搜索操作，相比于列表、集合或字典，存在性能更好的数据结构，即树。不过在本章中，我们只探讨 Python 内置的数据结构，不包括树。

选择适当的算法和数据结构是许多书的主题，而且往往也是计算机科学课程中最难的部分。本书重点不是对数据结构进行详尽的讨论，而是让你了解 Python 中最常见的替代方案。如果你认为现有的 Python 数据结构不足以满足需求，可以考虑其他类型的数据结构。本书主要关注 Python，对于 Python 以外的数据结构，可参考其他资源，例如 Michael T. Goodrich、Roberto Tamassia 和 Michael H. Gold- wasser 合著的《Python 中的数据结构和算法》(Wiley 2013)，这本书对数据结构进行了详细介绍。

另一个有帮助的资源是 Python 在 TimeComplexity(https://wiki.python.org/moin/TimeComplexity)上的数据。在这里，你可以查看各种操作在多种 Python 数据结构上的时间复杂度。

到目前为止，我们在本章中学习了如何对代码的时间成本进行分析。但是在处理大规模数据集的性能问题时，这并不是唯一因素。下面将探讨另一个重要因素：内存。

2.4 节约内存

内存占用不仅仅是内存可能耗尽的问题，对于性能也至关重要。高效的内存分配能让更多进程在同一台机器上并行运行。更重要的是，合理使用内存可以实现内存计算。

回到熟悉的 NOAA 数据库，我们进一步讨论如何减少数据的磁盘消耗。首先，对数据文件的内容进行分析。加载其中若干文件，并对字符分布进行统计，如下所示：

```python
def download_all_data(stations, start_year, end_year):
    for station in stations:
        for year in range(start_year, end_year + 1):
            if not os.path.exists(TEMPLATE_FILE.format(
            ⇒ station=station, year=year)):
                download_data(station, year)
```

```
def get_all_files(stations, start_year, end_year):
    all_files = collections.defaultdict(list)
    for station in stations:
        for year in range(start_year, end_year + 1):
            f = open(TEMPLATE_FILE.format(station=station, year=year), 'rb')
            content = list(f.read())
            all_files[station].append(content)
            f.close()
    return all_files

stations = ['01044099999']
start_year = 2005
end_year = 2021
download_all_data(stations, start_year, end_year)
all_files = get_all_files(stations, start_year, end_year)
```

all_files 是一个字典，其中每一项都包含一个站点的所有文件。接下来，分析这个字典的内存使用情况。

2.4.1 Python 内存估算

Python 在 sys 模块中提供了 getsizeof 函数，使用它可以返回对象所占用的内存大小。使用如下代码可获得字典所占用的内存大小：

```
print(sys.getsizeof(all_files))
print(sys.getsizeof(all_files.values()))
print(sys.getsizeof(list(all_files.values())))
```

结果如下：

```
240
40
64
```

getsizeof 可能不会返回理想的结果。磁盘文件通常用 MB 表示大小，但如果文件小于 1 KB，则结果可能不准确。实际上 getsizeof 返回的是容器的大小(第一个是字典，第二个是迭代器，第三个是列表)，而不考虑容器中的内容。所以，我们必须考虑容器中的内容和容器本身。

注意

在 Python 中实现 getsizeof 并没有问题，只是无意中会让用户产生一种预期，用户是想让 getsizeof 返回对象中所有内容的内存。通过阅读官方文档，借助文档中的递归方法，可以解决大多数内存分析问题。对于我们而言，getsizeof 主要是作为深入讨论 CPython 内存分配的起点。

下面获取站点数据的基本信息，如下所示：

```
station_content = all_files[stations[0]]
print(len(station_content))
print(sys.getsizeof(station_content))
```

输出如下：

```
17
248
```

字典中只有一项，即只包含一个站点。该站点包含一个列表，列表中有 17 项。列表本身需要 248 字节，但不包括内容。接下来，检查列表中第一项的大小：

```
print(len(station_content[0]))
print(sys.getsizeof(station_content[0]))
print(type(station_content[0]))
```

文件的长度为 1 303 981，getsizeof 测得其大小为 10 431 904，这大约是基础文件大小的八倍。为什么是八倍？这是因为每一项都是字符的指针，而一个指针的大小为 8 字节。数据结构在此阶段很大，不够理想，而且还没有考虑数据本身。我们再来检查单个字符：

```
print(sys.getsizeof(station_content[0]))
print(type(station_content[0]))
```

输出为 28，类型为 int。对于单个字符，它占用了过大的内存。单个字符应该只需要 1 字节，这里却占用了 28 字节。因此，列表大小为 10 431 904，加上 28×1 303 981 (36 511 468)，总共是 46 943 372。这比原始文件大了 36 倍！幸好，情况并不像看上去那么糟糕，我们可以进行改进。接下来会看到，Python(或者说，CPython)在内存分配方面相当合理。

实际上，我们计算内存分配的方法并不准确，CPython 可以用更复杂的方式分配对象。在计算对象内容的大小时，不能重复计算，只需计算唯一的元素。在 Python 中，如果多次使用某个对象，该对象就会得到相同的 id。所以，如果我们多次看到相同的 id，就应该只计算一次内存分配：

```
single_file_data = station_content[0]
all_ids = set()
for entry in single_file_data:          ← id 函数可以获得对象
    all_ids.add(id(entry))                的唯一 ID。
print(len(all_ids))
```

这段代码计算得到了所有数字的唯一标识符。在 CPython 中，唯一标识符就是内存位置。CPython 能检测出是否反复使用相同的字符串内容，并记住每个 ASCII 字符，ASCII 字符由 0 到 127 之间的整数表示，因此，这段代码的输出是 46。

所以，盲目进行内存分配是不可取的，Python(或者更确切地说，CPython)要聪明得多。这个解决方案的内存占用仅仅是列表的内部架构大小(10 431 904)。在示例中，我们只用了 46 个不同的字符。对于这样的小型子集，Python 在智能内存分配方面相当出色。取决于具体的数据，内存分配也会发生变化。

Python 中的对象缓存和复用

Python 尽其所能进行对象复用，但需要对此保持谨慎。第一个原因是，这与对象复用的实现有关。CPython 在复用对象时，与其他 Python 实现不同。

另一个原因是，即使是 CPython 也无法确保不同版本中的分配策略不发生变化。适用于你的策略，在另一个环境中可能会发生变化。

最后，即使版本固定，内存分配过程也不是透明的。考虑 Python 3.7.3 中的这段代码 (可能区别于其他版本):

```
s1 = 'a' * 2        将字符串乘以2。
s2 = 'a' * 2
s=2
s3 = 'a' * s        将字符串乘以s倍。
s4 = 'a' * s
print(id(s1))
print(id(s2))
print(id(s3))
print(id(s4))
print(s1 == s4)     字符串内容相同。
```

结果如下：

```
140002256425568
140002256425568
140002256425904
140002256425960
True
```

由于字符串是变量，即使大小相同，分配器也无法判断其内容是否相同。对于更复杂的情况，又会如何呢？你仍然可以借助内存分配的工作原理进行分析，并控制 Python 的版本。但对结果，要相应地调整期望值。

在这一节中，文件是基于数字列表表示的。如果使用其他方案表示文件，又会如何呢？

2.4.2 其他表示方法的内存占用

本节使用一些简单的替代方案来表示文件。其中一些效果较好，另一些效果较差，重点是了解每个替代方案的底层成本。我们使用长度为 1 的字符串表示每个字符，不再使用整数进行表示，如下所示：

```
single_file_str_list = [chr(i) for i in single_file_data]
```

这种表示方法效果不佳。只需检查单个字符的字符串的大小：

```
print(sys.getsizeof(single_file_str_list[0]))
```

打印值结果为50，之前的整数表示法只有28。这是退步，所以不能这样做。

对于很多小对象，Python 在对象开销上表现不佳。为什么小数字需要 28 字节，而单字符字符串需要 50 字节呢？实际上，每个 Python 对象至少需要 24 字节的开销。此外，还要加上对象类型的开销，这个开销会因类型不同而不同。正如我们所见，字符串的开销比字节数组大(如图 2.2 所示)。

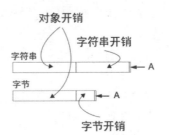

图 2.2　字符串和字节的对象开销

字符串和数字的内部表示

Python 对字符串有高效的内部表示，字符串的内存占用可能会发生变化，不容易判断。看下面的示例：

```
from sys import getsizeof
getsizeof('')
getsizeof('c')
getsizeof('c' * 10000)
getsizeof('ç' * 10000)
getsizeof('ç')
getsizeof('☺')
getsizeof('☺' * 10000)
```

输出如下：

```
49
50
10049
10073
74
80
40076
```

空字符串需要 49 字节，c 字符串需要 50 字节，10 000 个 c 需要 10 049 字节。到此为止还不错。但是，带变音符的 c 需要 74 字节，10 000 个 ç 需要 10 073 字节。看到这里，你可能有点疑惑。再看到一个笑脸需要 80 字节，10 000 个笑脸需要 40 076 字节，就更加让人疑惑了。

Python 3 用 Unicode 字符表示字符串，二者有细微的差别：内部表示是对被表示的字符串的函数进行优化。其中的细节可以参考 PEP 393(字符串灵活表示法)。对于 Latin-1 字符(ASCII 的超集)，Python 使用 1 字节(带变音符的 c 属于这个集合)进行表示，但对于其他类型的字符，可能需要多达 4 字节(如表情符)。但从用户角度观察，很难计算字符串的大小。

整数的实现也进行了优化。整数具有任意精度，但对于 30 位的有符号整数，其表示为 28 字节(数字 0 是例外，它仅由 24 字节表示。这是由于 CPython 的对象开销机制导致的，0 是最小的对象)。

对于文件，还有更直观的表示方法，可以使用包含整个文件的字符串，而不必使用只包含一个字符的字符串列表：

```
single_file_str = ''.join(single_file_str_list)
print(sys.getsizeof(single_file_str))
```

其内存大小为 1 304 030，即文件大小加上字符串对象的开销。虽然这是一个直观且简单的方法，但我们仍将使用字节序列的容器进行表示，因为该方法还有改进空间。

2.4.3　使用数组进行紧凑表示

本节将介绍数组作为元素容器是如何高效使用内存的。重温一下 get_all_files 函数的实现：

```
def get_all_files_clean(stations, start_year, end_year):
    all_files = collections.defaultdict(list)
    for station in stations:
        for year in range(start_year, end_year + 1):
            f = open(TEMPLATE_FILE.format(station=station, year=year), 'rb')
            content = f.read ()
            all_files[station].append(content)              原始实现为 content =
            f.close()                                       list(f.read())。
    return all_files
```

content = list(f.read()) 一行将 read 函数的输出转换为列表。现在，我们不通过调用列表进行实现，返回字节数组。下面检查对象的大小：

```
print(type(single_file_data))
print(sys.getsizeof(single_file_data))
```

类型是 bytes，大小(含数据)是 1 304 014。

数组的大小是固定的，只能包含相同类型的对象。因此，数组的表示可以变得更加紧凑，即可以用对象的开销进行存储。在用整数存储 1 字节的数据时，却用了 28 字节的内存。

列表的内存占用

在分配列表时，Python 为将来可能添加的内容创建了额外的空间，所以列表的空间通常会比预期的大。因为不需要在每次添加新元素时分配内存，开销更低，除非额外空间耗尽。当然，这是以内存开销为代价的。一般来说，这种开销并不严重，除非有很多小列表，即列表中有许多小对象。在其他情况下，列表的内存开销通常是可接受的。

许多有关数组管理的代码都位于 array 模块，但本章不再使用 array 模块，转而使用 NumPy，因为 NumPy 在很多方面可取代 array。本章重点不是编程模块，而是对象开销。

通过学习本节，你应该对 Python 中对象内存分配的成本和陷阱有了深入了解。最后，我们将探讨如何计算 Python 对象的内存占用量。

2.4.4　串联知识点：估算 Python 对象的内存占用

到此为止，我们已经掌握了内存分配的机制。下面利用这些基础知识编写代码和函数，串联前一节的所有知识，对内存占用进行估算。

我们对本章所学的知识点进行提炼，并编写函数计算对象占用的内存。该函数将同时返回所有对象的大小以及容器的大小。如果查看代码，你应该能够发现 ID 跟踪、容器计数(包括像字典这样的映射对象，需要跟踪键和值)，以及字符串和数组管理。

计算对象的大小非常容易出错(对于外部对象来说，只使用 Python 方法实际上是不可行的)。对于代码清单 2.2 中的代码，没有重复计算对象和容器/迭代器(如字符串或数组)，代码位于 02-python/sec4-memory/compute_allocation.py。

代码清单 2.2　计算 Python 通用对象的大小

```
from array import array
from collections.abc import Iterable, Mapping
from sys import getsizeof
from types import GeneratorType


def compute_allocation(obj):
    my_ids = set([id(obj)])        # 存储对象的ID，以免重复计算。
    to_compute = [obj]
    allocation_size = 0
    container_allocation = 0       # 返回列表、字典等容器的内存占用。
    while len(to_compute) > 0:
        obj_to_check = to_compute.pop()
        allocation_size += getsizeof(obj_to_check)
        if type(obj_to_check) in [str, array]:   # 字符串和数组是可迭代对象，可返回容器大小，这是为了不重复计算内容。
            continue
        elif isinstance(obj_to_check, GeneratorType):   # 忽略生成器中的内容。
            continue
        elif isinstance(obj_to_check, Mapping):   # 对于映射，需要统计键和值。
            container_allocation += getsizeof(obj_to_check)
            for ikey, ivalue in obj_to_check.items():
                if id(ikey) not in my_ids:
                    my_ids.add(id(ikey))
                    to_compute.append(id(ikey))
                if id(ivalue) not in my_ids:
                    my_ids.add(ivalue)
                    to_compute.append(id(ivalue))
        elif isinstance(obj_to_check, Iterable):   # 最后，检查其他迭代器的大小。
            container_allocation += getsizeof(obj_to_check)
            for inner in obj_to_check:
                if id(inner) not in my_ids:
                    my_ids.add(id(inner))
                    to_compute.append(inner)
    return allocation_size, allocation_size - container_allocation
```

在这段代码中，使用迭代方法计算内存分配。递归算法其实更合适，但由于 Python 对尾部调用优化不够好、缺乏对递归实现的支持，因此我们转而使用迭代方法。

对于 C 或 Rust 这样的系统编程语言实现的外部库对象，其内存的计算主要取决于实现过程中提供的信息。对于这些库，请查阅相关文档以了解细节。

警告

Python 中有一些内存分析库可供使用。但因为 Python 中的内存估计很容易出错，这些内存分析工具的结果往往并不可靠。如果使用它们，一定要小心。

还有一些更底层的方法可用于检查 Python 内存分配，我们将在使用 NumPy 时讨论它们。本章暂不使用 Python 的外部库。

2.4.5　Python 对象内存占用小结

小结一下，估算对象的内存大小比想象中要难。sys.getsizeof 不会报告所有对象的大小，因此，需要额外的工作以准确计算对象的大小。一般情况下，这个问题甚至无法解决，用底层语言编写的库可能不会报告它们所分配的内存大小。

内存精益分配能带来其他好处。首先，在内存是限制性因素的情况下，更多的内存可运行更多的并行进程。其次，内存精益分配可以为存内算法创造空间，因为普通算法需要访问磁盘，存内算法比需要访问磁盘空间的算法更快。

2.5　在大数据管道中使用惰性编程和生成器

本节介绍 Python 3 的另一个特性：惰性编程。惰性编程是将计算推迟到需要数据的时刻，在不需要数据时则不进行计算。这对于处理大量的数据非常有帮助，因为有时不需要进行计算(和相关的内存分配)，或者可以将计算分散到不同的时间。如果使用过生成器，你就用过惰性编程技术了。Python 3 比 Python 2 使用了更多的惰性编程技术，如 range、map 和 zip 等函数就是惰性的。使用惰性方法能处理更多数据，消耗的内存通常更少，并且创建数据管道也变得更加简单。

使用生成器

回顾 2.1.1 节的原始代码：

```
def get_file_temperatures(file_name):
    with open(file_name, "rt") as f:
        reader = csv.reader(f)
        header = next(reader)
        for row in reader:
            station = row[header.index("STATION")]
            # date = datetime.datetime.fromisoformat(
            ↪ row[header.index('DATE')])
            tmp = row[header.index("TMP")]
```

```
temperature, status = tmp.split(",")
if status != "1":
    continue                              定义中的 yield 表明这
temperature = int(temperature) / 10       是生成器。
yield temperature
```

`get_file_temperatures` 是一个生成器(它使用了 `yield`)。如下所示, 运行生成器:

```
temperatures = get_file_temperatures(TEMPLATE_FILE.format(
➥ station="01044099999", year=2021))

print(type(temperatures))
print(sys.getsizeof(temperatures))
```

打印出的类型为 generator, 大小为 112。在开发中, 由于生成器是惰性的, 因此它现在什么都没做。只有当你遍历它时, 代码才会执行:

```
for temperature in temperatures:        循环每进行一次, 就会调用生成器
print(temperature)                       代码, 产生新值。
```

惰性方法有多个优点。首先, 最大的优点是, 用户不需要为所有温度分配内存, 因为生成器会依次处理每个温度。与此相反, 在列表中, 内存要同时维持所有的温度数据。当函数返回具有许多元素的大型数据结构时, 如果没有足够的内存, 则代码可能无法执行。

其次, 有时我们不需要得到所有的结果, 因此急于得到结果只是把时间花在无用的计算上。例如, 如果你想通过编写函数检查是否有零度以下的温度, 此时就不需要得到所有的结果, 只要有一个值低于零, 就可以停止计算。

将生成器转换为即时版本很容易, 如下所示:

```
temperatures = list(temperatures)
```

但这样处理后, 就失去了生成器的优势, 但在某些情况下, 这样做是有益的。例如, 如果计算时间不长, 内存占用不多, 并且需要多次访问列表, 则使用即时版本更好。

注意

Python 2 和 Python 3 最大的区别之一, 是 Python 3 将许多原本为即时的内置方法改进为惰性方法。例如, 对于示例, 如果使用的是 Python 2, zip、map 和 filter 具有非常不同的表现。

可以用生成器减少内存占用, 在某些情况下, 还能减少计算时间。所以当你编写返回序列的代码时, 可以尝试将其转换成生成器。

2.6 本章小结

- 检测性能瓶颈往往并不直观，需要更多的经验。为了准确地找到性能瓶颈，代码分析这一步骤是首要的。在做性能检查时，"直觉"往往是错误的，经验性的方法更可取。

- Python 的内部分析工具非常有用，但有时难以解释。SnakeViz 这样的可视化工具可以帮助我们理解代码分析信息。

- Python 的内部分析工具可能无法定位性能瓶颈的确切位置。类似于 line_profiler 这样的工具可以大大提高定位精度，但缺点是收集信息的速度非常慢。

- 虽然 CPU 性能通常对于性能优化是最重要的，但内存使用也同样重要，而且可以带来可观的间接收益。例如，内存优化不佳、需要存外算法的解决方案，可能会被存内方法取代，运行时间将大大压缩。

- Python 提供了基本的数据结构，如果使用不佳将影响性能。例如，在无序列表中搜索元素的成本很高。因此，必须关注 Python 基本数据结构在执行操作时的复杂度成本。因为这些数据结构出现在所有的 Python 程序中，稍加改进往往能带来可观的性能提升。

- 了解 Python 数据结构的计算复杂度，即 Big-O，对于编写高效的代码至关重要。最好偶尔检查一下数据结构的复杂度，因为 Python 版本会持续变化，底层实现可能会被替换，从而影响算法性能。

- 惰性编程技术可用于开发内存占用更小的程序。有时使用惰性编程，还能避免进行大量计算。

- 本章介绍的所有内容，包括代码分析和纯 Python 优化，具有广泛的适用性。在学习本书剩余章节之前，你不妨动手实践本章学习的知识。

第 *3* 章
并发、并行和异步

本章内容
- 在程序中使用异步处理，减少等待时间
- Python 中的线程，及其在编写并行程序中的限制
- 利用多进程充分发挥多核计算机的性能

现代 CPU 架构支持同一时间执行多个程序，可使处理速度得到巨大提升。事实上，并行处理单元(如 CPU 内核)的数量决定了处理速度最多可以提高的倍数。不过，为了利用 CPU 的并行处理能力，必须将代码改造为并行处理，但 Python 不适合编写并行代码。大多数 Python 代码是顺序执行的，不能利用所有可用的 CPU 资源。此外，正如本章所述，Python 解释器的实现也不适合并行处理。换句话说，普通的 Python 代码不能利用现代硬件的性能，代码运行的速度比硬件支持的速度低得多。所以，需要通过特定技术使 Python 利用 CPU 算力。

在这一章中，你将学习改进 Python 代码的方法，先介绍一些你可能熟悉的方法，这些方法对 Python 进行了专门的改造。我们将讨论 Python 中的并发、多线程和并行，以及限制多线程编程的因素。

你还将学习异步编程方法，异步方法能高效地为大量并发请求服务，同时不需要借助并行方法解决方案。异步编程已经存在了很长时间，它在 JavaScript/Node.JS 中很流行，但直到最近才流行于 Python 编程。为了更好地进行异步编程，Python 推出了新的异步模块。

在本章中，假设你是一名在大型软件公司中工作的开发者。你的任务是开发一个 MapReduce 框架，该框架必须具有非常快的处理速度。所有的数据都在内存中，且所有的处理都必须在单台计算机上完成。此外，服务必须能够同时处理来自多名客户的请求，其中大部分是自动化的 AI 机器人。为了完成这个项目，你将使用并发和并行编程技术，包括多线程和多进程，以提高 MapReduce 的请求处理速度。你还将使用异步编程来高效处理大量用户的并发查询。

我们把这项任务分为两部分。在第一节中，将创建能同时处理多个请求的服务器。然后，创建 MapReduce 框架，这将占据本章 3.1 节之后的大部分篇幅。我们使用三种不

同的方法搭建框架：顺序、多线程和多进程。用户可以观察到三种方法的运行情况，以及它们的优势、劣势和限制因素。最后一节将把这两部分整合到一起，即把服务器和 MapReduce 框架衔接起来，以了解如何从基础组件开始，逐步搭建高效的解决方案。

为了使本章的主题和组织结构更加清晰，图 3.1 提供了本章的学习路线图。其中包含本章将讨论的方法，以及它们之间的使用关系。在每个方框的左上角，列出了每种方法的章节编号。

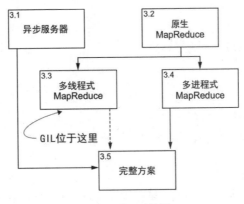

图 3.1 学习路线图

顺序处理、并发和并行

正式开始讲解之前，先简单回顾一下顺序处理、并发和并行。虽然它们都是基本概念，但许多有经验的开发人员仍然容易混淆它们。这里快速回顾一下，以确保所有人都能准确掌握其含义。

并行是最容易解释的概念：当任务在同一时间运行时，它们就是并行的。并发任务可以按任何顺序运行：可以并行运行，也可以顺序运行，这取决于编程语言和操作系统。因此，所有的并行任务都是并发的，但反过来则不然。

"顺序"一词有两种含义。首先，它可以表示一组特定任务必须按严格的顺序运行。例如，要在计算机上输入文字，必须先打开文字处理软件，顺序或次序是由任务本身规定的。第一个任务执行后，第二个任务才能执行。

然而，顺序有时也是系统对任务执行顺序的限制。例如，机场安检时每次只允许一人通过金属探测器，不能让两人同时通过。

最后，是有关抢占的概念。当一个任务被打断(非自愿的)，让另一个任务运行时，就会发生这种情况。这与任务间的调度策略有关，需要软件或硬件来完成，称为调度器。

抢占式多任务的替代方案是合作式多任务：代码负责指示系统什么时候可以被打断，由另一个任务替代。下图给出了这些概念的形象化解释。

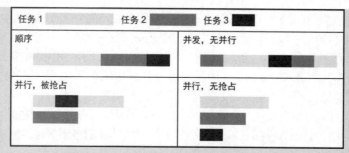

下面解释顺序、并发和并行模型。顺序执行是指所有的任务都按顺序执行，而且从不中断。并发(无并行)是指一个任务被另一个任务打断并随后恢复。当若干任务同时运行时，就会出现并行。即使存在并行，由于处理器/核的数量可能不足以满足所有任务，抢占仍然是很常见的。理想的情况是，处理器数量多于任务，这样所有任务就能并行执行，不会发生抢占。

注意

我们不会讨论 Python 多线程和多进程的基本特性。如果需要复习，有许多资料可供参考，例如 Matthew Fowler 的 *Python Concurrency with Asyncio*(Manning 出版社，2022; https://www.manning.com/books/python-concurrency-with-asyncio)。

3.1　编写异步服务器框架

虽然我们的主要任务是使用 MapReduce 框架处理请求，但首先要做的是创建服务器中接收请求的部分(即为客户提供接口)。正确处理请求是本章其他部分的内容。在本节中，我们编写接收所有客户端连接的服务器，并接收 MapReduce 请求(包括数据和代码)。在此过程中，你将看到异步编程在不使用并行的情况下，如何提高服务器的性能。

异步编程的兴起

异步编程在 JavaScript 中很流行，特别是在 NodeJS 服务器上。当需要监控许多慢速 IO 流时，非常适合使用异步编程模型。最显著的示例是网络服务器，其中大多数用例数据交换的大小有限，但处理速度通常是毫秒级。使用异步模型也可以编写整洁的并发和并行程序。此外，正如本章其余部分所示，异步方法也可用于传统的数据分析场景。

澄清一下，异步与单线程、多线程或多进程无关。你可以在任意方式中采用异步编程。

首先，我们通过介绍同步处理引发的主要问题，来比较同步和异步方法。同步编程是 Python 中常见的方法，可能是大多数 Python 程序员的首选。但是，同步(和单进程)运行的服务器会在等待用户输入时发生阻塞。由于用户在开启连接后可能需要 1 毫秒或 1 小时才写好并发出请求，因此在同步编程中，这将意味着所有其他客户端在这段时间内都会被搁置。下面是三个潜在的解决方案(如图 3.2 所示):

1. 任凭阻塞发生(图 3.2 中的标签 1)。这意味着在处理某个连接时，其他所有连接(例如，接待其他用户)都没有反应。阻断其余连接是不可接受的。

2. 使用多线程或多进程，启动单线程或进程处理请求(图 3.2 中的标签 2)。这意味着主进程用于处理其他进入的请求。单线程的解决方案具有可行性，而且在有大量 IO 通道但生成少量信息的情况下，单线程的解决方案更为轻量。

3. 最后，当阻塞调用发生时，另一种方法是让代码以某种方式释放执行控制，以便在等待数据时执行其他代码(图 3.2 中的标签 3)。这就是我们将要探讨的解决方案，即用单线程进行异步处理。

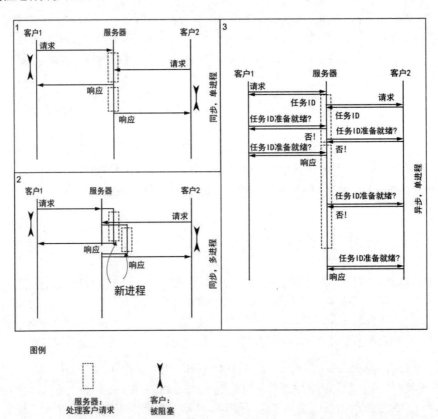

图 3.2 同步单进程/线程、同步多进程和异步单进程服务器架构

除了这三种方案，还有很多其他方案。例如，本章最后的解决方案实际是解决方案 2 和 3 的融合。解决方案 2 的另一种常见替代方案，是用预启动进程池来加快响应速度。对于方案 3，假设计算任务可以被中断(本章稍后介绍该假设)。最后，你可能知道 Python 中的多线程代码通常不是并行的(存在例外)，我们将在后文讨论这个问题。当处理 MapReduce 项目时，将讨论所有这些方法及其存在的问题，并遵循图 3.1 中描述的过程。

首先，尝试完全没有并行的解决方案[1]。然后，尝试基于线程的解决方案(但线程不能满足需求)。之后，我们将开发多进程方案，最终使性能得以提高。本章最后一节将网络接口与多进程方案相结合，此时虽然没有使用并行，但基于线程的代码仍然满足性能要求。

提示

这里只提出了一种解决方案，但其实可运用多种方法。即使这里提出的方案可能是最佳解决方案(其实不是)，其实也做了一定让步。标准不同，最佳的定义也不同。而且，不同的问题需要使用完全不同的方法来解决。

希望你在本节掌握解决问题的方法，并深入理解其原理。这样以后碰到具体问题时，就能提出标准，并给出最佳解决方案。

3.1.1　实现与客户通信的框架

服务器基于 TCP 协议，并在 1936 端口响应。代码位于 03-concurrency/sec1-async/server.py。以下是处理客户端请求的框架最外层：

```python
import asyncio          ◄——— 使用 Python 的 asyncio 库。
import pickle

results = {}
                                        所有函数都使用 async 声明。
async def submit_job(reader, writer):   ◄
    job_id = max(list(results.keys()) + [0]) + 1
    writer.write(job_id.to_bytes(4, 'little'))
    results[job_id] = job_id * 3
                                                        这三行将阻塞并暂
async def get_results(reader, writer):                  停附近的其余代码。
    job_id = int.from_bytes(await reader.read(4), 'little')
    pickle.dump(results.get(job_id, None), writer)

async def accept_requests(reader, writer):  ◄
    op = await reader.read(1)
    if op[0] == 0:
        await submit_job(reader, writer)
    elif op[0] == 1:
        await get_results(reader, writer)
                                                使用 asyncio 中的 start_server 调用
async def main():                               每个连接的 accept_requests。服务器在
    server = await asyncio.start_server(        本地 127.0.0.1 的 1936 端口进行监听。
        accept_requests, '127.0.0.1', 1936)
    async with server:
        await server.serve_forever()           async 关键字可以与其他关键字
                                                合用，使其非阻塞。
    asyncio.run(main())
                                                使服务器对象持续处理请求。
```

代码入口，run 是主函数。

---

[1] 虽然第一个异步通信解决方案无法满足任务需求，但它非常适合其他场景。例如，Node.JS 广泛用于 Web 服务端。所用技术要适用于具体场景。

这段代码目前只是框架，我们将在本章最后一节中完成代码，将所有组件串联起来。不过，这里需要提出一个问题，即为什么使用异步方法，而不使用通常的同步方法？

主要原因是，网络读写的时间不可控。此外，网速比 CPU 速度慢几个数量级。如果任凭网络阻塞发生，就会导致处理速度大大降低，其他用户只能等待。

这段代码中使用了 Python 中的 async、await 和 asyncio 模块，它们都是为了防止在单线程应用程序中发生阻塞，导致无法调用其他代码。

3.1.2 协程

上一节中的 asynchronous 函数(即使用 async def 创建的函数)被称为协程。协程是自愿释放控制权的函数。系统中还有一个部分，即执行器，负责管理所有协程，并根据一定策略运行协程。

当你使用 await 从一个协程调用另一个协程时，实际是指示 Python 在当前阶段可以把控制权转移给其他代码。这被称为协作调度，因为释放控制权是自愿的，需要由协程代码显式地完成。

将协程与大多数操作系统中的线程相比较，线程会被强行抢占，并且用户无法控制线程何时运行。这就是所谓的抢占式调度。因为会被强制中断，线程代码通常不需要明确地标记中断位置。在这个意义上，Python 线程的工作方式类似于操作系统中的线程。自愿抢占只适用于异步代码。

举个例子，程序等待网络数据并将其写入磁盘，这是典型的 IO 任务。程序可以按如下顺序进行工作，不需要线程：

(1) 主程序用异步执行器控制两个协程：一个等待网络连接，另一个负责写入磁盘。

(2) 执行器(随机)选择协程。

(3) 网络协程设置监听，然后等待连接。若目前没有连接，协程则主动指示执行器进行其他任务。

(4) 执行器启动磁盘协程。

(5) 磁盘协程开始向磁盘写入。与 CPU 的速度相比，写入的速度很慢，所以协程指示执行器执行其他任务。

(6) 执行器继续执行网络协程。

(7) 仍然没有连接请求，网络循环继续等待。

(8) 执行器调度磁盘协程。

(9) 磁盘协程完成写入，任务结束。

(10) 执行器让网络协程继续等待。如果网络协程接收连接，则执行器切换到网络协程。

(11) 网络协程最终收到连接，或者连接超时。

(12) 执行器结束工作，并将控制权交还给主程序。

这一节及最后一节提供了有关协程的示例。下面对前面的部分代码做个小测试：

```
import asyncio

async def accept_requests(reader, writer):
    op = await reader.read(1)
    # ...

result = accept_requests(None, None)
print(type(result))
```

下面分析一下 async 关键字的作用。如果没使用 async 关键字，就会在 reader.read() 一行抛出异常，因为 reader 为 None。但是，如此调用 accept_requests 并不执行函数，而是返回一个协程，这就是 async def 所创建的对象。

代码中的 await 调用指示 Python 可以暂停 accept_requests，转而执行其他代码。因此，当等待 reader 发送数据时，Python 能运行其他代码，直到接收数据。协程有点类似于生成器，执行可被延迟，并且能被暂停。

3.1.3　使用简单的同步客户端发送复杂数据

为了与服务器交互，我们编写一个简单的同步客户端。这个客户端可以作为更多同步类型代码的示例。同步代码在 Python 中比较常见，并且满足客户端的要求。同时，也借此展示如何在程序之间进行数据和代码的通信。这是客户端的最终版本，后面的章节将继续改进服务器代码。

客户端将同时提交代码(代码位于 03-concurrency/sec1-async/client.py) 和数据，然后发给服务器并等待响应：

使用 marshal 模块提交代码。

```
import marshal
import pickle
import socket
from time import import sleep
```

使用 pickle 模块提交高级 Python 数据结构。

```
def my_funs():
    def mapper(v):
        return v, 1

    def reducer(my_args):
        v, obs = my_args
        return v, sum(obs)
    return mapper, reducer
```

在函数中定义函数，并返回函数。

```
def do_request(my_funs, data):
    conn = socket.create_connection(('127.0.0.1', 1936))
    conn.send(b'\x00')
    my_code = marshal.dumps(my_funs.__code__)
    conn.send(len(my_code).to_bytes(4, 'little'))
    conn.send(my_code)
    my_data = pickle.dumps(data)
```

创建网络连接。

使用字节表示代码。

```
            conn.send(len(my_data).to_bytes(4, 'little'))

            conn.send(my_data)                              接收 job_id,处
            job_id = int.from_bytes(conn.recv(4), 'little')  理编码。
            conn.close()

            print(f'Getting data from job_id {job_id}')
            result = None
        while result is None:
                conn = socket.create_connection(('127.0.0.1', 1936))
                conn.send(b'\x01')
保持连接,直到结    conn.send(job_id.to_bytes(4, 'little'))
果准备完毕。        result_size = int.from_bytes(conn.recv(4), 'little')
                result = pickle.loads(conn.recv(result_size))
                conn.close()
            sleep(1)
            print(f'Result is {result}')

    if __name__ == '__main__':
        do_request(my_funs, 'Python rocks. Python is great'.split(' '))
```

对这段代码进行解释。首先是网络代码,我们使用 Python 的套接字接口创建了 TCP 连接,并使用该 API 发送和接收数据。所有的调用都可能是阻塞的,但符合客户端的需求。

这段代码中最重要的部分是传输数据的各种方法。在 Python 中,pickle 模块是最常见的序列化数据的方式,支持跨进程传输。但 pickle 并不是万能的解决方案,例如,它不能用来传输代码。对于代码传输,我们使用了 marshal 模块。还使用了 int 对象的 to_bytes 函数来处理编码。pickle 无法提供既紧凑又快速的解决方案,在这种情况下,需要自己处理编码/解码。在处理 IO 时,将重新讨论这个问题。

我们在函数 my_funs 中传输代码。另一种传输代码的方法是使用对象。要使用这段代码,需打开终端,用以下命令启动服务器:

```
python server.py
```

然后用以下方式运行客户端:

```
python client.py
```

输出如下:

```
Getting data from job_id 1
Result is [Number between 1 and 4]
```

3.1.4   实现进程间通信的其他方法

客户端/服务器通信的常见方法是在 HTTPS 上使用 REST 接口,但使用 REST 不利于了解底层概念。我们将在第 6 章重新讨论各种网络通信方法的性能。在任何情况下,真实场景中的网络通信需要一定程度的加密。

3.1.5　异步编程小结

异步编程可以高效处理大量用户的并发请求。为了缩短响应时间，`async` 必须具备两个条件。首先，必须限制与外部进程的通信。其次，每个请求的 CPU 处理量应该很小。由于这两个条件往往出现在网络服务器中，因此异步编程通常有助于大多数网络应用。

此外，尽管本节重点讨论了异步编程的基本原理，但有关 Python 的核心异步功能，还有很多细节没有展开。对于相关的异步功能，推荐阅读其他材料，如异步迭代器(`async for`)和上下文管理器(`async with`)。另外，还可以关注其他的异步库，如用于 HTTP 通信的 `aiohttp`。

3.2　实现基本的 MapReduce 引擎

本节继续讨论本章的主要目标，即实现 MapReduce 框架。在 3.1 节中，我们处理了通信架构。本节将实现解决方案的核心部分，建立基本的解决方案，并基于此方案在后面章节创建计算效率更高的版本。

3.2.1　理解 MapReduce 框架

首先，我们分解 MapReduce 框架，观察其中的组成部分。从理论上讲，MapReduce 计算至少分为两部分，即 map 和 reduce。一个典型的 MapReduce 示例是单词统计，这里使用莎士比亚话剧《暴风雨》中的两句台词 "I am a fool. To weep at what I am glad of." 来讲解图 3.3 展示的 MapReduce 中的输入。在实践中，除了 map 和 reduce，还需要其他组件。例如，map 的结果在输送给 reduce 前，需要进行随机打乱：如果单词 am 的两个实例输送到不同的 reduce 进程，就会导致计数错误。

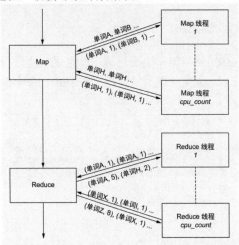

图 3.3　map_reduce 框架，使用单词统计作为示例。传统的 MapReduce 框架拥有多个进程或线程，用于实现 map 和 reduce 步骤。在真实场景中，可以在不同计算机上分布式地执行 map 和 reduce 步骤

单词统计可以用 map 函数实现,该函数将为每个单词生成一个条目,并计数为 1。而 reduce 函数将对同一单词的所有 map 条目求和。map 的结果如下所示:

```
I, 1
am, 1
a, 1
fool, 1
To, 1
weep, 1
at, 1
what, 1
I, 1
am, 1
glad, 1
of, 1
```

reduce 的输出如下:

```
I, 2
a, 1
fool, 1
To, 1
weep, 1
at, 1
what, 1
am, 2
glad, 1
of, 1
```

在中间的某个步骤中,会对结果进行打乱,使某个单词仅传送给 reduce 函数。例如,如果 am 被两个不同的 reduce 函数接收,就会出现两个等于 1 的计数。在服务器中,打乱功能是内置的,用户不必提供。

3.2.2 开发简单的测试场景

对于开发好的 MapReduce 框架,需要对其进行测试。我们仍然使用单词统计作为测试。然后,使用 MapReduce 框架处理其他问题。对于框架的基本测试来说,单词统计非常合适。

实现单词统计的用户代码如下所示。这段代码只用于测试。

这里,我们使用函数式编程,MapReduce 天生支持函数式编程。如果使用 PEP 8 格式,语法检查器会提示"使用 def 语句,不要通过赋值语句将 lambda 表达式用于标识符"。语法检查器不同,提示语也会不同。你可以选择使用 lambda 函数或 PEP 8 格式的 def emitter(word)。在本章中,选用 lambda 函数测试 MapReduce。

```
emitter = lambda word: (word, 1)        ◀━━
counter = lambda (word, emissions): (work, sum(emissions))
```

3.2.3　第一次实现 MapReduce 框架

前面介绍的是用户代码。接下来，我们就要实现 MapReduce 引擎，它可以统计单词或完成其他任务。我们先完成引擎中的部分代码，然后利用本章其余部分的知识，使用线程、并行和异步接口开发出高效的引擎(第一个版本的代码位于 `03-currency/sec2-naive/naive_server.py`)：

```
from collections import defaultdict

def map_reduce_ultra_naive(my_input, mapper, reducer):
    map_results = map(mapper, my_input)

    shuffler = defaultdict(list)
    for key, value in map_results:
        shuffler[key].append(value)

    return map(reducer, shuffler.items())
```

现在，可以使用如下代码统计单词：

```
words = 'Python is greatPythonrocks'.split(' ')
list(map_reduce_ultra_naive(words, emiter, counter))
```

`list` 强制执行惰性 map 调用(如果你不了解惰性编程语法，请查看第 2 章)，输出如下：

```
[('Python', 2), ('is', 1), ('great', 1), ('rocks', 1)]
```

从 MapReduce 原理的角度看，这段代码的实现非常整洁。但从运行的角度看，并不符合 MapReduce 框架中最重要的特点，即函数没有并行运行。在接下来的章节中，将使用 Python 创建高效的并行代码。

3.3　实现 MapReduce 并发引擎

下面再进一步，使用多线程实现并发框架。使用 `concurrent.futures` 模块的线程执行器管理 MapReduce 任务。通过这种方式，我们将得到既是并发又是并行的解决方案，这种方法能利用所有可用的计算能力。

3.3.1　使用 concurrent.futures 实现线程服务器

使用 `concurrent.futures` 的原因是它更加清晰，且比常用的 `threading` 和 `multiprocessing` 模块更高级。后两者是基础并发模块，下一节将使用 `multiprocessing` 模块，使用它的底层接口可以更精确地分配 CPU 资源。

以下是新版本(代码位于 `03-concurrency/sec3-thread/threaded_`

mapreduce_sync.py):

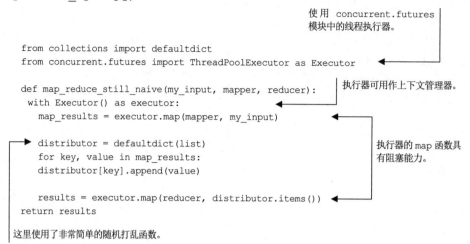

使用 concurrent.futures
模块中的线程执行器。

```python
from collections import defaultdict
from concurrent.futures import ThreadPoolExecutor as Executor

def map_reduce_still_naive(my_input, mapper, reducer):
  with Executor() as executor:
    map_results = executor.map(mapper, my_input)

    distributor = defaultdict(list)
    for key, value in map_results:
    distributor[key].append(value)

    results = executor.map(reducer, distributor.items())
  return results
```

执行器可用作上下文管理器。

执行器的 map 函数具
有阻塞能力。

这里使用了非常简单的随机打乱函数。

def map_reduce_still_naive 函数接收了输入，以及 mapper 和 reducer 函数。concurrent.futures 的执行器负责线程管理，可以指定想要的线程数。如果不指定，线程数默认与 os.cpu_count 有关。实际的线程数在不同的 Python 版本中有所不同。图 3.4 对此作了总结。

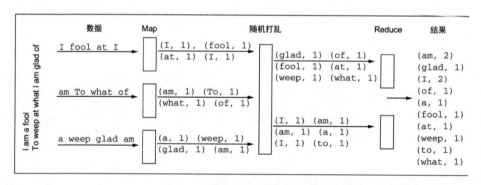

图 3.4　MapReduce 框架的线程执行

需要确保同一对象(本示例中是一个词)的结果发送到正确的 reduce 函数。在示例中，我们用字典实现了一个简易的 distributor(分发器)，为每个单词创建了条目。

前面的代码会占用相当大的内存，特别是打乱器会以紧凑的方式在内存中保存所有的结果。为简单起见，我们不对其进行处理。

concurrent.futures 无法控制 worker 的数量，也无法知道 worker 的优化过程。因此，若要确保获得最佳性能，必须完全控制执行过程。如果你想对 worker 管理进行微调，需要直接使用 threading 模块[1]，下一节对其进行探讨。

1　另一种方法是手动实现 concurrent.futures 执行器，但也需要了解 threading 和 multiprocessing 模块。

使用如下代码进行测试：

```
words = 'Python is greatPythonrocks'.split(' ')
print(list(map_reduce_still_naive(words, emiter, counter)))
```

输出结果与上一节相同。

不过，前面的解决方案存在一个问题，即它无法与正在运行的外部程序互动。也就是说，当你执行 executor.map 时，必须等待计算完全结束。如果要统计非常多的单词，可能需要一定反馈。例如，运行代码时，显示百分比。这就需要使用其他的解决方案。

3.3.2　使用 futures 异步执行

首先，我们只对 map 部分进行编码，以了解其中的原理(代码位于 03-concurrency/sec3-thread/threaded_mapreduce.py)：

```
from collections import defaultdict
from concurrent.futures import ThreadPoolExecutor as Executor

def async_map(executor, mapper, data):
    futures = []
    for datum in data:
        futures.append(executor.submit(mapper, datum))    ◀── 调用执行器时，使用
    return futures                                             submit，不使用map。

def map_less_naive(executor, my_input, mapper):
    map_results = async_map(executor, mapper, my_input)
    return map_results
```

执行器的 map 函数需要等待结果，但 submit 不用等待。当运行代码时，我们将看到其中的区别。

修改 emitter，以进行过程跟踪：

```
from time import sleep

def emitter(word):
    sleep(10)
    return word, 1
```

使用 sleep 是为了放慢代码的执行速度，以使我们即使在处理简单的示例时，也能跟踪代码过程。下面使用 map 函数：

```
with Executor(max_workers=4) as executor:
    maps = map_less_naive(executor, words, emitter)
    print(maps[-1])
```

如果打印列表中的最后一项，结果有点令人意外：

```
<Future at 0x7fca334e0e50 state=pending>
```

最后一项不是('rocks', 1)，而是 Future 对象。Future 表示可能的结果，从属于 await，并可以检查其状态。现在，用户可以使用以下方法跟踪进度：

```
with Executor(max_workers=4) as executor:          ◄──────────  总共有 5 项任务，使用 4 个
    maps = map_less_naive(executor, words, emitter)              worker 跟踪进度。
    not_done = 1
    while not_done > 0:          ◄────── 打印状态，而仍有任务未结束。
        not_done = 0
        for fut in maps:
            not_done += 1 if not fut.done() else 0    ──  放慢代码的执行速度。
            sleep(1)
        print(f'Still not finalized: {not_done}')
检查是否完成 future。
```

如果运行这段代码，通常在代码运行的前 10 s，会显示 Still not finalized....。一开始会看到 5 行提示信息，然后变为只有一行。因为有 4 个 worker，所以需要在 10 s 完成前 4 项任务，之后最后一项任务才能开始。因为代码是并行的，所以每次运行这段代码时，抢占线程的方式都会不同，是非确定性的。

还有最后一个问题，即需要用某种方法显示进度。调用者需要传递一个回调函数，当发生重要事件时，调用该回调函数。在上述示例中，重要事件就是跟踪所有 map 和 reduce 任务的完成情况。代码实现如下：

```
                                              report_progress 需要使用回调函数。
                                              每 0.5 s 调用回调函数，返回任务信息。
def report_progress(futures, tag, callback):  ◄──
    done = 0
    num_jobs = len(map_returns)
    while num_jobs > done:
        done = 0
        for fut in futures:
            if fut.done():                        返回 map 任务
                done +=1                          的进度。
        sleep(0.5)
        if callback:
            callback(tag, done, num_jobs - done)

def map_reduce_less_naive(my_input, mapper, reducer, callback=None):
    with Executor(max_workers=2) as executor:
        futures = async_map(executor, mapper, my_input)
        report_progress(futures, 'map', callback)
        map_results = map(lambda f: f.result(), futures)  ◄──
        distributor = defaultdict(list)                      因为结果是 future 对象，所以
        for key, value in map_results:                       需要从 future 中提取信息。
            distributor[key].append(value)
        futures = async_map(executor, reducer, distributor.items())
        report_progress(futures, 'reduce', callback)
        results = map(lambda f: f.result(), futures)  ◄──  返回 reduce
        return results                                      任务的进度。

因为结果是 future 对象，所以需
要从 future 中提取信息。
```

因此，当 map 和 reduce 运行时，每隔 0.5 s，就会执行用户提供的回调函数。回调可以简单也可以复杂，但速度一定要快。对于用于测试的单词统计示例，回调函数很简单：

```
def reporter(tag, done, not_done):
print(f'Operation {tag}: {done}/{done+not_done}')
```

注意，回调函数的签名不是任意的，它必须遵循 `report_progres` 规定的协议，参数是标签、已完成任务数、未完成任务数。

如果运行如下代码：

```
words = 'Python is greatPythonrocks'.split(' ')
results = map_reduce_less_naive(words, emitter, counter, reporter)
```

则会打印如下所示的运行状态和结果：

```
Operation map: 3/5
Operation reduce: 0/4
('is', 1)
('great', 1)
('rocks', 1)
('Python', 2)
```

可以进一步将返回值作为 MapReduce 框架的运行指标，取消执行。这样，就能修改回调函数，取消进程。

不过，这种解决方案是并发的，不是并行的。这是因为存在 GIL，即全局解释器锁，Python(或者说，CPython)一次只能执行一个线程。下一节，我们讨论 GIL 是如何处理线程的。

3.3.3　GIL 和多线程

因为 CPython 利用了操作系统的线程，所以它是抢占式的线程，但 GIL 对其施加了限制，使得一次只能运行一个线程。因此，即便你在多核计算机上运行多线程程序，程序最终也不是并行的。实际情况更糟，因为 GIL 不允许在同一时间运行一个以上的线程，但 CPU 和操作系统可同时运行多个线程，二者的矛盾导致多核计算机中的线程交换性能很差。

与其他讨论性能的书籍相同，本书也用一节的篇幅介绍多线程。但在实际中，如果追求性能的话，尽量不要使用 Python 线程作为解决方案。

就算存在 GIL，也可以开发高性能的 Python 代码。事实上，如果你要在线程层面实现高性能代码，Python 无论如何都太慢了。CPython 的实现方式，以及 Python 的动态特性，都是有性能代价的。最好使用底层语言，如 C 或 Rust，来实现高效代码，或者使用 Numba 这样的工具，后面章节将进行讨论。

GIL 为其他语言实现的底层代码提供了表现机会，当使用底层解决方案时，你可以释放 GIL、随意进行并行开发。NumPy、SciPy 和 scikit-learn 等库就是这样实现的，通过释放 GIL，它们使用 C 或 Fortran 编写多线程的并行代码。所以使用线程时，仍然可以实现并行代码，只不过实现并行的代码部分不使用 Python。

但是，你仍然可以用纯 Python 中的多进程方法编写高效的并行代码，并且控制计算粒度。

> **PyPy**
>
> Python 中除了标准实现 CPython，还有其他实现，如 IronPython 和 Jython，它们分别基于.NET 和 JVM。另一个值得一提的是 PyPy，它不是解释器，而是即时编译器。PyPy 不是 CPython 的替代品，因为许多 CPython 库不支持直接使用 PyPy。但如果 PyPy 支持库，可能它是更快的实现。虽然 PyPy 在很多情况下比 CPython 快，但它仍然有 GIL，所以它不能最终解决问题。在本书中，我们将坚持使用 CPython，但对于特定场景，PyPy 可能是不错的选择。
>
> 最后，不要混淆 PyPy(Python 的实现)和 PyPI(软件包库)。

3.4 使用多进程实现 MapReduce

由于存在 GIL，多线程代码并不是真正的并行。但可以从两方面解决该问题，使用 C 或 Rust 这样的底层语言重构 Python 代码，或者和本节中的方法一样，利用 CPU 的多核处理能力，使用多进程进行并行处理。底层语言解决方案将在后面的章节中讨论。

3.4.1 基于 concurrent.futures 的解决方案

基于 concurrent.futures 的解决方案非常简单。利用该模块，能非常便捷地将导入的库从 ThreadPoolExecutor 改为 ProcessPoolExecutor(代码位于 `03-concurrency/sec4-multiprocess/futures_mapreduce.py`)：

```
from concurrent.futures import ProcessPoolExecutor as Executor
```

如果用这行代码替换上一节异步代码中对应的行，你会发现一些异样，因为代码似乎在 reduce 部分冻结了。为了深入分析，我们利用上一节的代码，创建提示信息更多的 `report_progress` 函数：

```
def report_progress(futures, tag, callback):
    done = 0
    while num_jobs > done:
        done = 0
        for fut in futures:
            if fut.done():
                done +=1
                print(fut)
                print(fut.exception())
        sleep(0.5)
        if callback:
            callback(tag, done, not_done)
```

我们在代码中添加了两条打印语句。再次运行代码，输出如下：

```
<Future at 0x7f1ffff104c0 state=finished raised PicklingError>
Can't pickle <function <lambda> at 0x7f2000131ca0>: attribute lookup
    <lambda> on __main__ failed
```

事实证明，lambda 函数(counter 函数就是 lambda 函数)不能被序列化。但是，多进程通信是通过 `pickle` 模块完成的。因此，`counter` 函数不能原封不动地转移到子进程中。我们将其改写成 def 函数：

```
def counter(emitted):
    return emitted[0], sum(emitted[1])
```

这样就处理好了示例代码。这段代码说明，不能简单地将线程执行器替换为进程执行器。下一节将介绍其他不同之处。

Python 多进程模块中的数据和代码共享问题

我们已看到，使用默认 `pickle` 配置，无法在进程间传输匿名函数。如果想传输匿名函数，必须自己实现传输协议。

通常，`pickle` 无法处理代码，因为多进程依赖 `pickle` 进行通信，所以必须手动处理。代码中可能包括第三方库对象和非 Python 的实现。

可能无法转移文件指针、数据库连接和套接字，如果可以转移，则需要特别小心。若使用线程，所有这些对象类型都可以共享，但需要检查线程是否安全。`pickle` 的另一个问题是速度相当慢。在有大量数据需要传输的情况下，序列化的时间可能比较长。

使用 Python 的通信方法，可以应对低通信量、粗粒度处理的场景。但当存在大量通信开销时，可能导致代码性能下降。

3.4.2　基于多进程模块的解决方案

`concurrent.futures` 提供了简便的并发处理接口。对于比较直观的问题，使用 `concurrent.futures` 进行开发很高效，性能也不错。虽然使用方便，但 `concurrent.futures` 也有缺点：开发者无法控制代码的执行方式。futures 对象的执行顺序是什么？虽然我们定义了 worker 的最大数量，但在某个时间点上真正可用的有多少？每项任务的进程是循环使用的，还是从头开始重新创建的？在 `concurrent.futures` 中，这些都是由执行者管理的，开发者无法控制。

在示例中，我们通过具体设计策略，使代码效率更高。例如，在任务到达前创建所有进程，或者在没有任务时也保持进程活跃。这是因为当请求到达时，创建和销毁进程有一定的开销。当不处理请求时，维持开销是值得的。下面我们将开始创建进程池。

首先，我们使用一个简单的解决方案，但该方案无法实时追踪进度(代码位于 03-concurrency/sec4-multiprocess/mp_mapreduce_0.py)：

```
from collections import defaultdict
import multiprocessing as mp
```
导入 multiprocessing 模块。

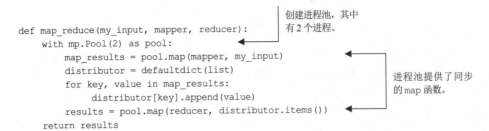

```
def map_reduce(my_input, mapper, reducer):
    with mp.Pool(2) as pool:
        map_results = pool.map(mapper, my_input)
        distributor = defaultdict(list)
        for key, value in map_results:
            distributor[key].append(value)
        results = pool.map(reducer, distributor.items())
    return results
```

创建进程池，其中
有 2 个进程。

进程池提供了同步
的 map 函数。

这段代码很简单。新出现的代码行创建了进程池 Pool。每次请求 MapReduce 操作时，都会创建进程池，所以它不是持久的，每次执行时都存在创建池的开销。

> **比较 CPU_count 和 sched_getaffinity，确定进程池的大小**
>
> 这段代码指定进程池中有两个进程。在多数情况下，最好使进程数是计算机硬件的函数。进程池的默认值是 os.cpu_count，这实际是错误的，os.cpu_count 通常报告超线程的数量，而非 CPU 的数量。
>
> 更严谨的方法是使用 len(os.ched_getaffinity())，它能获得所有可访问的内核数量。计算机的内核可能有更多，但操作系统、容器或虚拟机会限制对内核的访问。

警告

Pool.map 函数是立即执行的，而 Python 内置的 map 函数是惰性的。因此，如下两段代码的作用不同：

```
map(fun, data)
Pool.map(fun, data)
```

第一行代码会立即执行，等价于 list(map(fun, data))。通常会用 map 替换 Pool.map，因为前者更方便调试，但这并不是绝对的。multiprocessing 中的 imap 是惰性的，map_async 是异步的。

3.4.3　监控多进程方法的进度

现在，map_async 不支持进度跟踪，但它支持回调，不过只能在所有结果都准备好时才调用回调函数。我们希望代码运行的粒度更细，每当迭代器准备好一个元素时，就能进行调用。进度跟踪要达到这样的元素级水平。

接下来，继续修改代码。虽然 Pool.map_async 函数适用于很多场景，但它在回调时只报告执行的最末端，这达不到要求。我们需要一个更底层的解决方案(代码位于 03-concurrency/sec4-multiprocess/mp_mapreduce.py)：

```
def async_map(pool, mapper, data):
    async_returns = []
    for datum in data:
        async_returns.append(pool.apply_async(
```

使用 Pool.apply_async
启动每个任务。

```
            mapper, (datum, )))
    return async_returns
```

注意，传入的参数被指定为元组。

```
def map_reduce(pool, my_input, mapper, reducer, callback=None):
    map_returns = async_map(pool, mapper, my_input)
    report_progress(map_returns, 'map', callback)
    map_results = [ret.get() for ret in map_returns]
    distributor = defaultdict(list)
    for key, value in map_results:
        distributor[key].append(value)
    returns = async_map(pool, reducer, distributor.items())
    results = [ret.get() for ret in returns]
    return results
```

使用异步对象的 get 方法获取结果。

这段代码与 concurrent.futures 的区别不大，所以你可能会产生疑问，虽然 concurrent.futures 缺乏灵活性，但如此修改是否值得？

map_reduce 函数现在在使用由用户提供的进程池，进程池可循环使用。这通常比每次进行新操作时启动新进程更有效率。在示例中，几乎没有开销，但在更复杂的示例中，每个进程的初始化都可能消耗时间和资源。

为了调用这段代码，必须预先创建进程池，如下所示：

关闭进程池。

```
pool = mp.Pool()
results = map_reduce(pool, words, emitter, counter, reporter)
pool.close()
pool.join()
```

等待所有进程结束。

在这段代码中，使用了上下文管理器的进程池，但是使用这种方法，在结束进程池时不仅要关闭所有进程，还要等待进程退出，即调用 join。除了 close，强制关闭的方法是 terminate。即使未完成任务，进程也将终止。

过度使用或减少使用 CPU 资源

创建进程池时，使用的是默认大小，即 os.cpu_count()。但在许多情况下，你可能想降低资源利用率。有些情况下，则可能需要充分利用 CPU 资源。

最常见的降低资源利用率的原因，是存在 IO 约束，IO 过多很容易导致机器崩溃，因为大量的进程会导致更多的 IO 负载，最终超出机器的承受能力。磁盘 IO 尤其会出现此类情况。

如果进程占用了大量内存，也需要降低性能，这是因为使用内存缓存会导致性能降低。在最坏的情况下，如果计算机内存耗尽，操作系统可能会杀死进程。

典型的过度利用 CPU 资源的场景是等待网络。这意味着进程可能在大部分时间内处于空闲状态，因此 CPU 资源处于可用状态。

不过，过度利用 CPU 有时也有助于 CPU 受限的进程。例如，当进程非连续性、偶发性地使用 CPU，或者在计算实际开始前存在大量的设置时间时。

report_progress 函数几乎一样，每完成一项任务后就会调用回调函数。AsyncReturn.ready 取代了对 Future.done 的调用：

```
def report_progress(map_returns, tag, callback):
    done = 0
    num_jobs = len(map_returns)
    while num_jobs > done:
        done = 0
        for ret in map_returns:
            if ret.ready():
                done += 1
        sleep(0.5)
        if callback:
            callback(tag, done, num_jobs - done)
```

现在，代码就可以正常运行了。但是，这个方案足够快吗？

3.4.4　分块传输数据

为了回答上面的解决方案是否足够快的问题，需要对其进行比较。正如第 2 章所述(第 4 章还会重提)，分块批量写入磁盘可以极大地加快磁盘写入操作。这种技术对于 CPU 和进程间通信也有帮助吗？

为了回答这个问题，我们对 MapReduce 架构进行小改造。在代码中增加一个拆分操作，在拆分阶段不是以单个元素而是以批量的形式发送数据。对比图 3.3，图 3.5 引入了新步骤，由它负责拆分。

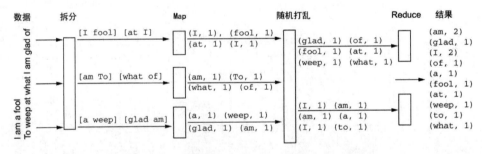

图3.5　为实现批量传输数据，带有拆分步骤的 map_reduce 框架

拆分其实很简单，实际上，高级的 MapReduce 框架就是在流程中做了大量提高性能的优化。首先查看提交批量任务和在进程池中对其进行分解的代码(代码位于 03-concurrency/sec4-multiprocess/chunk_mp_mapreduce.py)：

```
def chunk(my_iter, chunk_size):        ◀─┐
    chunk_list = []                        使用批量数据生成器拆分列表，每个
    for elem in my_iter:                   批量的大小等于 chunk_size。
        chunk_list.append(elem)
        if len(chunk_list) == chunk_size:
            yield chunk_list
            chunk_list = []
```

```
        if len(chunk_list) > 0:
              yield chunk_list
```

← 使用 chunk_runner 拆分批量数据。

```
def chunk_runner(fun, data):
    ret = []
    for datum in data:
              ret.append(fun(datum))
    return ret
```

← 通过使用中间件分解列表，
改造函数以提交任务。

```
def chunked_async_map(pool, mapper, data, chunk_size):
    async_returns = []
    for data_part in chunk(data, chunk_size):
        async_returns.append(pool.apply_async(
            chunk_runner, (mapper, data_part)))
    return async_returns
```

← 调用中间件，而非直接调用
最终函数。

调用批处理函数。

chunked_async_map 用于将任务分配给进程池中的进程，它调用 chunk 生成器，将输入分成 chunk_size 大小的数据块。注意，它不再直接调用所需的函数，而是在进程池中首先运行 chunk_runner，后者遍历数据块中的元素，并调用真正的工作函数 fun。

利用循环实现 chunk 生成器或许更简单，如下所示：

```
def chunk0(my_list, chunk_size):
    for i in range(0, len(my_list), chunk_size):
        yield my_list[i:i + chunk_size]
```

这段代码的问题是它需要 len(my_list)，因此输入参数被限制为列表。迭代器可以是惰性的，占用的内存更少，需要的 CPU 也更少。

现在，需要修改最顶层的 MapReduce 函数：

```
def map_reduce(
        pool, my_input, mapper, reducer, chunk_size, callback=None):
    map_returns = chunked_async_map(pool, mapper, my_input, chunk_size)
    report_progress(map_returns, 'map', callback)
    map_results = []
    for ret in map_returns:
        map_results.extend(ret.get())
    distributor = defaultdict(list)
    for key, value in map_results:
      distributor[key].append(value)
    returns = chunked_async_map(
      pool, reducer, distributor.items(), chunk_size)
    report_progress(returns, 'reduce', callback)
    results = []
    for ret in returns:
        results.extend(ret.get())
    return results
```

添加
chunk_size
参数。

← 使用 extend，不使用 append。

← 添加 chunk_size 参数。

唯一需要注意的是，每次执行的结果不再是单个元素，而是元素列表。因此，必须使用 extend 方法扩展列表，不能使用 append。

为了进一步测试速度，我们以托尔斯泰的《安娜·卡列尼娜》的原文为例进行测试，可在 Project Gutenberg 中获得原文(http://gutenberg.org/files/1399/1399-0.txt)。如下是调用代码：

```
words = [word                                          ◄──────────┐
            for word in map(lambda x: x.strip().rstrip(),         │ 将所有文本读入列表。
              ' '.join(open(
                'text.txt', 'rt', encoding='utf-8').readlines()).split(' '))
          if word != '' ]
chunk_size = int(sys.argv[1])  ◄──────┐
pool = mp.Pool()                      │ 分块大小是命令行参数。
counts = map_reduce(pool, words, emitter, counter, chunk_size, reporter)
pool.close()
pool.join()

for count in sorted(counts, key=lambda x: x[1]):  ◄──────┐
    print(count)                                         │ 以递增顺序打印单词统计信息。
```

以 1、10、100、1000 和 10000 的分块大小运行前面的代码。表 3.1 描述了每种情况的运行时间。

表 3.1 不同分块大小的运行时间

分块大小	时间(s)
1	114.2
10	12.3
100	4.3
1000	3.1
10000	3.1

表 3.1 中的运行时间表明，分块可以极大地提高框架的性能。分块是非常重要的概念，其他章节也运用了分块技术。

提示

如果使用 Pool 对象中的 map，分块是实现好的，你只需添加 chunksize 参数。map_async 和 imap 也是如此。通常，当使用并行库时，一定要检查是否存在分块功能。在许多情况下，并不需要亲自实现分块方法。

共享内存

(隐式)消息传递的另一个替代方案，是使用共享内存服务。原生的共享内存模型，例如 Python 内置库中的共享内存模型，在使用中非常容易出错，因此这里不做讲解。如果需要使用内存共享，必须用底层语言实现代码。后文讨论共享内存时，就将使用底层语言实现处理方法，并嵌入 Python 代码中。

3.5 知识点串联：异步多线程和多进程 MapReduce 服务器

在本章中，我们测试了各种方法，并使用了并行、并发、线程、同步和异步等编程方法的组合。现在，选择其中高效的方法，将其组合起来，以实现高性能的 MapReduce 框架。我们回顾一下任务要求，所有数据都位于内存、使用单台计算机处理所有任务、系统处理多客户请求，包括自动化 AI 机器人。在最后一节，将给出最终的完整解决方案，也就是使用多进程 MapReduce 和异步 TCP 服务器，处理多个客户端的查询。

我们已经创建好两个部分，即 3.4 节的分块 MapReduce 框架和 3.1 节的客户端。这两部分代码是可以直接使用的。接下来，将介绍解决方案中的其他内容。

3.5.1 创建完整的高性能解决方案

按照图 3.6 设计架构。前端连接所有客户端的接口是异步的。任务通过队列发送给另一个线程，该线程负责管理进程池，进程池中的进程负责处理 MapReduce 任务。

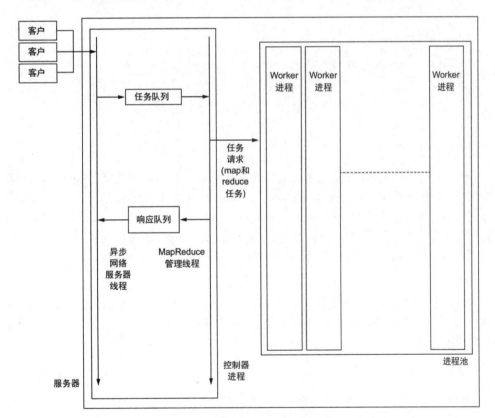

图 3.6 MapReduce 服务器的最终架构

通过异步循环实现前端的 TCP 服务器。第二个线程只负责管理 MapReduce 的进程池。两个线程之间的通信将使用 queue 模块的 Queue。入口代码负责设置异步服务器和管理 MapReduce 进程池的线程(代码位于 03-concurrency/sec5-all/server.py)：

```
import asyncio
from queue import Queue, Empty
import multiprocessing as mp
import types


work_queue = Queue()
results_queue = Queue()                    该函数被新线程调用。
results = {}

def worker():                              在 worker 线程内创
    pool = mp.Pool()                       建进程池。
    while True:
        job_id, code, data = work_queue.get()      worker 线程等待任务。
        func = types.FunctionType(code, globals(), 'mapper_and_reducer')
        mapper, reducer = func()                           将结果放入
        counts = mr.map_reduce(pool, data, mapper, reducer, 100, mr.reporter)   响应队列。
        results_queue.put((job_id, counts))
    pool.close()
    pool.join()

async def main():
    server = await asyncio.start_server(accept_requests, '127.0.0.1', 1936)
    worker_thread = threading.Thread(target=worker)
    worker_thread.start()                              线程准备就绪，指向
    async with server:                                 worker，准备启动。
        await server.serve_forever()        启动线程。


asyncio.run(main())
```

和之前一样，主入口 main 函数负责准备异步服务器，并启动管理 MapReduce 进程池的线程，该线程在 worker 函数中实现。worker 创建多进程池并处理来自异步服务器的请求。通信是通过 FIFO(first-in，first-out，先进先出)队列进行的。queue 模块确保队列是同步的(即利用锁确保线程一致性)，通过队列接收任务和返回结果。worker 中的所有函数都是阻塞的，因为客户端是异步的，在初始化时，不需要处理任何任务。

注意

使用多进程时，队列也是很好的通信方式。因为管理进程间通信比多线程间通信更难，所以 multiprocessing 模块中有一个专门的类 Queue。但是，只有序列化对象才能进入队列。由于使用了 pickle 和进程间通信，代码速度可能会受到影响。

下面先提交任务。异步服务器如下所示：

```
async def submit_job(job_id, reader, writer):
    writer.write(job_id.to_bytes(4, 'little'))
    writer.close()
```

```
code_size = int.from_bytes(await reader.read(4), 'little')
my_code = marshal.loads(await reader.read(code_size))
data_size = int.from_bytes(await reader.read(4), 'little')
data = pickle.loads(await reader.read(data_size))
work_queue.put_nowait((job_id, my_code, data))
```

将数据写入非阻塞的
work_queue 队列。

submit_job 函数将任务放入 work_queue，运行 worker 函数的线程负责接收任务。为避免放入结果时发生阻塞，使用了 put_nowait。在示例中，因为队列在初始化时没有限制大小，所以不会发生阻塞。如果队列中有大量消息，在创建队列时，需要考虑对其进行优化。

剩余的异步代码如下所示：

```
def get_results_queue():
    while results_queue.qsize() > 0:
        try:
            job_id, data = results_queue.get_nowait()
            results[job_id] = data
        except Empty:
            return

async def get_results(reader, writer):
    get_results_queue()
    job_id = int.from_bytes(await reader.read(4), 'little')
    data = pickle.dumps(None)
    if job_id in results:
        data = pickle.dumps(results[job_id])
        del results[job_id]
    writer.write(len(data).to_bytes(4, 'little'))
    writer.write(data)


async def accept_requests(reader, writer, job_id=[0]):
    op = await reader.read(1)
    if op[0] == 0:
        await submit_job(job_id[0], reader, writer)
        job_id[0] += 1
    elif op[0] == 1:
        await get_results(reader, writer)
```

检查队列长度，判断是否有数据写入。

以非阻塞方式，从 results_queue 读取响应。

预防队列为空。

在这段代码中，accept_requests 函数与 3.1 节中完全相同。

get_results 的起始位置只有一行新的内容，用于调用 get_results_queue，检查 MapReduce 是否结束，结果是否转移到 results 字典中。需要注意的是，通过 qsize 得到的队列大小是近似值，所以必须考虑空队列的情况，还要避免发生阻塞，以顺利接收消息。

使用 threading 和 multiprocessing 的锁和底层同步

一定不要使用绝大多数底层实现的锁。threading 和 multiprocessing 都支持多种标准的同步机制，包括锁和信号量。不过，我们的观点是，如果需要使用这些底层结构体，一定要用底层语言实现代码。因此，在本书的后面章节，将用非标准的 Python

重构部分代码，以提高代码整体性能。

虽然与性能没有直接关系，但与多进程相关的常用通信工具是 Pipe，它支持使用标准输入和输出通道与外部应用程序通信。

3.5.2 创建强大且稳定的服务器

到目前为止，我们很少关注错误和意外输入。本节通过改进代码，使其具有容错性。但是，这将大大增加代码量。当关闭服务器时，要确保异步服务器正常停止，即 worker 线程终止，进程池关闭。

向 main 函数中添加一些功能：

- 捕获用户的中断请求(通常是 Control-C)，并在当前阶段结束。
- 因为异步服务器可被取消，需要对其进行处理。
- 通知 worker 线程退出。

以下是实现代码(代码位于 03-concurrency/sec5-all/server_robust.py)：

```python
import signal
from time import sleep as sync_sleep
                                               定义处理中断的信号方法。
def handle_interrupt_signal(server):

                        向服务器发出停止请求。       等待服务器处理完请求。
    server.close()
    while server.is_serving():
        sync_sleep(0.1)
                                               忽略中断信号，使信号不传递
def init_worker():                             给进程池。
    signal.signal(signal.SIGINT, signal.SIG_IGN)

async def main():
    server = await asyncio.start_server(accept_requests, '127.0.0.1', 1936)
    mp_pool = mp.Pool(initializer=init_worker)
    loop = asyncio.get_running_loop()          初始化多进程池(即"忽略"进
    loop.add_signal_handler(signal.SIGINT, partial(  程池忽略输入信号)。
        handle_interrupt_signal, server=server))
    worker_thread = threading.Thread(target=partial(worker, pool=mp_pool))
    worker_thread.start()
    async with server:
        try:                                   获取取消信息，通知用户。
            await server.serve_forever()
        except asyncio.exceptions.CancelledError:
            print('Server cancelled')
    work_queue.put((-1, -1, -1))
    worker_thread.join()                       发送-1，worker 将其
    mp_pool.close()                            作为退出命令。
    mp_pool.join()
    print('Bye Bye!')                          等待所有线程结束。

为异步处理添加信号处理方法。
```

如果查看 main，你会注意到，进程池是在 main 函数中创建的。为了提高效率，现在每个进程都有一个初始化函数，即 init_worker。这是因为按下 Control-C 时，我们不希望信号传递到进程池中，导致进程池中断。因此，使用 signal 库，指示每个进程 (signal.SIG_IGN)忽略中断信号(signal.SIGINT)。

我们想让主线程捕获中断信号并正确处理它。因为需要根据信号来控制异步代码，必须使用一种不同的方式捕获信号，即在循环中调用 add_signal_handler。我们使用偏函数传递服务器对象。处理程序 handle_interrupt_signal 用于关闭服务器，并等待它退出服务，因为无法立即关停。

当运行异步服务器时，需要处理服务器关闭的情况，所以需要获取相应的异常。最后，指示监控线程进行清理。因为信号只传递给主线程，所以需要利用通信机制进行指示，发送 job_id 为-1 的 work。

> **管理多线程和多进程代码中的错误和异常**
>
> 即使使用简单的进程间通信模型，调试多线程、多进程代码也是很棘手的。我们在示例中只是浅尝辄止，假设架构不会出现问题。如果使用代码进行并发处理，最好利用日志发现问题，并尽量在沙箱中进行调试(例如，不使用进程池或独立线程，而是在独立进程的独立线程中调试问题代码)。例如，可以用 list(map) 暂时代替 multiprocessing.Pool.map。

由于需要显式地清理 worker 进程，因此我们通过以下代码实现：

```
def worker(pool):
    while True:
        job_id, code, data = work_queue.get()          如果 job_id 为-1，
        if job_id == -1:                                则退出循环。
            break
        func = types.FunctionType(code, globals(), 'mapper_and_reducer')
        mapper, reducer = func()
        counts = mr.map_reduce(pool, data, mapper, reducer, 100, mr.reporter)
        results_queue.put((job_id, counts))
    print('Worker thread terminating')
```

3.6 本章小结

- 当存在通信需求且处理量较小时，异步编程是处理并发请求的有效方法，它是网络服务器中最常见的模式。

- 受限于实现方式，Python 本身运行速度较慢，因此并行运行代码更加重要。

- Python 线程对性能的提升作用不大。受限于全局解释器锁(Global Interpreter Lock，GIL)，同一时刻只能运行一个线程。但是，Python 的其他实现(如 IronPython)没有 GIL，线程代码可以是并行的。

- 线程仍然可用于架构设计。虽然线程不是性能最佳的方法，但不能废弃。在本书以外的其他领域，线程扮演着重要的角色。

- 利用 Python 多进程，即使只用纯 Python 代码，也可以利用计算机的所有 CPU 内核。
- 一般来说，最好不要使计算粒度过细，过多的通信可能会降低性能。在进行进程间通信时，要确保通信开销不要成为性能瓶颈。
- 开发并行代码时，要避免使用共享内存和底层锁。如果要使用，最好用底层语言实现顺序解决方案。调试具有复杂通信模式的并行解决方案是非常棘手的，因为并行系统中的通信大多是不确定的。

第4章

高性能 NumPy

本章内容
- 从性能角度重新探讨 NumPy
- 利用 NumPy 视图来提高计算效率和节约内存
- 使用数组编程范式
- 配置 NumPy 内部架构以提高效率

NumPy 在 Python 数据分析中扮演着至关重要的角色。本书的书名甚至可以替换为《使用 NumPy 进行高性能 Python 编程》。NumPy 在数据分析中无处不在，pandas、scikit-learn、Dask、SciPy、Matplotlib、TensorFlow 这些工具中都使用了 NumPy。

NumPy 是一个 Python 库，它提供了 N 维或多维的数组对象，如二维矩阵。同时，NumPy 还提供了操作数组的功能。NumPy 内核基于 Fortran 和 C 语言，实现非常高效。这就是 NumPy 流行的原因。

鉴于 NumPy 在 Python 数据分析中的重要性并得到广泛使用，接下来的章节将会讨论与之相关的主题，如下所示：
- 第 5 章，使用 Cython 进行函数矢量化处理。
- 第 6 章，数组的内部存储结构。
- 第 6 章，使用 NumExpr 进行快速数值表达式求值。
- 第 8 章和第 10 章，使用大于内存的数组。
- 第 8 章和第 10 章，数组的高效存储。
- 第 9 章，利用 GPU 处理数组。

本章首先快速复习 NumPy。虽然本书假设读者接触过 NumPy，但即使你正在使用 NumPy 库，也可能是以间接的方式使用。例如，你可能正在使用 pandas 或 Matplotlib，但很少直接进行 NumPy 编程。快速复习主要是从性能的角度讨论 NumPy 的概念。如果你需要更全面的介绍，网上有许多免费教程。NumPy 官方的示例就很好，网址是 https://numpy.org/devdocs/user/quickstart.html。NumPy 网站还提供了一个精心的学习资源列表，网址是 https://numpy.org/learn/。

简单复习后，我们将探究数组编程这种编程模型。在数组编程中，可以同时对多个独立值进行运算。无论是从性能的角度，还是从编写优雅代码的角度来看，这种方法都很有价值。在本章的最后部分，将讨论 NumPy 的内部架构如何影响其性能，并对内部架构进行微调。

4.1　理解 NumPy 的性能

在本节及后面的小节中，我们通过开发简单的图片处理程序，学习核心概念和技术。图片是二维数组(即矩阵)，因此很容易用 NumPy 进行操作。我们的目标是开发一款图片处理软件。本节在回顾 NumPy 的同时也强调了 NumPy 如何影响性能。所以，即使你掌握了 NumPy 基础知识，也能在本节中有所收获。

4.1.1　数组的副本与视图

第一个任务是从文件中读取图片，并对图片进行旋转操作。这里不使用读取图片的 Pillow 库进行操作，而是直接使用 NumPy 旋转图片。通过 NumPy 内存副本和视图这两种操作进行处理，以比较它们的效率。视图基于共享相同内存的数组，但解释方式不同，所以效率通常更高。但是，无法在所有场景中使用视图。

首先加载一张熟悉的图片，即 Manning 出版社的标志，然后将其转换为 NumPy 数组。有些操作，如旋转图片，可以看作以不同的方式解释数组，即列变成行、行变成列。这正是 NumPy 视图的作用：对同一原始数据进行不同的解释。我们把这个过程拆解成独立的步骤，以深入理解每行代码(代码位于 04-numpy/sec1-basics/image_processing.py)：

```
import sys
import numpy as np
from PIL import Image

image = Image.open("../manning-logo.png").convert("L")   ◄── convert("L")操作将
print("Image size:", image.size)                              图片转换为灰度图片。
width, height = image.size
image_arr = np.array(image)
print("Array shape, array type:", image_arr.shape, image_arr.dtype)
print("Array size * item size: ", image_arr.nbytes)
print("Array nbytes:", image_arr.nbytes)
print("sys.getsizeof:", sys.getsizeof(image_arr))
```

使用 Pillow 库加载 Manning 出版社标志(如图 4.1 所示)，并将图片转换为灰度图片。每个像素都由一个无符号字节表示。图片大小为 182×45。输出结果如下：

```
Image size: (182, 45)
Array shape, array type: (45, 182) uint8
Array size * item size: 8190
Array nbytes: 8190
sys.getsizeof: 8302
```

image.png　　　　　　removed.png

flipped_copy.png　　　flipped_view.png

图 4.1　四张图片：Manning 出版社原始标志(image.png)，左半部分涂黑的图片(removed.png)，
利用复制得到的上下翻转图片(flipped_copy.png)，利用视图得到的翻转图片(flipped_view.png)

　　然后，使用函数 `np.array` 得到一个代表图片数据的数组。Pillow 之所以能处理图片，是因为图片对象实现了 `__array__interface__`，NumPy 通过它构造数组表示。

　　之后，打印数组的形状，即 45×182。表示图片形状时，先是宽度然后是高度。这与 NumPy 惯例相反，NumPy 表示法源自数学，先是行数后是列数。这个细微的差别非常重要，我们在下一节讨论数据的不同视图时会看到这一点。当第 6 章讨论内存时，这个问题会更加凸显。

　　接着，打印数组的数据类型，结果是 `uint8`(即 8 位的无符号整数)。一个 `uint8` 足以保存灰度图片的信息。之后，用两种不同的方式来打印数组所占用的内存：(1)通过将数组中的元素数(45×182=8190)乘以每个元素的大小(在我们的示例中是 1 字节)，或者(2)直接使用 `nbytes` 字段。

　　最后，使用第 2 章中介绍的 `getsizeof` 函数获取数组对象的大小。这包括原始数组(8190)加上 Python 与 NumPy 的开销和元数据(总共 8302)。

　　统计数组大小(计入或不计入对象开销)之后，将图片翻转过来。图片翻转可以通过复制数组或简单地改变对原始数据的解释来完成，所以很适合使用视图。得到翻转图片后，把原始图片的一半涂黑：

利用视图，通过纵轴翻转图片。

```
flipped_from_view = np.flipud(image_arr)
flipped_from_copy = np.flipud(image_arr).copy()
image_arr[:, :width//2] = 0
removed = Image.fromarray(image_arr, "L")
image.save("image.png")
removed.save("removed.png")

flipped_from_view_image = Image.fromarray(flipped_from_view, "L")
flipped_from_view_image.save("flipped_view.png")
flipped_from_copy_image = Image.fromarray(flipped_from_copy, "L")
flipped_from_copy_image.save("flipped_copy.png")
```

创建翻转图片的副本。

图 4.1 展示了四张图片。flipped_from_view 是由 image_arr 的视图创建的。这意味着当你用 image_arr[:, :width/2] = 0 修改 image_arr 时，flipped_from_view 也会被修改，因为原始数组是共享的。

视图共享底层的原始数组，副本则不共享。因此，flipped_from_copy 的图片不会受到 image_arr 变化的影响。此外，Image.fromarray 创建了一个原始数组的副本。这就是 image.png 和 removed.png 不同的原因。但如果使用的是视图，则这四张图片都是相同的。

支持图片的底层数据结构如图 4.2 所示。注意，原始图片已被销毁，image_arr 包含被涂黑的数组。

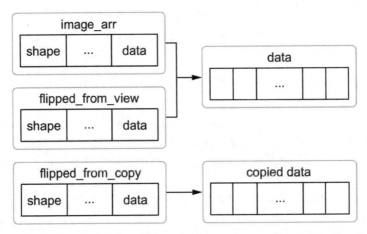

图 4.2　许多 NumPy 操作可生成新对象或视图，视图和原始数据共享原始对象。
不过，有时无法生成视图，必须复制数据

有时，并不希望共享视图。例如，你不想把原始图片涂黑。在这种情况下，需要制作一个副本，以完整保留原始对象。还有些时候，无法以视图的形式获得数据，本节后面会通过案例介绍。

通过以下方法，可以查看一个数组是否基于另一个数组：

```
print(flipped_from_copy.base, flipped_from_view.base)    检查是否为同一对象。
print(flipped_from_view.base is image_arr)
print(flipped_from_view.base == image_arr)
                                                         检查两个数组的所有值是否
                                                         相等。
```

输出如下：

```
None [[ 0 .... <long array>]]
True
[[ True True True ... True True True]
```

flipped_from_copy.base 为 None，因为它是自己的新副本。flipped_from_
view.base 具有一个值，即矩阵。可以使用 is 检查它与 image_arr 是否是同一个对
象。注意，如果使用==，则会逐值比较数组中的所有元素。is 的结果是 True，==的结
果则是 True 的数组。

提示

派生出视图的对象不是视图的基础，视图基础是方法链中的第一个对象。因此，如
果有 v2 = v1[:-1]和 v1 = arr[::-1]，则 v2.base is arr 和 v1.base is arr
都是 True，但 v2.base is v1 则不是 True。

我们看到，Numpy 对象有一组元数据，如 shape 或 dtype。原始数组的数据位于 data
字段中，它指向 Python 的内置类型 memoryview。memoryview 类为 Python 提供了许
多基本功能，以处理具有同质类型的内存块。例如，它实现了索引、分片和内存共享。

可以检查 NumPy 数组是否共享内存，这比视图更普遍，因为 memoryview 可以同
时属于其他对象，并且有可能属于其他数组，且不需要使用视图进行创建：

```
print(np.shares_memory(image_arr, flipped_from_copy),
      np.shares_memory(image_arr, flipped_from_view))
```

np.shares_memory 对 image_arr 和 flipped_from_copy 是 False，因为
我们处理的是一个副本。对于 image_arr 和 flipped_from_view，则是 True。一
般来说，如果 base 是共享的，则内存也是共享的，但反过来不一定成立。

提示

判断两个数组是否共享内存并不简单。对于复杂情况，有时花很长时间也无法判断。
这时，可使用函数 may_share_memory 来判断数组是否共享内存。

小结

视图的效率可能远高于副本，这有两个主要原因。首先，复制数组时，要进行复制
原始数据的计算，但对于视图，只需重新创建视图信息。更重要的是，复制数组时需要
双倍的内存，当处理大内存数组时，会受到内存的限制。在任何情况下都不要忘记，如
果修改任何视图，所有共享相同内存的对象都会受到影响。

下面再运行一个简短的示例进行比较。创建一个大小可变的数组，并测量创建视图
和副本所需的时间(结果如表 4.1 所示)：

```
import sys          如果使用的是 IPython，可使用魔术
import timeit        命令%timeit 测量时间。

import numpy as np

for size in [
  1, 10, 100, 1000, 10000, 100000, 200000, 400000, 800000, 1000000]:
    print(size)
    my_array = np.arange(size, dtype=np.uint16)
```

```
print(sys.getsizeof(my_array))
print(my_array.data.nbytes)
view_time = timeit.timeit(
    "my_array.view()",
    f"import numpy; my_array = numpy.arange({size})")
print(view_time)
copy_time = timeit.timeit(
    "my_array.copy()",
    f"import numpy; my_array = numpy.arange({size})")
print(copy_time)
copy_gc_time = timeit.timeit(
    "my_array.copy()",
    f"import numpy;
      import gc; gc.enable(); my_array = numpy.arange({size})")
print(copy_gc_time)

print()
```

表4.1　比较副本和视图的耗时和内存分配

数组大小	数组内存(b)	视图耗时	副本耗时
1	2	0.171	0.281
10	20	0.137	0.259
100	200	0.139	0.286
1000	2000	0.162	0.502
10000	20000	0.142	2.275
100000	200000	0.138	31.257
200000	400000	0.152	67.005
400000	800000	0.144	354.287
800000	1600000	0.177	547.843
1000000	2000000	0.142	729.966

　　创建副本要占用内存，每次复制都需要双倍内存[1]。副本的耗时近似与数组大小呈线性规律。但在表4.1中，最右侧的某些数据不符合线性关系。第6章将对其进行解释。

小结

　　视图既能节省计算时间又能节省内存，所以最好尽可能使用视图。视图最大的缺点是其并不总是可用，有时除了复制之外没有其他选择。但是，NumPy的视图机制既强大又灵活，可以在很多场合中使用。下一节，我们将深入了解视图机制。

---

　　1 对于非常小的数组，这个规律不成立，因为元数据也参与内存分配。但对于非常大的数组就非常符合，这是因为Python和NumPy的开销只有96字节。

4.1.2　NumPy 的视图机制

　　为了充分利用视图进行高效处理，需要深入了解视图的工作原理。视图的灵活性主要得益于两组元数据：第一组是形状，第二组是步长，稍后会详细讲解步长。首先，我们看几个不同形状和步长的示例。

　　我们先分配一个由[0，1，2，3，4，5，6，7，8，9]组成的数组，其中的元素都是 4 字节无符号整数，查看该数组的步长和形状。稍后，我们将把这个简单线性数组重塑为二维数组：

```
import numpy as np

linear = np.arange(10, dtype=np.uint32)
```

　　该数组在内存中连续分配。这意味着 0 后面是 1，1 后面是 2，2 后面是 3，以此类推。现在看，这种分配可能是显而易见的，但其实并非如此。

警告

　　本示例为了方便讲解，显示 NumPy 内存是连续分配的，这经过了极大的简化(却是正确的)。之后，我们将看到一些不连续的数组示例。第 6 章会探讨内存分配中的细节。作为建议，如果这是你第一次接触对数组连续分配内存的讨论，请不要立即翻阅第 6 章。最好先把基本概念弄清楚。

　　我们将相同数据转换为 2×5 矩阵视图。之后，再将其转置为另一个视图，即 5×2 矩阵。我们借此探究原始数组和新矩阵之间的关系：

```
m2x5 = linear.reshape((2, 5))
print(np.shares_memory(linear, m2x5))

print("2x5", m2x5.shape)
print("2x5 corners", m2x5[0, 0], m2x5[0, 4],
      m2x5[2, 0], m2x5[2, 4])

m5x2 = m2x5.T
print(np.shares_memory(m2x5, m5x2))
print("5x2", m5x2.shape)
print("5x2 corners", m5x2[0, 0], m5x2[0, 1],
      m5x2[4, 0], m5x2[4, 1])
```

　　首先，需要确保矩阵是共享内存的(即矩阵是视图，不是副本)。np.shares memory 显示 linear、m5x2 和 m2x5 都共享内存，如图 4.3 所示。我们还打印了新声明的矩阵的对角线，这样矩阵的边界就清楚了。

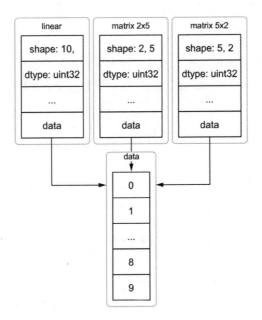

图4.3 三个数组的大小并不同，但共享相同的内存

问题是，NumPy 是如何从相同的内存中找到元素的？形状可以用来区分一维数组和矩阵。但如何区分来自相同内存的两个不同形状的矩阵呢？这就是步长的作用：

```
print("linear", linear.strides)
print("2x5 strides", m2x5.strides)
print("5x2 strides", m5x2.strides)
```

结果为4、(4，20)和(20，4)。

步长就是沿着维度要跳过多少字节才能到达下一个元素。为了更清晰，我们通过前面的三个示例来讲解步长。

变量 linear 的步长是 4，这表示只有一个维度，从一个元素跳到下一个元素，需要跳4字节，这就是我们选择的数据类型 np.uint32 的大小。在图4.4 中，每当你在线性数组中前进一个位置，就会在内存中前进4字节以获得新数值。索引 i 的内存位置就是 stride * i 或 4 * i。

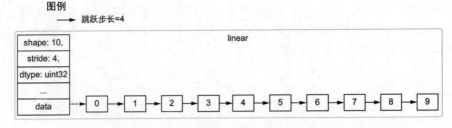

图4.4 在一维数组中跳跃到相邻元素。步长是固定的，指数据类型的大小

二维数组的情况要复杂一些。对于 2×5 数组，如果你想向前跳一列，那么该元素是相邻的，所以需要跳过一个元素，即当前元素(如图 4.5 所示)。由于元素大小为 4 字节，因此步长也为 4。但是如果你想向前跳一行，必须跳过当前元素，以及额外的 4 个元素(因为每行有 5 个元素)。5 个元素乘以元素大小 4，等于 20。按照这个规律，可以通过函数 strides[0]*i + strides[1]*j(20*i + 4*j)到达元素 i, j。

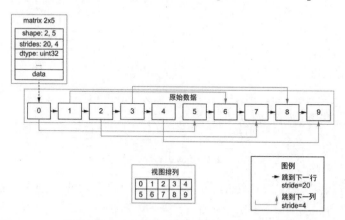

图 4.5　在 2×5 二维数组中跳到相邻元素需要两个步长，即每个维度一个步长

m5x2 的步长是 20，4，这表示有两个维度，到下一行需要跳 20 字节(5 列，每列 4 字节)。下一列就是下一个值，相距 4 字节。

图 4.6 对此做了展示(数据结构会随数组内部表示的变化而变化，我们将在第 6 章讨论这个问题)。

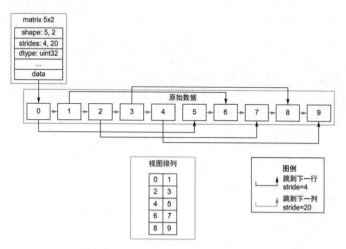

图 4.6　在 5×2 二维数组中跳到相邻元素。行的步长取决于列的数量

许多 NumPy 操作都是视图转换。例如，反转数组可以通过视图实现：

```
back = linear[::-1]
```

```
print("back", back.shape, back.strides, back[0], back[-1])
```

注意，现在的步长是-4。NumPy 也可以创建向后的视图(如图 4.7 所示)。

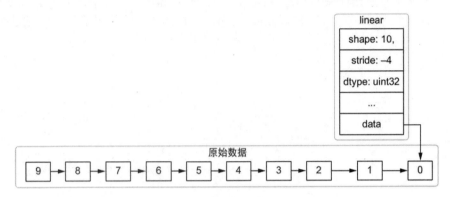

图 4.7　反转一维数组将反转步长的信号

类似的方法也可用于二维数组。如果将 m2x5 和 m5x2 反转，它们的步长会是多少?

但是，有时候无法使用视图矩阵进行变换，因为变换过程取决于现有视图和新视图之间能否建立线性关系。例如，对于 20×5 的矩阵，对行进行三选一、对列进行二选一，形成一个 7×3 的矩阵。最后，将这个矩阵变为一维矩阵:

```
a100 = np.arange(100, dtype=np.uint8).reshape(20, 5)
a100_step_3_2 = a100[::3, ::2]
print(a100_step_3_2.shape, a100_step_3_2.strides)
print(np.shares_memory(a100, a100_step_3_2))
a100_step_3_2_linear = a100_step_3_2.reshape(21)
print(np.shares_memory(a100_step_3_2, a100_step_3_2_linear))
```

仍然可以使用步长 15 和 2 将 7×3 矩阵渲染为视图。但是，无法通过视图将其转换为一维矩阵，因此会创建一个副本。

NumPy 所谓的花式索引总是使用副本。下面是一个示例，我们从 2×5 的矩阵中从上到下取 5 个交替的值:

```
import numpy as np

m5x2 = np.arange(10).reshape(2, 5)

my_rows = [0, 1, 0, 1, 0]
my_cols = [0, 1, 2, 3, 4]

alternate = m5x2[my_rows, my_cols]

print(m5x2)
print(alternate)
print(np.shares_memory(m5x2, alternate))
```

花式索引需要一个索引列表，数组的每个维度都有一个索引，并返回列表上位置所对应的元素。我们通过表 4.2 所示的矩阵进行讲解。

表 4.2 原始矩阵

0	1	2	3	4
5	6	7	8	9

对于[0 6 2 8 4]，其对应值为行列表[0, 1, 0, 1, 0]和列列表[0, 1, 2, 3, 4]。np.shares_memory 的值为 False。

小结

首先，视图的效率比副本高得多。其次，正如本节所述，视图的使用方法非常便捷。我们把这些用法应用到图片处理代码中，这样就可以看到使用视图的优势和容易发生的错误。

4.1.3 利用视图提高效率

现在通过视图操作转换示例图片。在大数据场景中，这是非常好的示例：对于大型数组，内存可能受限，复制大数组也会产生时间成本。

首先，垂直和水平翻转图片：

```
import numpy as np                                          通过翻转数组的特定维度翻转图片。上一
from PIL import Image                                        节使用 Image.flipud 水平翻转图片。

image = Image.open("../manning-logo.png").convert("L")
width, height = image.size
image_arr = np.array(image)
print("original array", image_arr.shape, image_arr.strides, image_arr.dtype)
image.save("view_initial.png")

invert_rows_arr = image_arr[::-1, :]
print("invert rows", invert_rows_arr.shape, invert_rows_arr.strides,
      np.shares_memory(invert_rows_arr, image_arr))
Image.fromarray(invert_rows_arr).save("invert_x.png")

invert_cols_arr = image_arr[:, ::-1]
print("invert columns", invert_cols_arr.shape, invert_cols_arr.strides,
      np.shares_memory(invert_cols_arr, image_arr))
Image.fromarray(invert_cols_arr).save("invert_y.png")
```

这段代码不难理解。对于 182×24 的 Manning 出版社标志，原始数组形状为 45、182，步长为 182、1。我们处理的数据类型是 1 字节的无符号整数，因此每个像素是 1 字节。当水平翻转图片时(即按行翻转)，唯一改变的是第二个步长，它从 1 变为-1。而当垂直翻转图片时，第一个步长从 182 变为-182。

接下来，使用三种方法旋转图片：重塑、转置(.T)和 90 度旋转(.rot90)。这样做是为了检查三种不同方法的输出，以及数据的内部架构：

```
view_swap_arr = image_arr.reshape(image_arr.shape[1], image_arr.shape[0])

print("view_swap", view_swap_arr.shape, view_swap_arr.strides)
Image.fromarray(view_swap_arr, "L").save("view_swap.png")

trans_arr = image_arr.T
print("transpose", trans_arr.shape, trans_arr.strides)
Image.fromarray(trans_arr, "L").save("transpose.png")

rot_arr = np.rot90(image_arr)
print("rot", rot_arr.shape, rot_arr.strides)
Image.fromarray(rot_arr, "L").save("rot90.png")
```

通过 swapaxes 方法, 可以得到相同的结果。

为了检查最终得到的是视图还是副本, 打印出 memoryview 对象, 这将得到反映内存位置的十六进制数字。所有的内存位置是相同的, 所以以上操作得到的是视图。

接下来, 处理一个切片, 即 "Manning" 这个词, 它仍然是视图:

```
slice_arr = image_arr[15:, 77:]
print("slice_arr", slice_arr.shape, slice_arr.strides,
np.shares_memory(slice_arr, image_arr))
Image.fromarray(slice_arr, "L").save("slice.png")
```

形状和步长如表 4.3 所示。

表 4.3 轴互换、转置和旋转得到的形状和步长

操作	形状	步长
swapaxes	182 45	45 1
transpose	182 45	1 182
rot90	182 45	-1 182
slice	30 105	182 1

对于处理后的图片, 尤其是经过轴互换、旋转、转置处理的图片, 你能判断出图片变成什么样子吗?结果如图 4.8 所示。

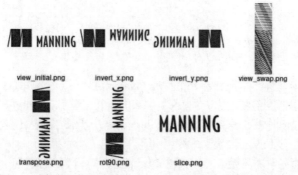

图 4.8 直接使用数组操作处理 Manning 出版社标志而得到的图片

提示

为了便于解释，我们只使用了带有视图的一维和二维数组，所有这些 NumPy 机制都可以用于高阶数组。

警告

可以直接修改步长和形状的值。`numpy.lib.stride_tricks` 模块包含函数 `as_strided`，它接收数组、所需的形状和步长值，并返回结果。

顾名思义，该函数位于名为 stride_tricks 的模块中，用户在使用该函数时需要特别小心。另外，该函数的帮助页面也有文字："使用该函数必须极其小心。"

这个函数的问题在于你可以向它传递任意值(甚至是错误的值)。这是可在 Python 中破坏内存的罕见情况之一，因为错误值将被用来访问错误的内存位置。程序可能会崩溃，甚至暴露出敏感信息。

小结

视图可以极大地减少计算量和内存占用。虽然不能在所有情况下都使用视图，但 NumPy 的视图机制相当灵活。可以在许多情况下使用 NumPy 机制，即形状和步长，重新解释数据。

现在从性能的角度看，对视图和副本的介绍已经足够。接下来，我们介绍如何更有效地使用 NumPy 方法进行编程。

4.2　数组编程

数组编程是一种编程模型，在这种模型中，操作会一次性地应用于数组的所有值。这种方法广泛用于科学和高性能编程中。数组编程有两个主要目的：一是使代码更清晰、可读性更强，二是使代码的运行效率更高。数组编程也可广泛用于 NumPy 中。

应该区分数组库和数组编程。一个简单的示例就能弄清楚二者的区别(示例只是为了说明问题，不适合解决实际问题)。

注意

人们常常无意间在 NumPy 中使用非数组编程。在这个示例中，数组方法的好处是显而易见的，但是稍不注意，人们就会采用低效的方法。在使用 NumPy 和其他类似库(如 pandas)时，最重要的技能之一就是用数组替代原生 Python 代码。

假设你想计算两个向量的和。从用户的角度看，如下是普通的非数组编程的版本(代码位于 04-numpy/sec3-vectorize/array_and_broadcasting.py)：

```python
import numpy as np

def sum_arrays(a, b):  # 假设 a 和 b 具有相同大小
    my_sum = np.empty(a.size, dtype=a.dtype)
```

```
    for i, (a1, b1) in enumerate(zip(np.nditer(a), np.nditer(b))):
        my_sum[i] = a1 + b1
    return my_sum.reshape(a.shape)
```

我们使用循环遍历所有元素。这个实现存在很多问题，稍后进行讨论。接下来，我们使用数组编程的方法：

```
a + b
```

区别显而易见，数组版本简洁明了。但从性能角度看，还有一些底层机制在发挥作用。

数组示例可能也要快几个数量级。第一个示例是 Python 代码，具有原生 Python 代码的固有速度限制。使用加法运算符的数组示例速度更快，这种非 Python 实现通常是用 C 或 Fortran 实现的，可能会利用矢量化的 CPU 运算，甚至是 GPU 运算。

现在，我们不必关注加法运算符是如何实现的，只需掌握使用数组编程的性能优势。

4.2.1   小结

数组实现既高效又简洁。这证明高效代码同时也可以是简洁的代码，高效代码不一定是复杂的。

前面已介绍过数组编程，我们再以前面的纯 Python 实现为例，简单介绍一下另一个 NumPy 概念，广播(broadcasting)。广播的重要性在于借助它我们能更多地使用数组编程，写出更清晰简洁的代码。

4.2.2   NumPy 中的广播

为了理解广播，我们再深入理解上一节的纯 Python 实现，即对两个数组求和。原始代码如下所示：

```
def sum_arrays(a, b):
    my_sum = np.empty(a.size, dtype=a.dtype)          使用 a 的形状和数据类型。
    for i, (a1, b1) in enumerate(zip(np.nditer(a), np.nditer(b))):
        my_sum[i] = a1 + b1
    return my_sum
```

在讨论这段代码存在的问题之前，先讨论它使用了 NumPy 中值得一提的功能，即 np.empty。这个函数为数组分配了内存，但没有用任何值进行初始化。当创建大型数组时，该方法或许能节省时间。不过，必须确保对其进行初始化，正如示例所示，否则就会生成内存垃圾。因此，这不是通用的解决方案，但在很多情况下可以提高性能。

这段代码的主要问题是它没有做输入检查，所以能接收任何形状的数组，甚至包括可能不兼容的数组。一个简单的解决方案是加入约束条件，即 a 和 b 的形状必须相同，并相应地重塑输出。虽然该方法可行，但使用起来非常笨拙。假如数组中有 100 000 个元素，并对所有元素加 1，则代码如下：

```
array_100000 = np.arange(100000)
sum_arrays(array_100000, np.ones(array_100000.shape))
```

这意味着为了对原始数组加 1，必须分配并初始化一个超大数组。这种方法不够优雅，并且对于大数据的开销过大。

如果可以使用类似 sum_arrays(array_100000, 1) 的方法就比较合适。实际上，在 NumPy 中可以实现，代码如下所示：

```
array_100000 = np.arange(100000)
array_100000 += 1
```

等价于 array_100000 = array_100000 + 1。

array_100000 数组中有 100 000 个元素，而 1 是原子值(即，它们有不同的类型)。该示例展示了广播机制，只需满足一定规则，NumPy 就能将运算符应用于不同维度的数组。

如下实例展示了广播的具体应用。我们还比较了可能与广播运算符相混淆的函数。下面从一维数组开始介绍：

```
a = np.array([0, 20, 21, 9], dtype=np.uint8)
b = np.array([10, 2, 25, 5], dtype=np.uint8)

print("add one", a + 1)
print("multiply by two", a * 2)
print("add a vector", a + [10, 2, 25, 5])
print("multiply by a vector", a * [10, 2, 25, 5])
print("dot (inner) product", a.dot(b))

print("matmul (inner product)", a @ b)
```

在第一次打印中，加法运算符对数组的所有元素加 1。在第三次打印中，将相应的元素逐一相加：[0 20 21 9]] + [10, 2, 25, 5] = [10 22 46 14]。

注意，乘法运算符也是数组运算。第一种情况下，*2 将使所有的值乘以 2；第二种情况下，对元素逐一相乘：[0 20 21 9]] * [10, 2, 25, 5] = [0 40 525 45]。

计算内积使用 np.dot 和 @(np.matmul) 运算符(后文会介绍@)。

接下来，再介绍一些矩阵的广播示例：

```
x = np.array([[0, 20], [250, 500], [1, 2]],
             dtype=np.uint8)
y = np.array([[1, 10], [25, 5]], dtype=np.uint8)

print("add a matrix to itself", x + x)
print("add a matrix with column size", x + [1, 2])
# print(x + [-1, -2, -3])
print("add a matrix with row size", (x.T + [-1, -2, -3]).T)
print("inner product", np.inner(a, b))
print("matrix multiplication", x.dot (y))
# print(x.T.dot (y))

print("matmul", x @ y)
```

```
x[:, 0] = 0
print("assignement broadcasting", x)
```

将矩阵与自身相加,等价于矩阵乘以 2。还可以将一维数组与矩阵相加:只要一维数组的大小等于矩阵的列数,就能逐行相加。但不能做相反的计算(即,一维数组与行数相等的矩阵相加)。不过,可以通过转置矩阵实现计算(即不涉及过多的复制或非数组编程)。但这仍然是视图运算,之后还要再转置结果。

提示
NumPy 运算符和普通数学运算符不是一一对应的。例如,*并不表示矩阵乘法,矩阵乘法表示为 np.dot。

小结
广播的应用还有很多,但本节中只介绍了和计算性能有关的基本用途。从性能角度来看,广播最重要的一点是运算通常是矢量化的。矢量化计算比普通方法快几个数量级。接下来,继续分析图片处理代码,并在代码中使用基于数组编程的方法。

4.2.3　应用数组编程

本节中,我们将数组编程技术应用到图片处理程序中。在编写代码时,还会讨论可能出现的陷阱,让你更高效地运用数组编程。比起基于 for 循环的命令式编程,数组编程更高效、更优雅。

我们试图提高图片的亮度。记住,每个像素是 1 字节,值的范围是 0~255,转换图片时使用 L 选项。我们使用两种不同的方法增加亮度,将每个像素值加 5 和翻倍,如下所示:

```
import numpy as np
from PIL import Image

image = Image.open ("../manning-logo.png").convert("L")
width, height = image.size
image_arr = np.array(image)

brighter_arr = image_arr + 5
Image.fromarray(brighter_arr).save("brighter.png")
brighter2_arr = image_arr * 2
Image.fromarray(brighter2_arr).save("brighter2.png")
```

虽然我们按照要求完成了任务,但如果查看结果(如图 4.9 所示),却发现出现了一些问题。

manning-logo.png　　　　brighter.png　　　　brighter2.png

图 4.9　增加原始图片亮度后，处理结果中出现了问题

经过翻倍的图片是正确的，但增加 5 的图片存在问题。因为图片是由单字节的无符号整数表示的，范围从 0~255。当 255 加 5，会出现溢出，导致 260 变成 4。因此，颜色变得相当黑。

翻倍图片存在一个隐蔽的问题，很难察觉到。虽然图片正常，但存在着同样的问题。为了探究原因，我们打印原始图片和 `brighter2` 中的最大值：

```
print(image_arr.max(), image_arr.dtype)
print(brighter2_arr.max(), brighter2_arr.dtype)
```

原图的最大值是 255(全白)，而翻倍图的最大值是 254，为什么会这样？在二进制中，255 是 0x11111111(8 位，都是 1)，2*255 是 510 即 0x111111110(前 8 位都是 1，最后一位是 0)，但溢出导致最左侧的数位消失，最终得到 0x11111110(即 254)。所以虽然图片看起来正常，但实际有问题。

警告

在选择数据类型时，要非常小心。当不考虑内存或速度时，则没有什么限制。但如果需要节省内存，一定不要选择过小的类型。此外，还要尽量做好测试工作。

最简单但内存效率不高的方法是使用更大的数据类型。如下所示：

```
brighter3_arr = image_arr.astype(np.uint16)
brighter3_arr = brighter3_arr * 2
print(brighter3_arr.max(), brighter3_arr.dtype)
brighter3_arr = np.minimum(brighter3_arr, 255)   ◄───
print(brighter3_arr.max(), brighter3_arr.dtype)
brighter3_arr = brighter3_arr.astype(np.uint8)
print(brighter3_arr.max(), brighter3_arr.dtype)
Image.fromarray(brighter3_arr).save("brighter3.png")
```

> 不要混淆 minimum 和 min。min 返回数组中的最小值，而 minimum 选择广播中的最小值。

可以假设一个值不能比最大白度更白。因此可以将所有大于 255 的值转换为 255。将原始数组转换为 2 字节的无符号整数，然后将数组翻倍。当检查最大值时，值是正确的，即 510。然后使用 `np.minimum` 从 255 和数组的每个元素中选择最小值，这是利用广播创建副本的典型示例。这样，就可以用单字节表示最大值。最后，将其重新转换为 8 位无符号整数，现在最大值是正确的。在下一节中，我们将介绍一种更节省内存的方法[1]。

进行类型转换还有更高效的方法，例如让乘法自动返回 `np.uint16`，相关内容将在

---

[1] 对于这个问题，有一个非常简单的解决方案，但不利于教学。你能想到吗？作为提示，可以考虑使用最大值而不是最小值。

下一小节介绍。

最后，再介绍使值翻倍的方法。之前，我们使用了如下方法：

```
brighter3_arr = brighter3_arr * 2
```

这个方法创建了一个中间数组，用于保存乘法结果。然后变量 `brighter3_arr` 被替换成新数组。但是，在运行垃圾回收之前，在很短的时间内两个数组都会存在于内存中。对于非常大的数组，以这种方法创建新数组在内存和时间方面都存在问题。使用如下方法则更合适：

```
brighter3_arr *= 2
```

使用这种方法，NumPy 能理解我们想要修改数组，并在原地进行乘法运算。这意味着不需要双倍内存，也不需要在初始化和垃圾回收中浪费时间。最后的结果是一样的，但从性能的角度看，这两种方法是完全不同的。x = x * 2 使用了双倍的内存和更多的时间。x*=2 更为高效，应该优先使用该方式。

小结

在使用 NumPy 或 pandas 等库时，容易犯的错误是使用低效的非数组编程方法。人们很难改变固有的编程习惯，所以一定要具备数组编程的意识。接下来，我们继续深入探究数组编程，因为它在处理性能问题时还有更多的优势。

4.2.4 矢量化计算

矢量化的纯 Python 代码并不比非矢量化的代码效率更高。`np.vectorize` 文档明确说明了这点。

本书的许多章节涉及矢量化计算，如 Cython、pandas、CPU 矢量化、GPU 处理。我们先在纯 Python 和 NumPy 中学习矢量化计算，这样以后在陌生环境中接触这些概念时，学习曲线就会容易一些。换句话说，本节中强调的矢量化计算对以后非常有帮助。

为了理解矢量化和 NumPy 通用函数，我们再次回到熟悉的示例。上一小节中，我们看到 `brighter_image = image * 2` 会导致溢出。不导致溢出的函数是怎样的呢？矢量函数其实很简单：

```
def double_wo_overflow(v):
    return min(2 * v, 255)
```

对这个函数进行矢量化处理，并将其应用到图片：

```
import numpy as np
from PIL import image
                                                        需要指定输出类型。
vec_double_wo_overflow = np.vectorize(
  double_wo_overflow, otypes=[np.uint8])

brighter_arr = vec_double_wo_overflow(image_arr)
```

```
print(brighter_arr.max(), brighter_arr.dtype)
Image.fromarray(brighter_arr).save("vec_brighter.png")
```

在这个示例中，np.vectorize 接收一个普通(即非矢量的)函数，并将其应用于每个标量。然后，我们将新的 vec_double_wo_overflow 应用于图片，逐一对元素进行计算。

提示

虽然 np.vectorize 本质是 for 循环，但在理论上，它可以并行调用机器的所有内核，所以能提高运行速度。掌握这种编程模式及并行计算，可以让你对 GPU 的工作方式有更深入的了解。如果你在这一节学习了矢量化计算，那么在第 10 章学习 GPU 优化时就会比较轻松。

这段代码的速度并不快，使用 %timeit 对这段代码进行测试时，运行时间在毫秒范围内。对于*，则是在微秒范围内。

np.vectorize 在功能上则要复杂得多，因为它支持广播机制。为了对此进行说明，我们以彩色图片为例，使用一张 NASA 图片，名为 "St. Patricks's Aurora" (https://images.nasa.gov/ details-GSFC_20171208_Archive_e000760)。

下面先读取彩色图片：

```
import numpy as np
from PIL import Image

image = Image.open ("../aurora.jpg")
width, height = image.size
image_arr = np.array(image)
print(image_arr.shape, image_arr.dtype)
```

图片大小为 2040×1367。因为读取的是彩色图片，默认模式是 RGB(即红、绿、蓝三个通道)，每个通道是一个无符号字节。每个像素需要 3 字节，而不是 1 字节。因此，读取得到的是三维 NumPy 数组，形状是 2048×1367×3。使 RGB 图片变为灰度图片很简单，只需计算红绿蓝三色的平均值，即灰度值：

```
def get_grayscale_color(row):          RGB 平均值。
    mean = np.mean(row)
    return int(mean)
                                        平均值是浮点数，将其转
                                        换为整数。
vec_get_grayscale_color = np.vectorize(
    get_grayscale_color, otypes=[np.uint8],
    signature="(n)->()")                修改矢量化函数的默认签名值。

grayscale_arr = vec_get_grayscale_color(image_arr)
print(grayscale_arr.max(), grayscale_arr.dtype, grayscale_arr.shape)
Image.fromarray(grayscale_arr).save("grayscale.png")
```

默认情况下 np.vectorize 会向函数发送一个标量，但可以修改签名以接收、返回其他类型对象。在示例中，我们希望函数接收数组(即红、绿、蓝三个数组)，并返回一个标量，因此使用签名 (n) -> ( )。最终结果如图 4.10 所示。

图 4.10 简单灰度算法的结果

警告

我们只是用示例展示矢量化计算，所用的方法可能不是效率最高的。对于这个示例，效率最高的方法是：

```
grayscale_arr = np.mean(image_arr, axis=2).astype(np.uint8)
```

该方法将计算出最后一个轴(即有颜色通道的轴)的平均值。虽然迭代是最低效的方法，但这并不意味着创建自己的矢量函数总是最好的方法。在这个示例中，了解并使用内置矢量函数是最好的方法。

小结

从性能的角度看，纯 Python 矢量化并不是恰当的选择。但在其他情况下，例如使用 Cython 和 GPU，矢量化可以提升几个数量级的性能。因此，如果你了解一般的矢量化方法，理解 Cython 和 GPU 就会容易得多。

现在已经学习了 NumPy 编程的基础知识，接下来将讨论 NumPy 的内部架构，以及对其进行优化以提高性能。实践证明，改进 NumPy 能对运行速度和多进程处理带来很大的提升。

4.3　改进 NumPy 内部架构

在本节中，我们将深入 NumPy，学习如何配置 NumPy 以提高其性能。我们首先介绍 NumPy 的内部架构。

NumPy 之所以性能很高，是因为它的内部架构中有很多部分不是用纯 Python 实现的。这并不令人惊讶。非 Python 代码是可以配置的，特别是外部库，可对性能产生巨大的影响。

对于主要关注 Python 编程的开发者来说，下一节的内容可能有点枯燥。如果你相信自己的 NumPy 库运行良好(或者你没有控制权)，那么请跳到最后一节"NumPy 中的线程"，因为它是可用 Python 操作的。如果你能控制所有的 Python 堆栈，喜欢深究系统底层问题，并且想发掘出 NumPy 库的所有性能，请继续阅读。

4.3.1　NumPy 的依赖关系

许多科学库，不管是否基于 Python，都依赖于两个广泛使用的线性代数库 API，即 BLAS(Basic Linear Algebra Subprogram，基础线性代数子程序)和 LAPACK(Linear Algebra PACKage，线性代数包)。

BLAS 实现了一套处理数组和矩阵的基本函数，如矢量加法和矩阵乘法等函数。此外，LAPACK 还实现了几种线性代数算法。例如，SVD(Singular Value Decomposition，奇异值分解)是主成分分析的基础。图 4.11 描述了 NumPy 的架构。

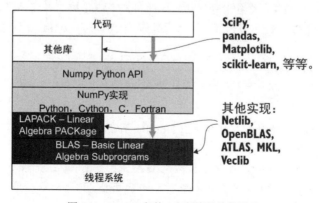

图 4.11　NumPy 架构，包括库的依赖关系

有许多可供选择的实现，选择的实现会进一步影响运算。例如，netlib.org 上的标准 LAPACK 实现是非线程的，在现代架构上不是很高效。常见的 BLAS/LAPACK 竞品是 OpenBLAS，另一个是 Intel MKL，两者都是通过线程实现的。NumPy 实现是否线程化，会影响调用计算机资源的方式。假如你使用的是非线程版本，可以根据需要分配尽可能多的的进程和 CPU 内核，但如果 BLAS 和 LAPACK 是多线程的，则要小心不能过度使用 CPU 资源。

因此，了解 NumPy 实现依赖于哪些库对于理解接下来的优化步骤很重要。理论上，你可以通过以下方式检测依赖关系：

```
import numpy as np
np.show_config ()
```

在实践中，你可能需要打开文件系统和软件包管理系统，才能知道具体信息。例如，当我用 Anaconda Python 连接 MKL 时，部分输出如下所示：

```
lapack_opt_info:
    libraries = [
        'lapack', 'blas', 'lapack', 'blas', 'cblas', 'blas', 'cblas', 'blas']
    library_dirs = ['/home/tra/anaconda3/envs/book-mkl/lib']
    language = c
    define_macros = [('NO_ATLAS_INFO', 1), ('HAVE_CBLAS', None)]
    include_dirs = ['/home/tra/anaconda3/envs/book-mkl/include']
```

如果你得到这段输出信息，可能觉得没有问题。但对于我，这段信息特别令人难以置信(book-mkl 是我对环境的命名，无法从中推断出有价值的信息)。为了确定我具体在使用什么，使用列表命令 `ls -l '/home/tra/anaconda3/envs/book-mkl/lib/libcblas.so*`打印输出并注意查看 libcblas.so.3 - libmkl_rt.so。可以发现，MKL 是连接的库。你可能需要利用以上方法，探究自己连接了哪些库。

提示

NumPy 不仅使用 BLAS 和 LAPACK，而且还为它们提供了 Python 接口，这样就可以根据需要直接访问它们。另外，SciPy 也提供了这个接口。

SciPy 是 NumPy 的姐妹库，二者关系密切。SciPy 实现了比 NumPy 更高级的函数。

由于 NumPy 和 SciPy 关系十分密切，因此用户可能会被二者的 API 搞混。SciPy 文档也对此进行了说明。如下是 SciPy 线性代数模块 `scipy.linalg` 的文档副本：

```
See also: `numpy.linalg` for more linear algebra functions. Note that
although `scipy.linalg` imports most of them, identically named
functions from `scipy.linalg` may offer more or slightly differing
functionality
```

所以，有时 SciPy 会导入并重新导出 NumPy 函数。API 有时可能略有不同，实现方式有时可能完全不同。

如果你愿意，可以直接访问 BLAS 和 LAPACK。你可以在 `scipy.linalg.blas` 和 `scipy.linalg.lapack` 中分别找到对应的 Python API。不过，很多人认为在 NumPy 而不是 SciPy 中设置这个接口会更有意义。

因此，你可以直接从 Python 使用这些库，但是从性能角度看，使用底层语言的库效果往往更好。我们会在涉及 Cython 的章节重新讨论这个问题。

在继续讨论 NumPy 内部架构之前，我们还要分析一下 Python 发行版，讨论安装 Python 对性能的影响。

4.3.2　在 Python 发行版中调整 NumPy

本节，将探讨根据 Python 发行版对 NumPy 进行优化的技巧。对于所有的操作系统，我们无法涵盖所有现行的 Python 发行版，所以这里主要讨论来自 python.org 的标准 Python 和 Anaconda Python。我们使用 Linux，因为这也取决于操作系统。为了使本节介绍的方法能应用于其他情况，我将以概括的方式进行讲解。

如果你是在标准 Python 发行版上安装 NumPy，很可能会通过 pip install numpy 进行安装。只有在操作系统中安装了 BLAS 和 LAPACK 的情况下，才能使用这种安装方式。那么安装的是什么版本呢？最常见的版本是原始的 NetLib 版本，它速度慢且没有线程，会降低代码性能。所以，必须确保(1)安装了高效的工具，如 OpenBLAS 或英特尔的 MKL；(2)按照前面介绍的 np.show_config 方法，连接系统中最快的 BLAS/LAPACK 版本。

如果你使用的是其他发行版，很可能该发行版的包管理系统会帮你处理 BLAS 和 LAPACK。此外，依赖关系的安装也会相当合理。例如，在 Anaconda Python 中，当你使用 conda install numpy 时，很有可能安装的是 OpenBLAS，它足以应对大多数场景。

虽然大多数 Python 发行版的默认安装可能就足够好了，但你可能还想考虑其他替代方案。大多数发行版都支持多种安装方式。例如，在 Anaconda 中，你可以通过 MKL 安装 NumPy，如下所示：

```
conda create -n book-mkl blas=*=mk
conda activate book-mkl
conda install numpy
```

我们创建了名为 book-mkl 的新环境，以确保当前环境不受影响，并保持默认状态。然后，安装了 blas=*=mk，指定使用 MKL 构建 BLAS。使用该核心，就可以继续安装 NumPy。

注意

对于大多数使用场景，你需要确保没有使用 BLAS 的慢速 NetLib 实现。在很多情况下，OpenBLAS 或者 MKL 就足够好了。如果使用其他实现，最好深入内部进行确认。

如果你想发挥系统的最大性能，则需要对其他实现进行基准测试。虽然网上有一些基准，但最好为自己的代码设计专门的测试，因为不同的实现有不同的优势，而且基准测试中没有普适性方法。

现在你已经正确配置了 NumPy 安装，接下来将使用它。

4.3.3 NumPy 中的线程

NumPy 是否有线程取决于 BLAS/LAPACK 的实现。大多数 BLAS/LAPACK 库的实现都是线程化的。但有两点需要注意：(1)大多数的实现都是线程化的，但不是所有；(2)你可能更希望 BLAS/ LAPACK 是单线程的。

假设图片处理应用程序中有数千张图片需要处理，为了快速处理，你在八核计算机上使用了 8 个并行进程。如果 NumPy 是线程化的，你最终会有 8 个进程，每个进程运行 8 个线程，总共有 64 个并发线程。但是，我们希望最大线程数只是 8。

为了效率更高，通常会有 8 个进程，每个进程拥有一个线程，而不是一个进程配置 8 个线程。因为每个 Python 进程中的非 BLAS 代码都是单线程的，所以在使用 NumPy/BLAS 时只会用到这 8 个线程。

有时我们想减少 BLAS 和 LAPACK 使用的线程数，甚至可能想减少到一个。不过，在 NumPy 中无法直接控制线程的数量。必须配置 BLAS/LAPACK 实现，才能使用 NumPy 控制线程数。因此，代码是不可移植的。

NetLib 比较简单，因为它是单线程的。然而，如果你需要提高性能，尽量不要使用它。OpenBLAS 和英特尔的 MKL 有不同的接口，因为它们在实现线程时还拥有更底层的依赖关系，即使用 OpenMP 进行编译并提供依赖关系。因此，你必须配置 BLAS/LAPACK 实现，也许还需要配置正在使用的多进程库。

对于 OpenBLAS，在调用 Python 代码之前，需要做如下配置：

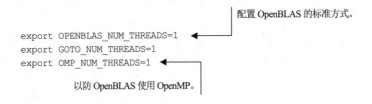

配置 OpenBLAS 的标准方式。

```
export OPENBLAS_NUM_THREADS=1
export GOTO_NUM_THREADS=1
export OMP_NUM_THREADS=1
```

以防 OpenBLAS 使用 OpenMP。

对于 MKL，需要做如下配置：

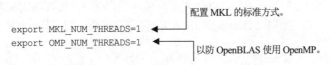

配置 MKL 的标准方式。

```
export MKL_NUM_THREADS=1
export OMP_NUM_THREADS=1
```

以防 OpenBLAS 使用 OpenMP。

对于其他库，最好亲自检查一下。对于像 OpenMP 这样的底层线程库的依赖关系和配置，需要格外小心。

在实践中，还有一个问题。当把代码从一台计算机移植到另一台计算机时，例如，从开发机移到生产机，连接的库可能会改变。这个问题可以通过调整初始化代码解决，更好的方法是针对所有情况，设置所有库的全部变量。

小结

也许探究 NymPy 底层库的细节无法带来直接的收获。但是如果你想高效地使用 NumPy 以及基于 NumPy 的所有技术栈，就必须深入探究 NumPy 实现依赖哪些库，并为 Python 发行版优化 NumPy，判断底层库是否使用多线程。

4.4　本章小结

- 与副本相比，数组视图在内存和性能方面都非常高效，应尽可能使用数组视图。
- NumPy 的视图机制非常灵活，可以用来在现有数据上渲染视图，渲染耗费的计算和内存成本都非常低。
- 理解形状(即数组每个维度上的元素数量)和步长(即在每个维度上寻找下一个元素所需的字节数)是充分利用视图的基础。形状和步长会在不同视图中发生变动，以不同方式呈现数据。
- 数组编程(即对整个数组进行声明式操作，而不是使用逐元素的命令式操作)可使性能得到数量级的提升，应尽可能地使用数组编程。
- NumPy 的广播机制，即 NumPy 在不同维度的数组上进行运算，可使代码更高效和优雅。
- 优化 NumPy 内部架构可以提升性能。NumPy 依赖于 BLAS 和 LAPACK 库，这些库存在不同的发行版。
- 确保 NumPy 实现使用的是针对架构最高效的库。
- 在 NumPy 中进行并行编程可能很棘手，因为 NumPy 的线程语法取决于线性代数库的语法。
- 基于 NumPy 实现使用 Python 多进程之前，请检查 NumPy 底层库是否使用了多线程。如果未使用多线程，最好替换底层库。如果使用了多线程，注意不要在使用多线程 NumPy 时再使用多进程。
- 因为 NumPy 是 Python 数据分析的核心，所以关于 NumPy 的内容还有很多需要介绍。鉴于 NumPy 的重要性，我们将在其他章节重新讨论它。

第II部分

硬　　件

本书第II部分介绍硬件知识，并讨论如何发挥常用硬件的最佳性能，进而开发 Python 解决方案。首先讨论更适合硬件的底层语言，使 CPU 速度更快。其次，着重介绍 Cython，Cython 是 Python 的超集，可以用它生成高效的 C 语言代码。最后，重点讨论现代硬件架构，以及如何运用反直觉的方法提升硬件性能。本部分涉及最新的 Python 库，如 NumExpr，讨论如何使用它发挥硬件的最佳性能。

第5章

使用 Cython 重构核心代码

本章内容
- 如何高效重构 Python 代码
- 从数据处理的角度理解 Cython
- 分析 Cython 代码
- 使用 Cython 实现高性能 NumPy 函数
- 释放 GIL 以实现真正的并行线程

    Python 很慢。更准确地讲，Python 的标准实现很慢，它的动态语言特性付出了相当多的性能代价。不过，许多 Python 库的性能很好，这是因为它们用底层语言实现了部分功能，从而可进行高效的数据处理。但是，除了 Python 库，有时我们需要亲自实现高性能算法。这一章就将使用 Cython，将纯 Python 代码转换为 C 语言，以提高 Python 的性能。

    为了提高性能，能与 Python 集成的不止 Cython，还有许多其他工具。因此，我们首先简要介绍可选方案。之后，将深入研究 Cython。

    如果你从未用过 Cython，经过介绍，你将从数据分析的角度掌握足够的背景知识，还能将其与数据分析核心库 NumPy 结合起来。之后，将分析 Cython 代码，并进行优化。我们还将编写 Cython 代码，使 NumPy 释放 GIL 进行并行多线程编程。最后，将展示通用的并行线程示例，使 Cython 代码释放 GIL。

    接下来，我们介绍 Cython 的替代方案，如 C 或 Rust 等底层语言，或许其中有更适合你的方案。

5.1 重构高效代码的方法

    Cython 是能以高性能方式重构代码的众多选项之一。使用 Cython 不必学习许多内容，Cython 基于 Python，是 Python 的超集。除了 Cython，开发者最好再了解一些其他方法，因为你也许接触过某些方法，或者存在限制因素迫使你选择其他方案。

替代方案共分为如下四类(如表 5.1 所示):

● 现有的库。

● Numba。

● 更快的编程语言，如 Cython、C 和 Rust。

● 其他 Python 实现，如 PyPy、Jython、Iron Python 和 Stackless Python。

表 5.1　重构高效代码的不同方法：库、更快的语言、其他 Python 实现和 Numba

库	底层语言	其他 Python 实现	即时编译器
NumPy、SciPy、scikit-learn、PyTorch	C、Rust、Fortran、C++、Go、Cython	PyPy 、 IronPython 、 Jython、Stackless Python	Numba

NumPy 属于第三方库，它为 Python 提供了高效实现。此外，还有很多库高效实现了各种功能(如 pandas、scikit-learn)。在亲自动手实现代码库前，最好先确认是否有第三方库实现了想要的功能。

第二个值得一试的选项是 Numba。Numba 是即时编译器，它能将部分 Python 代码转换为快速的原生代码。通常，比起其他语言，Numba 更易用，甚至比 Cython 更容易上手。Numba 对许多库进行了优化，包括 NumPy 和 pandas。Numba 还对若干种架构，如 GPU，进行了优化。本书中之所以优先考虑 Cython，是便于借助 Cython 进行讲解。但是 Numba 功能更强大，它能更智能地生成代码。在本书中，因为要深入探究创建高效代码的方法，而不是只介绍特定的功能，所以 Cython 更加合适。在实践中，你可以尽可能地尝试 Numba。在大多数情况下，与 Cython 相比，Numba 或许能用更少的代码使性能得到同样的提升。在本书中，我们会在恰当的示例中讲解 Numba，并在附录 B 中专门介绍 Numba。

在本章中，我们遵循的方法是用底层语言重构代码。虽然 Cython 与 Python 非常接近，但底层语言的选择更多，除了最常见的 C 语言，还包括 C++、Rust、Julia 等。因为 Cython 与 Python 结合紧密，所以使用 Cython 也很容易。如果你想使用另一种语言，必须仔细研究如何将其与 Python 代码结合起来。对于 C 和 C++，你可能要用到 Python 内置的 `ctypes` 模块或 SWIG(https://swig.org)。

最后，还可以使用不同于 CPython 的 Python 实现。如果使用 Java，可以选择 Jython。如果使用.Net，那么可以选择 IronPython。最可行的 CPython 替代品是 PyPy，它的速度更快，因为它是即时编译器。虽然 PyPy 在某种程度上是可行的，但它对运行的库存在限制。对于大多数场景，CPython 仍然是最佳选择。

可以结合使用以上方法。本章重点是结合使用 NumPy 与 Cython。

了解了最重要的方法之后，接下来用 Cython 完成一个具体的示例，借此展示使用 Cython 可以轻松提升计算性能。

5.2　Cython 快速入门

虽然本书不是入门书，但可以假设很多读者可能从未使用过 Cython。在本节中，将通过一个小项目介绍 Cython 基础知识，重点讲解性能。我们不会涉及 Cython 编译中的细节，虽然编译细节很重要，但和性能没有直接关系。你可以在网上找到很多关于 Cython 编译和内存管理等方面的教程，如果想学习基础知识，推荐阅读 Cython 项目文档 (https://cython.readthedocs.io/en/latest/)。

本节使用上一章的图片处理示例，创建一个接收图并生成灰度图的过滤器，然后根据另一张尺寸相同图片的数值将其变暗。我们的第一个实现可能不够快，目的是讲解基本的 Cython 概念，然后再提升代码性能。为了使目标更清晰，图 5.1 展示了输出示例。

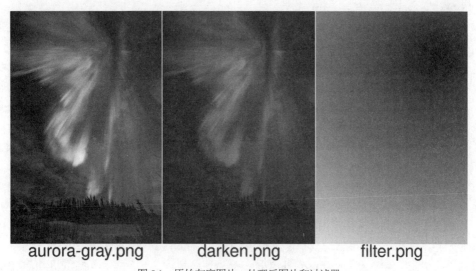

图 5.1　原始灰度图片、处理后图片和过滤器

接着，继续使用 Cython 实现过滤器代码。为了进行性能比较，代码库中还提供了原生 Python 实现。作为参考，在我的计算机上，原生 Python 代码的运行时间是 35 s。

5.2.1　Cython 实现

和第 4 章一样，图片过滤器将使用 NumPy 和 Pillow 进行图片处理。因为图片将是彩色的，因此具有三个 RGB 通道。过滤器的值区间是 0~255，0 是没有变暗，255 是完全黑色。代码先将每个像素转换为灰度，然后进行变暗。

接下来，使用 Cython 完成第一个实现。我们把代码分为两部分：在普通的 .py 文件中调用 Cython 代码的 Python 代码，和位于扩展名为 .pyx 的文件中的 Cython 代码。.pyx 起源于 Pyrex 项目，Cython 最初是从这个项目衍生出来的。Python 代码位于 05-cython/ sec1-intro/apply_filter.py 中：

```
import numpy as np
```

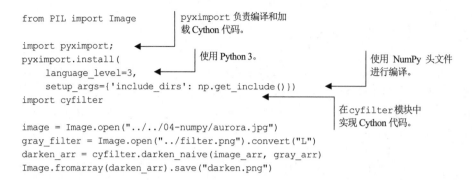

```
from PIL import Image          pyximport 负责编译和加
                              载 Cython 代码。
import pyximport;
pyximport.install(            使用 Python 3。        使用 NumPy 头文件
    language_level=3,                               进行编译。
    setup_args={'include_dirs': np.get_include()})
import cyfilter
                                        在 cyfilter 模块中
                                        实现 Cython 代码。
image = Image.open("../../04-numpy/aurora.jpg")
gray_filter = Image.open("../filter.png").convert("L")
darken_arr = cyfilter.darken_naive(image_arr, gray_arr)
Image.fromarray(darken_arr).save("darken.png")
```

在这段代码中，唯一新出现的是 pyximport，它负责编译和连接 Cython 代码。

连接 Cython 代码

Cython 是 Python 的超集，可以编译成 C 语言，使代码成为第三方扩展。但是，Cython 的开发难度远高于导入 Python 模块。

Cython 文档中介绍了几种方法。这里不会介绍所有方法，只简要介绍其中三种：

● pyximport 可以方便快捷地编译代码并进行连接。每次导入 Cython 模块时，代码就会转换为 C 语言，并进行编译和连接，因此启动阶段要付出性能代价。但是，只有启动时才涉及性能问题。在进行代码分析时，可以不考虑这部分损失。

● 如果你使用的是 Jupyter/IPython Notebook，可使用 %cython 魔法命令。可参考 Cython 或 IPython 文档。

● 直接通过 .pyx 文件调用 cython。这种方法需要自己实现连接。本章稍后会使用该方法，并查看生成的代码。

如果你是使用 Jupyter 或 IPython，推荐使用 %cython。%cython 不仅功能强大，而且十分易用。但是，如果你想把代码分发给普通 Python 用户，不要使用 %cython。

若要检查 C 语言代码，可以直接调用 cython。除此之外，不需要直接调用 cython。

当向生产环境部署代码或向用户分发代码时，需要使用其他方案。你很有可能需要为目标架构预编译 Cython 代码，因为用户通常没有完整的 C 语言编译器。发布代码的准备工作相当复杂，我们在此不做讨论，它和本书也不是很相关。

目前，Cython 代码与 Python 版本完全相同，区别在于 Cython 代码位于 pyx 文件中 (05-cython/sec2-intro/cyfilter.pyx)：

```
#cython: language_level=3          第一行不是注释，而是指示
                                   Cython 编译 Python 3。
import numpy as np

def darken_naive(image, darken_filter):
    nrows, ncols, _rgb_3 = image.shape
    dark_image = np.empty(shape=(nrows, ncols), dtype=np.uint8)
    for row in range(nrows):
        for col in range(ncols):
            pixel = image[row, col]
            mean = np.mean(pixel)
```

```
        dark_pixel = darken_filter[row, col]
        dark_image[row, col] = int(mean * (255 - dark_pixel) / 255)
return dark_image
```

除了第一行和函数名，这段代码与 Python 版本相同。而且，它的性能也一般。在我的计算机上，花了 33 s，只比原生 Python 版本少 2 s。在下一节中，我们将实现速度更快的代码，并指明为什么当前版本很慢。

> **作为编译语言的 Cython**
>
> Cython 是一门编译语言，不同于解释性语言 Python。这导致许多不同，其中之一是类型错误。例如，如下代码:
>
> ```
> def so_wrong():
> return a + 1
> ```
>
> 该函数只会在 Python 运行时失败，所以将其部署在生产环境中，只要该函数不运行，就不会报错。但是当你试图把它编译成 Cython 程序时，将会导致编译失败。从这个角度看，Cython 有助于发现错误，但要做好 Cython 编译器频繁报错的准备。

5.2.2　使用 Cython 注释提高性能

在探究上一节的代码为什么速度慢之前，先实现一个更快的版本，以进行对比。更快的代码使用了 Cython 的注释:

```
#cython: language_level=3
import numpy as np                    ← 为 NumPy 引入 C 语言中的定义。
cimport numpy as cnp

def darken_annotated(
        cnp.ndarray[cnp.uint8_t, ndim=3] image,        ← 设置第一个参数的类型为 C 中的三维 NumPy 数组。这是因为彩色图片中每个像素有 RGB 三通道。类型为 C 中的 8 位无符号整数。
        cnp.ndarray[cnp.uint8_t, ndim=2] darken_filter):    ← 第二个变量是 8 位无符号整数的二维数组。
    cdef int nrows = image.shape[0]       ← 为所有本地变量设置类型。由于 Cython 无法实现元组赋值，因此将元组赋值分成两部分。
    cdef int ncols = image.shape[1]
    cdef cnp.uint8_t dark_pixel, mean
    cdef cnp.ndarray[np.uint8_t] pixel

    cdef cnp.ndarray[cnp.uint8_t, ndim=2]
        dark_image = np.empty(shape=(nrows, ncols), dtype=np.uint8)
    for row in range(nrows):
        for col in range(ncols):
            pixel = image[row, col]
            mean = (pixel[0] + pixel[1] + pixel[2]) // 3       ← 用这种方式计算平均值更高效。
            dark_pixel = darken_filter[row, col]
            dark_image[row, col] = mean * (255 - dark_pixel) // 255
    return dark_image
```

必须在函数开始前设置类型，因此在输入变量前，定义内循环变量。

这段代码中真正重要的是使用了 Cython 注释。例如，nrows 变成了 cdef int nrows，指示 Cython 该变量的类型是 int。当 Cython 代码转换为 C 语言时，该定义将在 C 语言层级发挥作用。可以对外部库(如 NumPy)进行 C 语言层级的定义，例如，使用 cimport numpy as cnp 导入模块。然后，就可以输入数组了。

警告

Cython 注释与 Python 注释完全不同，两者之间没有任何关系。

注意，除了计算平均值和切分元组赋值，以上两段代码是完全相同的。也就是说，这两个 for 循环具有相同的复杂度。

运行时间从原生 Python 代码的约 30 s 下降到 1.5 s。我们总算取得了一定进展[1]。

提示

注释所有的 Cython 变量。

这段代码还可以再快几倍，后文会介绍相应方法。接下来，深入分析为什么注释如此重要。

5.2.3　为什么注释可以提升性能

为什么注释对性能如此重要? 为了回答这个问题，需要查看函数通过 C 语言转换得到的代码。即使不懂 C 语言，也不用担心，阅读 C 语言比编写 C 语言简单得多，很容易掌握要点。

以下示例很简单，使数字加 4。下面是有注释和无注释的代码(代码位于 05-cython/sec2-intro/add4.pyx):

```
#cython: language_level=3

def add4(my_number):
    i = my_number + 4
    return i


def add4_annotated(int my_number):
    cdef int i
    i = my_number + 4
    return i
```

这段代码很简单。为了查看 C 语言转换得到的代码，直接运行 Cython:

```
cython add4.pyx
```

生成的 C 文件是 add4.c。对于我的 Cython 版本，add4.c 有将近 3000 行。但不用紧张，其中大部分是统一模板，使用 Cython 很容易定位代码并观察生成的内容。在 C

---

1 第 2 章介绍了测时方法。在 IPython 和 Jupyter 中，可以使用魔术命令%timeit。在标准 Python 中，可以使用 timeit 模块。或者，使用像我在示例中展示的测量运行时间的方法。在某些场景中，一开始只需要粗略测量时间。

语言注释中，能找到每一行代码。如下所示是 Cython 生成的注释：

```
/* "add4.pyx":9
 *
 *
 * def add4_annotated(int my_number):
 *     cdef int i
 *     i = my_number + 4
 */
```

对于每个函数，Cython 都生成了两个 C 函数：负责 Python 和 C 语言之间接口的 Python 包装器，和函数实现本身。

因此，add4 有 C 语言包装器，如下所示：

```
static PyObject *__pyx_pw_4add4_1add4(
    PyObject *__pyx_self, PyObject *__pyx_v_my_number)
```

如果从 Python 的角度进行思考，这段代码很好理解：函数返回一个 Python 对象，即 static PyObject *。self 也是 Python 对象，即 PyObject *__pyx_self，参数是 PyObject *__pyx_v_my_number。在 Python 中，万物皆对象。

如下所示，代码是 add4_annotated 的包装器的签名：

```
static PyObject *__pyx_pw_4add4_3add4_annotated(
    PyObject *__pyx_self, PyObject *__pyx_arg_a) {
```

因为 Python 只能处理对象，所以类型是完全一样的。在 Python 接口层，函数是相同的。

两个包装器都做了大量的打包和解包工作，然后调用实现。如下所示，代码是 add4 的实现的签名：

```
static PyObject *__pyx_pf_4add4_add4(
    CYTHON_UNUSED PyObject *__pyx_self, PyObject *__pyx_v_my_number)
```

以上类型大多是相同的。这是因为我们没有对函数和 Cython 进行注释，创建的是最常见的代码。

如下所示，代码是 add4_annotated 的函数签名：

```
static PyObject *__pyx_pf_4add4_2add4_annotated(
    CYTHON_UNUSED PyObject *__pyx_self, int __pyx_v_my_number) {
----
```

注意，my_number 现在是原生的 C 类型，不是 Python 对象 int __pyx_v_my_number。

观察这两个函数的包装器，带注释函数的包装器更加复杂，其中有很多类型的打包和解包。而无注释包装器处理的是 Python 对象，它能直接将参数传递给实现。但是带注释包装器必须处理 Python 对象到整型的转换。

介绍过以上内容后，再回顾一下基本问题，即 i = my_number + 4 的实现。对于无注释版本，编译代码如下所示：

```
__pyx_t_1 = __Pyx_PyInt_AddObjC(__pyx_v_my_number, __pyx_int_4, 4, 0, 0);
    if (unlikely(!__pyx_t_1)) __PYX_ERR(0, 5, __pyx_L1_error)
__Pyx_GOTREF(__pyx_t_1);
__pyx_v_i = __pyx_t_1;
__pyx_t_1 = 0;
```

这段代码调用函数 `__Pyx_PyInt_AddObjC`，向对象添加整数。源代码 `add4.c` 对函数进行了定义。查看 `add4.c`，其中包含大量对 CPython 函数的调用、大量 C 语言中的 `if` 语句，甚至还有 `goto` 语句。所有这些代码语句，都是为了将变量加 4，成本很高。

这段代码还有一个严重的问题，因为它处理的是 Python 对象，导致 Cython 无法释放 GIL。Python 代码仍然受到 GIL 的限制，但底层代码可以在某些情况下释放 GIL。这段代码无法释放 GIL，因此不能使用并行线程。

在实践中，前一个问题更严重，因为求和实现的大部分过程被浪费在 Python 对象管理上。即使可以基于它实现并行编程(尽管实现不了)，操作 Python 对象将造成很大的性能损失，损失高于并行编程带来的收益。

不再赘述，如下所示是注释版本 `add4_annotated` 的编译代码:

```
__pyx_v_i = (__pyx_v_my_number + 4)
```

非常简单，就是 C 语言中的加法。因此，它的速度要快得多。

小结

Cython 通过注释移除了 C 语言代码中的大量基础语句。因此，有注释 Cython 比无注释 Cython 的运行速度快得多。建议读者尽可能使用有注释的 Cython。

5.2.4　为函数返回值添加类型

可以使用如下方式为函数返回值添加类型:

```
cdef int add4_annotated_cret(int my_number):
    return my_number + 4
```

注意，我们不仅指定返回值是 `int` 类型，而且使用 `cdef`，而非 `def`，来定义函数。使用 `cdef` 后，则只能用 C 语言调用该函数，无法用 Python 调用，因为没有包装器。这有做的好处是什么呢? 对于只能用其他 Cython 函数调用的 Cython 函数，可以声明在 Python 和 Cython 中都可以使用的函数(即，从 Python 或 Cython 中调用该函数，将使用不同的接口):

```
---
cpdef int add4_annotated_cpret(int my_number):
    return add4_annotated_cret(my_number)
----
```

这样，就同时得到了两个包装器和底层实现。

所以，现在有三种声明函数的方式：Cython 使用 cdef，Python 和 Cython 使用 cpdef，Python 使用 def。任何时候使用 Python 原生接口，都不可避免会导致性能降低。使用 Cython 接口时，计算开销比较低。(正如上一节中展示的，def 函数会生成两个层级，但不是总生成两个层级)。

为什么不只使用 cpdef，而是分为 def 和 cdef 呢？这是因为 cpdef 和 cdef 会对函数实现施加额外限制，def 则不会，要添加注释时就需要使用 def。当使用 Python 无法处理的类型时，例如用 Cython 代码中的 C 指针，就需要使用 cdef。

小结

使用 Cython 时，一定要对类型进行注释。虽然写注释比较烦琐，但可以带来很多好处。另外，尽量使用 cdef，如果行不通，最好重构代码，使 Python 代码位于 def/cpdef 中，使计算密集代码位于 cdef 中。

现在，关于注释对性能的重要性，我们有了更深刻的理解。接下来，通过分析 Cython 代码进行微调。

5.3　分析 Cython 代码

再回到 Cython 图片过滤器代码。虽然 Cython 比 Python 原生实现快很多，但仍然有点慢。毕竟，使用这样一个简单的过滤器，运行时间超过 1 s。虽然凭直觉认为还存在问题，但正如第 2 章所指出的，性能分析中的直觉往往会带来负面结果。所以，我们将从 Cython 角度再次严谨地分析代码，以找到性能瓶颈。

Cython 和 Python 的分析方法很类似，可以使用第 2 章介绍的方法，使用行分析来定位瓶颈。

5.3.1　使用 Python 的内置分析方法

本节先使用内置的分析方法。首先，对 Cython 代码进行注释，以生成可分析的代码。这一步很简单，如下所示(代码位于 05-cython/sec3-profiling/cython_prof.py)：

```
# cython: profile=True
import numpy as np

cimport cython
cimport numpy as cnp

def darken_annotated(
        cnp.ndarray[cnp.uint8_t, ndim=3] image,
        cnp.ndarray[cnp.uint8_t, ndim=2] darken_filter):
    cdef int nrows = image.shape[0]
...
```

指示 Cython，我们要对代码进行分析。

这和在代码中添加全局指令一样简单。如果由于某种原因，你不想检测文件中的特定函数，只需添加@cython.profile(False)。

和第 2 章的分析示例类似，使用内置的 pstat 模块获取分析统计数据。如下是调用函数(代码位于 code/05-cython/ sec3-profiling/apply_filter_prof.py)：

```
import cProfile          ←──────┐  从内部分析代码。
import pstats       ←────────┐  │
import pyximport                │  │
                               │  └── pstats 模块负责处理分析器输出。
import numpy as np
from PIL import Image

pyximport.install(
    setup_args={
        'include_dirs': np.get_include()})

import cyfilter_prof as cyfilter

image = Image.open("../../04-numpy/aurora.jpg")
gray_filter = Image.open("../filter.png").convert("L")
image_arr, gray_arr = np.array(image), np.array(gray_filter)    ──→ 使用函数调用分析器。

# We just want to profile this
cProfile.run("cyfilter.darken_annotated(image_arr, gray_arr)",
 "apply_filter.prof")                                   ←────┘
s = pstats.Stats("apply_filter.prof")                   ←──── 使用 pstats 模块打印
s.strip_dirs().sort_stats("time").print_stats()              收集的数据。
```

这段代码不涉及 Cython。输出结果如下：

```
Tue May 10 14:43:03 2022 apply_filter.prof

        5 function calls in 0.707 seconds

   Ordered by: internal time

   ncalls  tottime  percall  cumtime  percall filename:lineno(function)
        1    0.707    0.707    0.707    0.707  cyfilter_prof.pyx:9
                                               (darken_annotated)
        1    0.000    0.000    0.707    0.707  {built-in method
                                               builtins.exec}
        1    0.000    0.000    0.707    0.707  <string>:1(<module>)
        1    0.000    0.000    0.707    0.707
                                       {cyfilter_prof.darken_annotated}
        1    0.000    0.000    0.000    0.000  {method 'disable' of
                                               '_lsprof.Profiler' objects}
```

第 2 章对输出结果进行过详细讨论。和第 2 章一样，内置的分析方法不能提供有效的信息。因此，需要再次使用行分析方法来处理 Cython。

5.3.2　使用 line_profiler

和第 2 章一样，我们继续使用 `line_profilermodule`。为此，必须指示 Cython 将代码用于行分析(代码位于 05-cython/sec3-profiling/ cython_lprof.py)：

```
# cython: linetrace=True        ◄
# cython: binding=True     ◄          使用类似 Python 的绑定。
# cython: language_level=3
import numpy as np
cimport cython                       指示 Cython 生成行跟踪代码。
cimport numpy as cnp


cpdef darken_annotated(
        cnp.ndarray[cnp.uint8_t, ndim=3] image,
        cnp.ndarray[cnp.uint8_t, ndim=2] darken_filter):
    cdef int nrows = image.shape[0] # Explain
    cdef int ncols = image.shape[1]
    cdef cnp.uint8_t dark_pixel
    cdef cnp.uint8_t mean # define here
    cdef cnp.ndarray[cnp.uint8_t] pixel
    cdef cnp.ndarray[cnp.uint8_t, ndim=2]
      dark_image = np.empty(shape=(nrows, ncols), dtype=np.uint8)
    for row in range(nrows):
        for col in range(ncols):
            pixel = image[row, col]
            mean = (pixel[0] + pixel[1] + pixel[2]) // 3
            dark_pixel = darken_filter[row, col]
            dark_image[row, col] = mean * (255 - dark_pixel) // 255
    return dark_image
```

唯一需要修改的是，使用指令`# cython: linetrace=True`，指示 Cython 生成行跟踪代码。你也可以不使用指令，而是在每个函数上注释想要分析的函数，从而使用行分析：

```
@cython.binding(True)
@cython.linetrace(True)
```

在第 2 章的示例中，我们看到行分析非常慢。因此，根据 Cython 的要求，不仅需要在 Cython 代码上注释 `linetrace`，在使用代码时还要明确请求追踪。检查一下调用该函数的代码(即 Python 端的代码)：

```
import pyximport
import line_profiler    ◄
                               引入 line_profiler。
import numpy as np
from PIL import Image

pyximport.install(
    language_level=3,
    setup_args={
```

```
        'options': {"build_ext":
            {"define": 'CYTHON_TRACE'}},
        'include_dirs': np.get_include()})
```

使用宏 CYTHON_TRACE 编译
C 代码。

```
import cyfilter_lprof as cyfilter

image = Image.open("../../04-numpy/aurora.jpg")
gray_filter = Image.open("../filter.png").convert("L")
image_arr, gray_arr = np.array(image), np.array(gray_filter)

profile = line_profiler.LineProfiler(
    cyfilter.darken_annotated)
profile.runcall(cyfilter.darken_annotated, image_arr, gray_arr)
profile.print_stats()
```

显式调用 line_profiler。

必须激活进行代码分析的 C 代码。由于 C 代码封装在 C 宏中，只有向编译器传递指令 CYTHON_TRACE 后，才会编译 C 代码。我们通过 pyximport 实现了指令传递。C 的宏系统和 Python 底层方法不在本书的讨论范围。无论使用什么系统，为了编译 C 代码，必须确认系统中定义了 CYTHON_TRACE 宏。pyximport 只是可选方案之一。

在这段代码中，直接从代码内部使用 line_profiler。在第 2 章中，我们使用 kernprof 调用代码。创建了 LineProfiler 对象，在其中调用 darken_annotate，并打印统计数据。作为练习，在查看结果之前，你可以预先判断瓶颈所在的位置。然后，查看如下部分。

```
Total time: 3.58894 s
File: cyfilter_lprof.pyx
Function: darken_annotated at line 11

Line #      Hits         Time   Per Hit   % Time  Line Contents
==============================================================
    11                                           cpdef darken_annotated(
    12                                               cnp.ndarray[cnp.uint8_t, ndim=3] image,
    13                                               cnp.ndarray[cnp.uint8_t, ndim=2] darken_filter):
    14           1          2.0       2.0      0.0      cdef int nrows = image.shape[0]   # Explain
    15           1          0.0       0.0      0.0      cdef int ncols = image.shape[1]
    16                                               cdef cnp.uint8_t dark_pixel
    17                                               cdef cnp.uint8_t mean   # define here
    18                                               cdef cnp.ndarray[cnp.uint8_t] pixel
    19           1          7.0       7.0      0.0      cdef cnp.ndarray[cnp.uint8_t, ndim=2] dark_image = np.empty(shape=(nrows, ncols), dtype=np.uint8)
    20           1          0.0       0.0      0.0      for row in range(nrows):
    21        2048        337.0       0.2      0.0          for col in range(ncols):
    22     2799616    2151338.0       0.8     59.9              pixel = image[row, col]
    23     2799616     481380.0       0.2     13.4              mean = (pixel[0] + pixel[1] + pixel[2]) // 3
    24     2799616     477328.0       0.2     13.3              dark_pixel = darken_filter[row, col]
    25     2799616     478551.0       0.2     13.3              dark_image[row, col] = mean * (255 - dark_pixel) // 255
    26           1          1.0       1.0      0.0      return dark_image
```

函数的运行时间是 3.5 s，远远超过之前的 1.5 s。这是因为行分析会消耗大量计算。其实，比较标准分析和行分析的运行时间没有意义，因为二者具有不同的机制。在进行代码分析时，需要具有一定耐心。

另外，表面上看起来很简单的赋值语句 pixel = image[row, col] 却花费了 60% 的时间。

要了解究竟是什么导致运行变慢，最简单的方法还是用 cythoncyfilter_lprof.py 查看生成的代码。这个 C 语言分析示例比第一个示例简单，在这个示例中，可以通过 cython -a cyfilter_lprof.py，使用 Cython 生成网络报告。该命令可生成 HTML 文件 cyfilter_lprof.html，能用任何网络浏览器打开。图 5.2 展示了函数的主视图，你可以点击其中任意一行，查看生成的 C 代码。灰色(网页中为标黄)代码行涉及 Python 交互，如果涉及 Python，性能将会受到影响。

```
Generated by Cython 0.29.21

Yellow lines hint at Python interaction.
Click on a line that starts with a "+" to see the C code that Cython generated for it.

Raw output: cyfilter_lprof.c

+01: # cython: language_level=3
 02: # cython: linetrace=True
 03: # cython: binding=True
+04: import numpy as np
 05: cimport cython
 06: cimport numpy as cnp
 07:
 08:
 09: @cython.binding(True)
 10: @cython.linetrace(True)
+11: cpdef darken_annotated(
 12:        cnp.ndarray[cnp.uint8_t, ndim=3] image,
 13:        cnp.ndarray[cnp.uint8_t, ndim=2] darken_filter):
+14:    cdef int nrows = image.shape[0]   # Explain
+15:    cdef int ncols = image.shape[1]
 16:    cdef cnp.uint8_t dark_pixel
 17:    cdef cnp.uint8_t mean   # define here
 18:    cdef cnp.ndarray[cnp.uint8_t] pixel
+19:    cdef cnp.ndarray[cnp.uint8_t, ndim=2] dark_image = np.empty(shape=(nrows, ncols), dtype=np.uint8)
+20:    for row in range(nrows):
+21:        for col in range(ncols):
+22:            pixel = image[row, col]
+23:            mean = (pixel[0] + pixel[1] + pixel[2]) // 3
+24:            dark_pixel = darken_filter[row, col]
+25:            dark_image[row, col] = mean * (255 - dark_pixel) // 255
+26:    return dark_image
```

图 5.2 `cyfilter_lprof.html` 的网页输出。灰色代码行(浏览器中为黄色)涉及 Python 交互

如果展开第 22 行的赋值语句 `pixel = image[row, col]`，你会发现此处不仅是赋值这么简单。许多 C 语言调用发出了性能警告，包括：`__Pyx_PyInt_From_int`、`PyTuple_New`、`__Pyx_PyObject_GetItem` 和 `__Pyx_SafeReleaseBuffer`，在 C 语言层面，它们导致了性能下降。

小结

虽然用 Cython 注释标注了 Cython 中的底层类型，但分析过程表明，它仍然在操作 NumPy 数组。如果代码运算涉及 Python 对象，如 NumPy 数组，则运行代码时仍然涉及 Python。牵涉到 Python，肯定会拖累性能。

那么问题来了，是否能更高效地处理这些数组，简化无辜赋值语句呢？答案是可以。

5.4 用 Cython 内存视图优化数组访问

为了使代码速度更快，需要减少与 Python 对象的交互，最好是零交互。为此，需要移除 Python 内置模块和 NumPy 数组的 Python 视图。在当前示例中，数组仍然是 Python 对象，需要对其进行修改。

可以用 Cython 中的内存视图处理 NumPy 数组，内存视图类似于前一章探讨的视图。Cython 不必通过 Python 的对象机制，就能直接访问原始数组。我们将把 Cython 代码分为两个函数：一个函数负责处理 Python 对象，它的速度较慢；另一个函数则具有 C 语言的运行速度。因此，一个函数负责接收 NumPy 数组并准备内存视图，另一个函数应用图

片过滤器(代码位于 05-cython/sec4-memoryview)。如下是一个接收 NumPy 数组并准备内存视图的函数：

```
cpdef darken_annotated(
        cnp.ndarray[cnp.uint8_t, ndim=3] image,
        cnp.ndarray[cnp.uint8_t, ndim=2] darken_filter):
    cdef int nrows = image.shape[0]
    cdef int ncols = image.shape[1]
    cdef cnp.ndarray[cnp.uint8_t, ndim=2] dark_image =
      np.empty(shape=(nrows, ncols), dtype=np.uint8)
    cdef cnp.uint8_t[:,:] dark_image_mv
    cdef cnp.uint8_t [:,:,:] image_mv
    cdef cnp.uint8_t[:,:] darken_filter_mv
    dark_image_mv = dark_image
    darken_filter_mv = darken_filter
    image_mv = image
    darken_annotated_mv(image_mv,
      darken_filter_mv, dark_image_mv)
    return dark_image
```

声明内存视图，指向原始数据 dark_image。

使用 Cython 解析 NumPy 数组原始数据。

最后，调用只处理视图的新函数 dark_image_mv。

注意，声明内存视图的语法中包括 C 类型和维度(例如，用[:,:,:]代表 image 的三个维度)。Cython 将确保内存视图变量指向具有正确步长和形状的原始数组数据。

如下是一个新的内部函数：

输入参数的类型从 NumPy 数组变为视图。

```
cpdef darken_annotated_mv(
        cnp.uint8_t[:,:,:] image_mv,
        cnp.uint8_t[:,:] darken_filter_mv,
        cnp.uint8_t[:,:] dark_image_mv):
    cdef int nrows = image_mv.shape[0]
    cdef int ncols = image_mv.shape[1]
    cdef cnp.uint8_t dark_pixel
    cdef cnp.uint8_t mean # define here
    cdef cnp.uint8_t[:] pixel
    for row in range(nrows):
        for col in range(ncols):
            pixel = image_mv[row, col]
            mean = (pixel[0] + pixel[1] + pixel[2]) // 3
            dark_pixel = darken_filter_mv[row, col]
            dark_image_mv[row, col] = mean * (255 - dark_pixel) // 255
```

输出为参数。

这段代码与初始版本非常相似。区别在于输入类型从数组变为内存视图，为了更加简洁，我们还以参数的形式传递视图。

如下面的结果所示，通过行分析，性能得到了一定改进。

```
Total time: 1.82865 s
File: cyfilter_mv.pyx
Function: darken_annotated_mv at line 10

Line #      Hits         Time  Per Hit   % Time  Line Contents
==============================================================
    10                                           cpdef darken_annotated_mv(
    11                                               cnp.uint8_t[:,:,:] image_mv,
    12                                               cnp.uint8_t[:,:] darken_filter_mv,
    13                                               cnp.uint8_t[:,:] dark_image_mv):
    14           1          2.0      2.0      0.0      cdef int nrows = image_mv.shape[0]
    15           1          2.0      2.0      0.0      cdef int ncols = image_mv.shape[1]
    16                                               cdef cnp.uint8_t dark_pixel
    17                                               cdef cnp.uint8_t mean  # define here
    18                                               cdef cnp.uint8_t[:] pixel
    19           1          0.0      0.0      0.0      for row in range(nrows):
    20        2048        358.0      0.2      0.0          for col in range(ncols):
    21     2799616     469718.0      0.2     25.7              pixel = image_mv[row, col]   <1>
    22     2799616     452761.0      0.2     24.8              mean = (pixel[0] + pixel[1] + pixel[2]) // 3
    23     2799616     452165.0      0.2     24.7              dark_pixel = darken_filter_mv[row, col]
    24     2799616     453647.0      0.2     24.8              dark_image_mv[row, col] = mean * (255 - dark_pixel) // 255
```

现在，代码速度提高了 50%，赋值语句 `pixel = image_mv[row, col]` 不再涉及 Python 对象。但是，对于简单的图片操作，代码仍然耗费了过多时间。

分析表明，代码中仍然有大量的 Python 交互。如果运行 `cython -a` 为代码生成分析网页，即可通过代码行的颜色展示 Python 交互量，并得到许多交互标记，如图 5.3 所示。

```
+09: cpdef darken_annotated_mv(
 10:         cnp.uint8_t[:,:,:] image_mv,
 11:         cnp.uint8_t[:,:] darken_filter_mv,
 12:         cnp.uint8_t[:,:] dark_image_mv):
+13:     cdef int nrows = image_mv.shape[0]
+14:     cdef int ncols = image_mv.shape[1]
 15:     cdef cnp.uint8_t dark_pixel
 16:     cdef cnp.uint8_t mean  # define here
 17:     cdef cnp.uint8_t[:] pixel
+18:     for row in range(nrows):
+19:         for col in range(ncols):
+20:             pixel = image_mv[row, col]
+21:             mean = (pixel[0] + pixel[1] + pixel[2]) // 3
+22:             dark_pixel = darken_filter_mv[row, col]
+23:             dark_image_mv[row, col] = mean * (255 - dark_pixel) // 255
 24:
```

图 5.3　内存视图函数的网页输出。灰色代码行(浏览器中为标黄部分)指明存在 Python 交互

5.4.1　小结

通常，为 NumPy 数组创建内存视图可以显著提高性能，因为这能使 Cython 与原始数组表示进行交互，从而避免与 Python 交互。但是进一步的分析表明，仍然存在 Python 交互，因此性能仍然存在提升空间。

那么，能否清理剩余的 Python 交互，再进一步优化代码呢？答案仍然是可以。

5.4.2　清理 Python 内部交互

`cython -a` 中涉及三类 Python 交互，如图 5.3 所示：

- `cpdef` 函数生成了带有 Python 残留的 C 函数，可以将其替换为 `cdef`。
- 这个函数隐式返回了 `None` 对象，这意味代码还要管理 Python 对象，即使只是 `None`。

- NumPy 内存视图仍在进行边界检查(也就是说，如果放入无效索引，仍将激活 Python 的异常处理)。

只需修改函数定义，就能一举解决这些问题：

我们会在后文再次讨论边界检查。通常，如果没有边界检查，可能导致代码崩溃。在上面的示例中，关闭边界检查不会导致问题。本章后面将展示出现问题的示例。

`nogil` 注释是可选的，在这个示例中，使用 `nogil` 注释没有任何作用。释放 GIL 后可使并行代码运行，本章后面会重新讨论 GIL。相反，如果使用 `nogil` 注释，会导致仍然存在 Python 连接，Cython 会报错。所以只有完成了其他修改，才可使用 `nogil` 注释。

在我的计算机上(英特尔 i5 处理器，主频 1.6 GHz)，运行时间现在只需 0.04 s。刚开始时，原生 Python 实现需要 35 s，而原生 Cython 实现需要 18 s。

小结

为了清理 Cython 和 Python 的最后一丝关联，我们修改了函数定义，以避免调用或返回 Python 函数。我们得到了改进代码的策略，即通过修改函数定义、注释 Cython 代码、为函数返回添加类型、使用内存视图而非原始 NumPy 数组，最终清理了 Cython 和 Python 之间的交互。

稍后，将讨论边界检查和其他的 NumPy 优化方法，还将讨论并行。接下来，我们将讨论如何在 Cython 中实现 NumPy 通用函数。因为通用函数可用于 NumPy 广播机制，这能进一步提高性能。

5.5　在 Cython 中编写 NumPy 通用函数

接下来，通过另一种方法实现图片过滤器，也就是使用 Cython 编写通用函数。在上一章中，通用函数通过广播机制大幅提高了性能。通用函数不仅能提高性能，正如你将在后文看到的，它在某种程度上类似于 GPU 编程范式。然而，通用函数并不是通用的计算解决方案，我们将在下一节说明。

第 4 章还提到通用函数是逐一计算各元素的。因此在图片处理示例中，是逐个对各像素进行计算的。代码将由两部分组成，通用函数和注册函数的代码。先介绍通用函数(代码位于 `05-cython/sec5-ufunc`)，如下所示：

```
# cython: language_level=3
import numpy as np
cimport cython
```

```
cimport numpy as cnp
                                              注意，使用了指针(*)。
cdef void darken_pixel(
        cnp.uint8_t* image_pixel,          ◄
        cnp.uint8_t* darken_filter_pixel,
        cnp.uint8_t* dark_image_pixel) nogil:
        cdef cnp.uint8_t mean
        mean = (image_pixel[0] + image_pixel[1] + image_pixel[2]) // 3
        dark_image_pixel[0] = mean * (255 - darken_filter_pixel[0]) // 255
```

　　这段代码是逐个计算像素，因为没有在整个数组/图片上使用 for 循环，代码变得更简单。

　　根本区别在于，现在传递的不是数字 cnp.unit8_t，而是数字指针 cnp.uint8_t *。如果你不习惯使用像 C 这样的底层语言，可能没接触过指针。使用指针对于这段代码的影响不大，但对于更复杂的示例，建议进一步参考 Cython 文档。使用指针的唯一重要后果，是输出将被写入"输入变量"。最后，使用 nogil 注释函数，使其并行运行。因为没有引用 Python 对象，并行执行器将释放 GIL。

　　和前一章类似，这个通用函数是一般的通用函数。这是因为它的第一个参数 image_pixel 不是原始类型，而是数组，彩色像素有三个 RGB 分量。

　　现在对通用函数进行封装。不过，模板代码有些多，也比较复杂：

```
cdef cnp.PyUFuncGenericFunction loop_func[1]        使用变量指定输入和输出的
cdef char all_types[3]                              类型。
cdef void *funcs[1]              ◄
                                          实现通用函数的函数。
loop_func[0] = cnp.PyUFunc_FF_F

all_types[0] = cnp.NPY_UINT8    ◄
all_types[1] = cnp.NPY_UINT8              指定两个输入参数、一个输
all_types[2] = cnp.NPY_UINT8             出参数的类型。

                                              实现通用函数的函数列表。
funcs[0] = <void*>darken_pixel  ◄

darken = cnp.PyUFunc_FromFuncAndDataAndSignature(  ◄
    loop_func, funcs, all_types,                       创建通用函数的封装。
    1,
    2,          ◄        输入参数的数量。
    1,          ◄        输出参数的数量。
    0,
    "darken",
    "Darken a pixel", 0
    "(n),()->()"    ◄        NumPy 签名。
)
输入类型的数量。
```

　　需要指定所有参数的数据类型，即 all_types。另外，通用函数签名 (n),()→()，表示 (n) 是一个数组，包含初始像素的三个颜色分量，第一个 () 表示灰度像素的原始值，而输出 () 是灰度像素的原始类型。

最令人困惑的部分是存在多个渲染函数。注意，funcs 是函数列表，不是单一的函数。在示例中，只用了一个函数，即 darken_pixel，但可以为不同的输入或输出参数设置不同的函数。例如，一个函数用于 NPY_UINT8，另一个函数用于 NPY_UINT16。

通用函数封装后，使用方法不变。如下所示：

```
import pyximport

import numpy as np
from PIL import Image

pyximport.install(
    language_level=3,
    setup_args={
        'options': {"build_ext": {"define": 'CYTHON_TRACE'}},
        'include_dirs': np.get_include()})

import cyfilter_uf as cyfilter

image = Image.open ("../../04-numpy/aurora.jpg")
gray_filter = Image.open ("../filter.png").convert("L")
image_arr, gray_arr = np.array(image), np.array(gray_filter)

darken_arr = cyfilter.darken(image_arr, gray_arr)
```

小结

在 Cython 中编写 NumPy 通用函数往往是值得一试的方法，通用函数的特别之处在于，其具有内置的并行计算能力。然而，在某些情况下，NumPy 通用函数无法实现算法。例如，如果需要检查数组中其他位置的状态，不仅仅是当前位置的状态，就无法使用通用函数。为了处理这个问题以及 Cython 中其他的数组问题，我们考虑一个新示例："生命游戏"(Game of Life)。

5.6 Cython 高级数组访问

在本节中，通过优化数组访问，进一步探究 Cython 和 NumPy 的交互。具体来说，将实现底层的多线程并行，最终绕过 GIL 的限制。

我们使用新的示例，即创建彩色的"康威生命游戏"(详见 https://conwaylife.com/)，以进行讲解。"康威生命游戏"是零人游戏，设置好初始状态后，就能自动运行。设计初始状态是该游戏的乐趣之一。该游戏由任意数量的细胞组成，每个细胞有两种状态：存活或死亡。每个细胞都与周围八个细胞产生互动(黑色为存活，白色为死亡)。随着时间的推移，每个细胞将根据以下规则[1]改变其状态：

---

1 译者注，感兴趣的读者可以参考 https://zh.wikipedia.org/zh-hans/康威生命游戏。

- 若当前细胞为存活状态，当周围的存活细胞低于 2 个时(不包含 2 个)，该细胞变成死亡状态。(模拟生命数量稀少)
- 若当前细胞为存活状态，当周围有 2 个或 3 个存活细胞时，该细胞保持原样。
- 若当前细胞为存活状态，当周围有超过 3 个存活细胞时，该细胞变成死亡状态。(模拟生命数量过多)
- 若当前细胞为死亡状态，当周围有 3 个存活细胞时，该细胞变成存活状态。(模拟繁殖)

游戏中的世界是环绕的，也就是说最左边的列会查看最右边的列，以计算相邻细胞，反之亦然。该规则也适用于顶部行和底部行。

图 5.4 展示了三个示例。第一个示例是破折号，它的方向从垂直变为水平。第二个是未发生变化的方框，第三个则完全消失了。

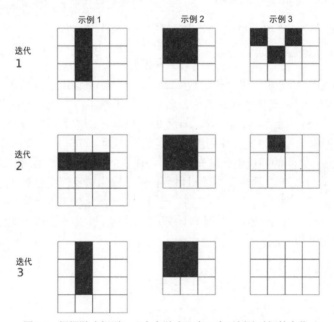

图 5.4　根据游戏规则，"生命游戏"中三个示例随时间的变化

我们将使用扩展 QuadLife[1]，其中每个活细胞有四种不同的状态：红色、绿色、蓝色和黄色。我更喜欢这个扩展，因为它看起来更酷。QuadLife 中包括两个新规则：
- 如果某颜色在细胞的相邻细胞中占多数，则该颜色成为新细胞的颜色。
- 如果三个存活的邻居细胞的颜色不同，新的细胞就会变为四种颜色中的剩余颜色。

和之前的 Cython 示例一样，本示例的实现包括两个部分：调用 Python 代码，用 Cython 实现计算开销高的部分。

你应该已经熟悉 Python 部分了(代码位于 `05-cython/sec6-quadlife`)，代码如

---

1 康威生命游戏有许多变体，可参考官网(https://conwaylife.com/)。

下所示：

```
import sys

import numpy as np
import pyximport
pyximport.install(
    language_level=3,
    setup_args={
        'include_dirs': np.get_include()})

import cquadlife as quadlife

SIZE_X = int(sys.argv[1])
SIZE_Y = int(sys.argv[2])
GENERATIONS = int(sys.argv[3])

world = quadlife.create_random_world(SIZE_Y, SIZE_X)
for i in range(GENERATIONS):
    world = quadlife.live(world)
```

设置 pyximport，导入 NumPy。

从命令行读取参数。

使用(后面定义的)函数创建随机世界。

对用户设置的 GENERATIONS，应用 Quadlife 算法。

通过传递 X 和 Y 分辨率以及代际数(GENERATIONS)来调用这段脚本。这段脚本现在不输出任何内容，只是运行游戏。后面，我们会基于结果再完成其他任务。

首先，使用 create_random_world 生成随机世界，这对于测试已经足够了。后面，我们会考虑更好看的替代方案。使用用户指定的大小为 SIZE_Y、SIZE_X 的 **NumPy** 数组，再使用 0 到 4 之间的随机整数填充数组，0 代表死亡细胞。然后对 GENERATIONS 运行模拟函数 live：第一次调用获得随机世界，然后输出再反馈给自身。这段代码不涉及新概念，应该很容易理解。

下面继续考虑 Cython 代码。创建初始随机世界这一步骤不需进行优化，因为创建过程只是在开始时调用一次：

```
#cython: language_level=3
import numpy as np

cimport cython
cimport numpy as cnp


def create_random_world(y, x):
    cdef cnp.ndarray [cnp.uint8_t, ndim=2] world =
        np.random.randint(0, 5, (y, x), np.uint8)
    return world
```

接下来，做一些有趣的工作。实现过程中涉及新方法，但我们将在前几节所学内容的基础上进行铺垫。

5.6.1　绕过 GIL 并同时运行多个线程

首先，需要让内循环不使用 GIL。为此，创建一个 Cython 顶层 live 函数，将 NumPy

数组转换为内存视图：

```
def live(cnp.ndarray[cnp.uint8_t, ndim=2] old_world):
    cdef int size_y = old_world.shape[0]
    cdef int size_x = old_world.shape[1]
    cdef cnp.ndarray[cnp.uint8_t, ndim=2] extended_world =
        np.empty((size_y + 2, size_x + 2), dtype=np.uint8)   # empty
    cdef cnp.ndarray[cnp.uint8_t, ndim=2] new_world =
        np.empty((size_y, size_x), np.uint8)
    cdef cnp.ndarray[cnp.uint8_t, ndim=1] states = np.empty((5,), np.uint8)

    live_core(old_world, extended_world, new_world, states)
    return new_world
```

对内存视图的转换由 live_core 函数签名强制执行(见下面的讨论)，但仍然需要一个处理层，将 Python 对象转换为无 GIL 的表示。old_world 是输入量，new_world 是输出量。extended_world 和 states 是 live_core 的内部变量，需要预先分配。在介绍 live_core 的核心算法之前，先讨论如何在算法上进行优化。

在"生命游戏"中，网格的两端是相连的，即最左侧列的细胞会根据最右侧细胞的状态计算新状态。如果大量细胞出现在边缘，代码将使用许多 if 语句，导致计算时间增加。为了避免这种情况，我们使用了前面提到的尺寸为(y+2，x+2)的变量 extended_world。如图 5.5 所示，扩展边界会复制网格的另一侧。

图 5.5　用于计算新世界的扩展网格

扩展算法的目的是在计算新世界时提高计算效率，避免使用边缘情况中的 if 语句。不过，这样做消耗了更多的内存，需要存储更大的网格。在高性能计算中，此类权衡(即内存与计算的权衡)非常常见，并且没有通用的准则。权衡取决于算法、内存成本、所拥有的资源。

实现 extended_world 的代码如下所示。这段代码没有做边界测试，从而减少了使用 if 语句的计算时间：

```
@cython.boundscheck(False)      ◄━━━━   关闭边界、None、封装检查。
@cython.nonecheck(False)
@cython.wraparound(False)
cdef void get_extended_world(   ◄━━━━   使用 cdef，避免 GIL。
        cnp.uint8_t[:,:] world,
        cnp.uint8_t[:,:] extended_world):   ◄━━━━   使用函数签名设置类型。
    cdef int y = world.shape[0]
    cdef int x = world.shape[1]
    extended_world[1:y+1, 1:x+1] = world   ◄━━━━   复制 extended_world 中间的
                                                     world 需要很高的计算开销。
```

```
extended_world[0, 1:x+1] = world[y-1, :]   # 上
extended_world[y+1, 1:x+1] = world[0, :]   # 下
extended_world[1:y+1, 0] = world[:, x-1]   # 左
extended_world[1:y+1, x+1] = world[:, 0]   # 右

extended_world[0, 0] = world[y-1, x-1]     # 左上
extended_world[0, x+1] = world[y-1, 0]     # 右上
extended_world[y+1, 0] = world[0, x-1]     # 左下
extended_world[y+1, x+1] = world[0, 0]     # 右下
```

复制 extend_world 中间的 world 可能要付出高昂的计算和内存成本,但核心算法能弥补[1]计算部分的损失。但出于教学目的,扩展步骤大大简化了核心算法,利于读者学习。

你可能注意到,前面函数中的许多代码其实可以进行简化,如下所示:

```
extended_world[1:y+1, 1:x+1] = world
```

或者,可以写成:

```
extended_world[1:-1, 1:-1] = world
```

不过,其实不能这样简化代码。这是因为我们停用了封装,以避免付出生成 C 代码的代价,所以必须在封装验证上花费时间。此外,停用封装意味着无法使用负索引。经过权衡,这样做是值得的。封装涉及 CPython,会降低速度,不使用封装会快很多。而且,因为封装涉及 Python,还需要停用封装以释放 GIL。

警告

不做封装或边界检查可能会导致代码出现存储器区段错误(segmentation fault)。如果出现此类错误,可在开发中停用装饰器。代码必须具有足够的鲁棒性,支持删除装饰器和其他检查。

我们还使用了之前介绍过的优化方法:cdef、设置参数和变量类型、使用内存视图而非 NumPy 数组。如果使用 cython -a cquadlife.pyx,你会看到分析结果中不涉及 Python 交互。

改变状态主要是基于 extended_world 实现的。下面的代码实现了 QuadLife 游戏规则。因为代码相当长,我对其进行了详细注释,包括之前已经解决的问题。

```
                                         关闭边界、None 检查,关闭封装。
@cython.boundscheck(False)  ◄────────┘
@cython.nonecheck(False)
@cython.wraparound(False)                使用 cdef 绕过 Python 对象。声明返回
cdef void live_core(        ◄────────┘   对象为 void。
    cnp.uint8_t[:,:] old_world,
    cnp.uint8_t[:,:] extended_world,
    cnp.uint8_t[:,:] new_world,          某些内部变量(states 和 extended_world)
    cnp.uint8_t[:] states):  ◄─────────  是在外部分配的,因此可使用内存。
设置所有参数类型。
```

---

[1] 判断是否弥补了性能损失,需要进行仔细的代码分析。

```
cdef cnp.uint16_t x, y, i                              设置所有局部变量的类型。
cdef cnp.uint8_t num_alive, max_represented
cdef int size_y = old_world.shape[0]
cdef int size_x = old_world.shape[1]                   调用 get_extended_world 时，所
get_extended_world(old_world, extended_world)          有参数都是预先配置的。


for x in range(size_x):
    for y in range(size_y):
        for i in range(5):
            states[i] = 0
        for i in range(3):
            states[extended_world[y, x + i]] += 1
            states[extended_world[y + 2, x + i]] += 1
        states[extended_world[y + 1, x]] += 1
        states[extended_world[y + 1, x + 2]] += 1

        num_alive = states[1] + states[2] +            实现 sum(states[:1])。
          states[3] + states[4]
        if num_alive < 2 or num_alive > 3:
            # 邻居过少或过多
            new_world[y, x] = 0
        elif old_world[y, x] != 0:
            # 维持存活状态
            new_world[y, x] = old_world[y, x]
        elif num_alive == 3: # 变为存活状态
            max_represented = max(states[1],
          max(states[2], max(states[3],
              states[4])))                             实现 max(states[:1])。
            if max_represented > 1:
                # 多数颜色规则
                                                       实现 states[1:].index
                for i in range(1, 5):                  (max represented)。
                    if states[i] == max_represented:
                    new_world[y, x] = i
                        break
            else:
                # 多样性 —— 使用不存在的颜色
                for i in range(1, 5):                  实现 states[1:].index(0)。
                    if states[i] == 0:
                    new_world[y, x] = i
                        break
        else:
            new_world[y, x] = 0 # 维持死亡状态
```

　　这个函数很复杂，但其中使用的许多方法在前文介绍过。该函数将这些方法做了整合。只要仔细阅读代码和注释，就不难理解。

　　代码中存在一些奇怪的地方，即使用不明显的方式替换了 sum 和 index。这样做是因为 sum 和 index 会涉及 CPython，所以需要加以避免。类似地，max 函数也要避免涉及 CPython，但是替代方法无法在一次调用中比较所有值。当使用一般函数时，可能需要对其进行分析，使用优化过的函数进行替换。

注意

因为"生命游戏"很适合可视化，配合简单的 GUI，效果更佳。为了创建 GUI，可使用 Python 内置的 `tkinter` 模块和用于图片处理的 Pillow 库。因为超出本书的讨论范围，这里不做具体介绍，感兴趣的读者可以参考代码 05-cython/sec6-quadlife/gui.py。

到此为止，完成了代码实现。接下来，对代码进行性能分析。

5.6.2　基本性能分析

代码库中也有以上代码的原生 Python 版本，将这两个版本做一些基本的比较。在我的计算机上以 1000×1000 的分辨率运行 Python 版本 200 代，所需时间略少于 1000 s，将近 17 分钟。Cython 代码只需要 2.5 s。

警告

由于代码实现是内存密集型的。如果测试高分辨率，要非常小心。事实上，算法所需内存量也是本书关注的主题：如果能在内存中运行算法，速度会比在磁盘中快得多。只要有可能，最好使用存内算法。如果不能，通常也要优化存储，以提高处理效率。

考虑一张非常大的图，分辨率为 400×900000，只运行 4 代。在我的计算机上，运行时间为 44 s。经过转置后，如果运行 900000×400 的图，同样运行 4 代，你认为将需要多少时间？总细胞数一样，代数相同。运行结果为 20s，两者时间相差很多。这两个计算在理论上相同，但结果却截然不同。第 6 章将深入探讨其中的原因。更加奇怪的是，在不同计算机上得到的结果可能完全不同。

在讨论本章最后一个主题之前，先快速为"生命游戏"生成视频，然后介绍使用 Cython 进行无 GIL 的多线程计算。制作视频的过程有助于思考计算复杂度，以便更深入地理解计算理论对高效编程的作用。

5.6.3　使用 Quadlife 的视频示例

代码库中有生成视频的代码，代码基于"飞船"和"防御"的初始状态生成视频。代码本身不涉及优化，所以不对代码进行讨论。如果你想运行代码生成视频，需要安装 Python 的 Pillow 库和 ffmpeg 库。shell 脚本的代码位于 05-cython/generate_video.sh。图 5.6 展示了起始状态，对颜色进行了翻转[1]。

---

1 翻转颜色的目的是在纸质书中印刷效果更佳。

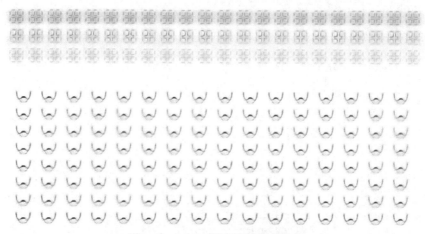

图 5.6　QuadLife 模拟的视频初始状态

读者可参考生成的视频(https://www.youtube.com/watch?v=E0B1fDKU_MI)。康威生命游戏官网(www.conwaylife.com)中有可使用的库，可生成类似的视频。

你可以使用代码库中的代码(05-cython/patterns.py)生成类似的视频。这段代码在400×250 的图中运行"生命游戏"400 代，游戏基于宇宙飞船模型，运行时间不到 1s。将分辨率调为高清 1920×1080，同样运行 400 代，需要 11s 左右，800 代需要 22s。4K 分辨率 3840×2160 下，400 代需要 48 s。在每秒 40 帧运行 40 代的条件下，需要大约 196 分钟才能生成 90 分钟的 4K 游戏视频。如果使用 Python，做出同样的视频需要 54 天。

计算复杂度的作用

计算复杂度是计算机科学中的基础理论，具有非常高的重要性。计算复杂度研究的是算法对资源的消耗，通常(但不仅仅)是时间和内存。

例如，代码运行的时间随着代际数增加而线性增长。但是，如果计算的是正方形的图案，边的长度 n，则运行时间的复杂度是 O(2)。边长 20 的正方形不是比边长 10 的正方形慢 2 倍，而是慢 4 倍。同样的，边长为 200 的正方形比 10×10 的正方形慢 400 倍(不是 20 倍)。相应的，该算法所需的内存复杂度也是 O(2)。

随着数据量不断膨胀增加，一些算法的扩展性会变得很差，最终可能需要用全新的方案进行替代。本书中不会完整介绍计算复杂度，但偶尔会讨论算法背后的原理。

我们还能继续改进算法。因为以上代码不涉及 Python 对象交互，可以释放 GIL，用多线程实现真正的并行计算。下一节介绍该方法。

5.7　Cython 并行计算

前面清理过 GIL 相关代码后，现在介绍多进程方案就很简单了。接下来将使用 Cython 的内部并行功能，代码(位于 05-cython/sec7-parallel)非常简单。

Cython 提供了基于 OpenMP 的声明式并行函数。OpenMP 是一个多平台库，提供了并行计算功能。OpenMP 提供了并行范围函数，它能对 for 循环的内容进行多线程处理，使用非常便捷，如下所示：

```
from cython.parallel import prange      ◄──── 导入 prange 函数。
@cython.boundscheck(False)
@cython.nonecheck(False)
@cython.wraparound(False)
cdef void live_core(
    cnp.uint8_t[:,:] old_world,
    cnp.uint8_t[:,:] extended_world,
    cnp.uint8_t[:,:] new_world,
    cnp.uint8_t[:] states) nogil:       ◄──── 必须使用 nogil。
    cdef cnp.uint32_t x, y, i
    cdef cnp.uint8_t num_alive, max_represented
    cdef int size_y = old_world.shape[0]
    cdef int size_x = old_world.shape[1]
    get_extended_world(old_world, extended_world)

    for x in prange(size_x):            ◄──── 使用 prange 替换 range。
    for y in range(size_y):
        ...
```

代码就是如此简单。当然，这是因为我们在前面清理了所有与 GIL 相关的代码，已经做了很多工作。此外，还需要对 get_extended_world 函数进行注释：

```
@cython.boundscheck(False)
@cython.nonecheck(False)
@cython.wraparound(False)
cdef void get_extended_world(
        cnp.uint8_t[:,:] world,
        cnp.uint8_t[:,:] extended_world) nogil:
    ...
```

Cython 基于 OpenMP 提供了一些函数，使编写并行代码更加容易。使用这些函数的最基本要求是清除所有与 GIL 有关的调用。

我们主要关注的是 PythonGIL 和线程并行计算之间的相互作用。此外，还要关注基于 OpenMP 的 Cython 语法，以编写并行代码。这里涉及了并行计算的整个领域，介绍了在 Python 编程中实现并行线程处理的基本方法。但是，并行编程的内容远不止于此，建议读者查阅其他更多资源。

Cython 编程属于 C 范式。除了 Cython 的 OpenMP 功能，还存在其他基于 C 的并行库，只不过需要再向底层深入。

5.8　本章小结

- 对于复杂代码，原生 Python 和 CPython 无法实现高性能计算。
- 有许多加速 Python 代码的方法：使用优化过的库、底层语言、Numba，甚至是其他 Python 实现，如 PyPy。

- Cython 是 Python 的超集，可以编译成 C 语言，并提供类似 C 语言的计算速度，但不必学习新的编程语言。
- 可以用分析 Python 代码的类似方式对 Cython 代码进行分析。
- 编写高效的 Cython 代码需要对 Cython 变量进行注释，以提供类型提示。Cython 注释与标准 Python 的注释不同，有时还要分析从 Cython 生成的 C 代码。
- Cython 提供的 C 代码浏览器可使用户轻松识别与 Python 解释器存在交互的代码行，然后对该代码行进行改进。
- 尽可能清理与 CPython 存在交互的代码，甚至重构代码，以使高计算开销的内循环中不涉及 CPython 交互，这可以极大地提高 Cython 代码速度。
- 将 Cython 与 NumPy 集成，可对数组进行高效运算。使用内存视图等资源，可以让 Cython 直接操作 NumPy，从而绕过低效的 Python 解释器。
- 编写不涉及 CPython 的代码是避免使用 GIL 的关键步骤。如果能释放 GIL，Cython 代码就可以使用并行多线程编程。
- Numba 可作为 Cython 的备选方案。在很多情况下，使用 Numba 更容易，但 Numba 不像 Cython 可以定制。

第 **6** 章

内存层级、存储和网络

本章内容
- 高效利用 CPU 缓存和内存
- 使用 Blosc 访问压缩的数组数据
- 使用 NumExpr 加速 NumPy 表达式
- 为高速网络设计客户端/服务器端架构

硬件对性能有着举足轻重的影响。但硬件具体是如何影响性能的，往往并不显著。本章的目标是帮助你更好地理解代码速度是如何受到硬件影响的，以及如何调整硬件以提升性能。为了实现这个目标，我们将详解现代硬件和网络架构对 Python 高效数据处理的影响。

出于硬件的原因，在软件开发中有许多反直觉的现象。例如，在许多场景下，处理压缩数据反而比处理未压缩数据更快。传统经验告诉我们，比起直接处理数据，解压缩并分析数据的开销要大得多。毕竟，进行解压缩需要更多的计算。处理压缩数据反而更高效的原因究竟是什么呢？答案是我们看到的结果经过了现代硬件架构的特别处理。

为了充分发挥现代硬件的性能，需要了解是什么让一些默认做法变得如此反直觉。为了彻底理解，将首先从性能角度介绍现代计算机架构。这个话题本身就值得写一本书，所以我们只是将注意力集中在不太直观的特性上，从 CPU 缓存到广域网逐一探究内存层次结构，中间涉及 RAM、硬盘和局域网。

我们的目标是无论是从规模还是从速度上，让计算更快、处理存储更高效。了解现代硬件架构后，你会学习如何利用 Python 库充分发挥硬件的性能。首先，将探索 Blosc，它是一个高性能的二进制数据压缩库，可生成 NumPy 数组的紧凑表示，其访问时间几乎与未压缩的数组相同。在深入学习的过程中，你会发现合理使用 CPU 缓存可使压缩和解压时间相差无几。然后会学习 NumExpr，合理使用缓存来处理大型数组，加速 NumPy 表达式的运算。

最后，换个角度，讨论在基于高速局域网的集群或云上进行计算。用来进行数据分析的许多代码都是在集群或云上运行的，它们的网速非常快，所以知道如何在此类网络中进行编码很有用。

性能差异

因为本章重点关注硬件，鉴于设备差异，你得到的结果可能与我得到的结果有一定差异。适合我的计算机缓存，可能并不适合你的计算机。此外，如果你是在有用户界面的计算机上运行代码，由于所有其他进程与你的代码并发运行，可能导致无法预测缓存的使用情况。

本书介绍的所有基准都是在没有用户界面或其他大型进程的服务器上运行的。具体的规格为：Intel Xeon 8375C CPU @ 2.90 GHz 处理器，32 核，L1 缓存为 2 MB，L2 缓存为 40 MB，L3 缓存为 54 MB，DRAM 为 16 GB。我们将在 NumExpr 一节给出具体的示例，说明运算结果会随硬件的不同而导致巨大的差异。

首先回顾现代硬件结构，重点关注那些可能对高效 Python 编码产生反直觉影响的问题。本章需要安装 Blosc(conda install blosc)。如果你使用 Docker，主镜像中包含了所需的一切。

6.1　现代硬件架构如何影响 Python 性能

在这一节中，将深入探究现代硬件架构，重点关注硬件架构对高效 Python 开发的影响，这些影响不太直观却至关重要。硬件架构包括计算机内部的组件，涵盖 CPU、内存和本地存储，以及网络。当研究本地存储，特别是网络结构时，偶尔也会涉及系统软件架构问题，即文件系统和网络协议。这二者也可以轻易编写成几本书专门介绍，所以我们将把注意力放在对 Python 性能有直接影响的因素上，以及使用专门的 Python 库来解决这些问题。

我们将从一个看似普通的示例开始，希望能让你知晓硬件和系统问题是如何影响性能的，以及你能做些什么，能带来真实的益处。如果你想在一些不抱希望的运算中获得高达两个数量级的性能提升，请继续阅读。

6.1.1　现代架构对性能的反直觉影响

下面的小示例简单地取一个 NumPy 方形矩阵，并复制其中一行和一列的值。从性能角度，鉴于矩阵是正方形，复制行和复制列的时间应该完全一样。这应该是显而易见的！但结果如何呢？

为了进行验证，进行真实评估，代码如下所示：

```
import numpy as np

SIZE = 100

mat = np.random.randint(10, size=(SIZE, SIZE))
double_column = 2 * mat[:, 0]
double_row = 2* mat[0, :]
```

在 JuPyter 的 IPython 中，在最后两行代码前使用魔术命令%timeit，可以进行性能分析。

我们创建了一个随机矩阵，数值在 0 到 9 之间。矩阵大小一开始是 100。随后，矩阵大小将变为 1000 和 10 000。

同样，注意矩阵是方形的。这意味着 `double_column` 和 `double_row` 所需的运算数量相同。常识告诉我们，这是一个极其普通的问题，不值得花费时间，复制列或复制行的时间应该基本相同。但对于这个示例，常识是错误的。

从前面的代码开始，大小为 100 的正方形矩阵包含 10 000 个元素。因为整数默认用 8 字节表示，该矩阵有 80 KB。在我的计算机上，复制列需要的平均时间为 750 ns，复制行需要 715 ns。差异不大，而且考虑到运算粒度，差异可能是由分析工具造成的。到目前为止，以往的常识是正确的。

把矩阵的大小增加到 1000，此时它有 100 万个元素和 8 MB。复制列和行的时间分别变为 1.99 μs 和 1.5 μs。同样，差异并不大。

再把大小增加到 10 000。矩阵大约是 800 MB，所以要确保有足够的内存来执行运算。此时复制列需要 4.51 μs，而复制行需要 74.9 μs！

对于这个大型矩阵，复制列比复制行要快 16 倍，肯定有什么因素对硬件架构和 NumPy 内部表示施加了影响，才使得两个表面上相等的运算有超过一个数量级的性能差异！

这里有两个因素在起作用。其一是 CPU 缓存和主存之间的关系，其二是矩阵的内部表示。它们共同导致了性能上的差异。我们将在本章后面深入探讨这两个问题。

6.1.2　CPU 缓存如何影响算法效率

首先考虑瞬时内存。通常认为运算发生在 DRAM 中，但计算其实发生在 CPU 寄存器中(即最底层的内存)，并经过几层 CPU 缓存。表 6.1 展示了现代 CPU 的内存层级架构。

表 6.1　台式机的内存层级架构、内存大小和访问时间

类型	内存大小	访问时间
CPU		
L1 缓存	256 KB	2 ns
L2 缓存	1 MB	5 ns
L3 缓存	6 MB	30 ns
RAM		
DIMM	8 GB	100 ns

L1 缓存时间接近现代 CPU 的周期速度。2 GHz 意味 2×10^9 周期/秒，纳秒是 10^{-9} s。

如果 CPU 需要的数据能在 L1 缓存中找到(命中率)，则 CPU 和缓存的速度相对匹配。然而，使用 DRAM 意味着 CPU 会空闲很长时间，以等待获取数据，空闲时间也许占到全部时间的 90%。

现在就可以解释前面的示例，为什么对于正方形矩阵，复制列与复制行花费的时间相差巨大。假设有如下矩阵：

I11	I12	I13	I14
I21	I22	I23	I24
I31	I32	I33	I34
I41	I42	I43	I44

它在内存中是按顺序表示的:

I11	I12	I13	I14	I21	I22	I23	I24	I31	I32	I33	I34	I41	I42	I43	I44

当访问元素 I11 时,CPU 会将另外几个元素存入内存,而不是只有一个。所以,如果做运算 2*I11, 2*I12, 2*I13, 2*I14,就只有一次从内存到缓存的移动。但是,如果做运算 2*I11, 2*I21, 2*I31, 2*I41,因为它们不是连续的,每次做运算时都会有一次内存移动,这相对来说是一个大开销运算。因此,前者是四次复制运算花费一次内存移动,而后者是四次复制运算花费四次内存移动。

当然,我们的示例经过了简化。取决于矩阵大小和缓存大小,CPU 有可能在一次移动中获取所有数据。这就是为什么在小矩阵中,没有看到太大的时间差异。但是如果矩阵足够大,差异就变得非常明显,一个运算花费的时间可能比另一个运算大一个数量级。

提示

还有一个问题需要考虑,即矩阵的表示方法。可以让每一行是连续表示的,也可以让每一列是连续表示的。前者在基于 C 的代码中很常见,而后者在基于 Fortran 的代码中很常见。矩阵的表示方法对我们很重要,因为 NumPy 的后端可以用两种语言实现,所以必须留意后端实现,以设计访问数据的方式。

下面两节将演示如何使用 Blosc 和 NumExpr 两个库,来高效利用 CPU 缓存。

6.1.3 现代持久化存储

影响计算的另一个潜在因素是持久化存储。最常见的存储方式是本地存储,即硬盘驱动器(Hard Disk Driver,HDD)或固态驱动器(Solid Disk Driver,SDD)。持久化存储器的访问速度比瞬时存储器慢几个数量级:SSD 的访问时间在微秒级别,而 HDD 则在毫秒级别。这里不进一步讨论这个主题(第 8 章中会以不同的形式重新讨论),但请注意,下一节介绍的瞬时内存技术同样适用于存储。例如,在某些场景下,使用压缩文件反而比使用原始文件更快,解压缩的成本可能大大低于从磁盘读取更多(原始)数据的成本。

除了瞬时内存和本地持久化内存,我们还会接触远程存储和远程计算。从理论上讲,远程存储和远程计算比本地存储要慢得多。例如,当你在网络上访问存储服务器时,访问时间很长,而且不可预测。但是,现代本地计算集群可以有非常高速的骨干网。速度有多快呢?访问远程服务器的速度可能比从本地磁盘获取数据的速度还要快!我们将在下文讨论这个问题。你将看到在本地高速网络工作时,用来访问远程网络服务的标准网络协议可能不够快。

6.1.4　小结

我希望你从本节中得到一定启示，即关于计算和内存的一些陈旧想法可能是错误的。正如你所看到的，取决于内存的分配方式，表面上相同的运算可能有差异极大的开销。因此，如果想提高 CPU 效率，需要确保算法需要的信息尽可能靠近 CPU。此外，仅仅使用 DRAM 是不好的，因为访问它可能会导致 CPU 空载，导致 CPU 在多个周期内空闲。所以，要尽可能让数据位于 L1 缓存中。

但问题远不止于此。有时，即时解压数据(即使用大开销的解压算法)可能比使用原始数据更快。这正是 Blosc 的优势，我们将在下一节进行探讨。

6.2　使用 Blosc 进行高效数据存储

Blosc 是一个高性能压缩框架，借助它可使处理压缩数据比处理未压缩数据更快。这是如何实现的呢？上一节介绍过，如果 CPU 需要处理的数据位于 DRAM 中，则 CPU 大部分时间都会处于空闲状态。如果用于(解)压缩数据的 CPU 周期数足够少，以至于发生在 CPU 的空闲时间内，则压缩过程就可以看作"零开销"。

6.2.1　压缩数据以节省时间

为了展示在某些场景下处理压缩数据反而比原始数据更快，观察以下三种创建 NumPy 数组的替代方法，然后使用 NumPy 和 Blosc 从磁盘存储并检索数组。我们将比较每种方法对时间和磁盘空间的影响。这是个比看上去要复杂得多的任务。

创建数组并编写函数：

```
import os
import blosc
import numpy as np

random_arr = np.random.randint(
➥ 256, size=(1024, 1024, 1024)).astype(np.uint8)

zero_arr = np.zeros(shape=(1024, 1024, 1024)).astype(np.uint8)

rep_tile_arr = np.tile(
    np.arange(256).astype(np.uint8),
    4*1024*1024).reshape(1024,1024,1024)

def write_numpy(arr, prefix):                    ◄──── NumPy 支持磁盘存储。
    np.save(f"{prefix}.npy", arr)
```

```
        os.system("sync")


    def write_blosc(arr, prefix, cname="lz4"):
        b_arr = blosc.pack_array(arr, cname=cname)
        w = open(f"{prefix}.bl", "wb")
        w.write(b_arr)
        w.close()
        os.system("sync")


    def read_numpy(prefix):
        return np.load(f"{prefix}.npy")


    def read_blosc(prefix):
        r = open(f"{prefix}.bl", "rb")
        b_arr = r.read()
        r.close()
        return blosc.unpack_array(b_arr)
```

如果想向 Blosc 写入 NumPy 数组，需要将数组打包。

如果想从 Blosc 读取 NumPy 数组，需要将数组解包。

sync 会强制磁盘刷新。

　　首先创建了三个数组：一个数组中只有零，第二个数组是从 1 到 256 的数列，第三个数组是随机值。这三种数组类型代表了不同的压缩特点：压缩零数组非常快，压缩数列数组的速度较快，而随机数组则很难压缩。

　　然后，创建了一组辅助函数，用于读取数组并写入到磁盘。因为需要对写入函数的成本进行基准测试，对写入方法进行了调整，使用 sync.sync 强制操作系统刷新缓冲区。

　　接下来，对写入方法进行基准测试：

```
os.system("sync")
%time write_numpy(zero_arr, "zero")
%time write_blosc(zero_arr, "zero")
%time write_numpy(rep_tile_arr, "rep_tile")
%time write_blosc(rep_tile_arr, "rep_tile")
%time write_numpy(random_arr, "random")
%time write_blosc(random_arr, "random")
```

　　首先调用 sync，它将尽可能清理操作系统的 IO 缓冲区。然后，使用%time 对写入函数进行计时。对于写入部分，虽然使用%timeit 大概率是安全的，但是我们想避免操作系统对调用方法进行任何优化，以免难以解释测试基准。表 6.2 展示了结果。

表 6.2　使用 NumPy 和 Blosc 写入不同数组的时间(单位：s)

数组	NumPy	Blosc
zero	7.49	0.53
rep_tile	7.49	0.53
random	7.5	8.13

对于 zero 和 rep_tile 数组，Blosc 的速度约为 NumPy 的 15 倍。对于随机数组，NumPy 稍微快一些。在实际场景中，随机情况是最罕见的，因为表格中的数据往往具有某种模式，例如 zero 和 rep_tile 这两种情况。

在写入时间方面，Blosc 的效率更高。但是，Blosc 的磁盘空间占用情况如何呢？对于非常大的数据集，存储是另一个重要指标。对于 rep_tile，压缩后变小为 1/200。对于 zero，缩小为 1/250。随机数组压缩后，大小不变。

6.2.2　读取速度(和内存缓冲区)

接下来，检查读取速度。理论上这只是读取文件问题，但实际上没有这么简单。因为已经把数据写到磁盘上，操作系统可能已经把数据放到内存缓冲区中，从而影响了性能。换句话说，缓存会使分析产生偏差。为了进行公平的比较，需要确保是真的从磁盘读取，而不是从速度更快的内存缓冲区读取。所以，必须刷新缓冲区。

解决该问题的粗暴方法是重启计算机。另一个方法是指示操作系统使所有缓冲区失效，这种方法取决于操作系统。接下来，我将演示 Debian/Ubuntu 及其衍生版本采用的方法，该方法不适用于 Windows、Mac 或其他 Linux 发行版。如果你使用这些系统，则需要根据操作系统选择合适的方法。

作为根用户，使用以下命令：

```
sync; echo 3 > /proc/sys/vm/drop_caches
```

现在，数据不位于内存缓冲区中，再次读取数据：

```
%time _ = read_numpy("zero")
%time _ = read_blosc("zero")
%time _ = read_numpy("rep_tile")
%time _ = read_blosc("rep_tile")
%time _ = read_numpy("random")
%time _ = read_blosc("random")
```

表 6.3 展示了新的读取时间。

表6.3　使用 NumPy 和 Blosc 读取不同数组的时间(单位：s)

数组	NumPy	Blosc
zero	7.02	0.63
rep_tile	7.04	0.61
random	7.37	8.58

表 6.3 体现出与写入时间类似的规律。对于非随机数据，Blosc 明显快于 NumPy。因此，在数据量较大时，应使用 Blosc。

到此为止，我们尚未讨论压缩算法，使用的是默认算法。Blosc 提供了许多可选算法。

6.2.3 不同压缩算法对存储性能的影响

本节的目的不是要对现有算法及其基准速度进行比较。我只是想让读者知道存在不同的压缩算法,而且未来可能会有更多的算法加入。算法的使用方式和时机不同,体现出来的速度和效率也不相同。明确了这些,你就能够选择出最适合数据和需求的算法。为了展示性能的变化,比较 LZ4 和 Zstandard 这两种算法。

在此阶段,停止向磁盘写入数据,因为对写入数据进行基准测试是很棘手的。只进行存内运算,因为 Blosc 性能卓越,这里使用 Blosc 压缩数据。首先使用 LZ4 算法,再使用 Zstandard 算法:

```
%timeit rep_lz4 = blosc.pack_array(rep_tile_arr,          使用LZ4压缩算法创建
cname='lz4')                                              内存表示。
rep_lz4 = blosc.pack_array(rep_tile_arr, cname='lz4')
%timeit rep_std = blosc.pack_array(rep_tile_arr,
 cname='zstd')
rep_std = blosc.pack_array(rep_tile_arr, cname='zstd')    使用 Zstandard 压缩
print(len(rep_lz4) // 1024)                               算法创建内存表示。
print(len(rep_std) // 1024)
```

表 6.4 展示了压缩时间和大小。

表 6.4 使用 LZ4 和 Zstandard 的压缩时间和大小

	LZ4	Zstandard
时间(ms)	527	919
大小(KB)	5204	366

根据上一节的测试,LZ4 是标准 NumPy 的 1/200 倍,Zstandard 是标准 NumPy 的 1/2800 倍(LZ4 是 Zstandard 的 14 倍)。

除了提供各种算法,Blosc 还支持随时修改输入的表示方法,这能进一步减少压缩数据的大小。下一节介绍其原理。

6.2.4 探究数据表示以提高压缩率

假设数据中存在一定规律,例如序列中包含数字。假如数据中含有以下 8 位编码的数字序列:

```
3,4,5,6
```

这通常会以二进制方式编码为:

```
00000011/00000100/00000101/00000110
```

接下来,依次对每个数字的最高位进行编码,然后是第二高位,以此类推,直到每

个数字的第 8 位。最终得到：

```
00000000000000000000000111110011010
```

第二种模式看起来更有规律。这正是压缩器效率更高的原因。Blosc 正是使用了这种压缩方式，如下所示：

```
for shuffle in [blosc.BITSHUFFLE, blosc.NOSHUFFLE]:
        a = blosc.pack_array(rep_tile_arr, shuffle=shuffle)
        print(len(a))
```

重排后的版本为 4 600 034 字节，而未处理的版本为 5 345 500 字节。重排的速度稍慢，为 596 ms，而未处理的版本为 524 ms。

6.2.5　小结

合理使用内存架构和 CPU 处理可以加速一些基本的数组操作。在许多情况下，相较于原始数据，Blosc 能更快地访问压缩数据，并且数据集的存储空间更小。

再进一步，分析数据时也可以使用类似的技术。接下来，我们介绍 NumExpr 库。

6.3　使用 NumExpr 加速 NumPy

Blosc 是合理利用内存架构加速数据处理的案例之一。此外，可以使用 NumExpr 加速 NumPy 表达式进一步提高性能。

NumExpr 是 NumPy 的数值表达式评估器，速度比 NumPy 快。NumExpr 接收表达式，例如 a+b，并计算结果。区别在于，NumExpr 使用新引擎取代了 NumPy 的部分功能，新引擎能在处理大数据集时更高效地重组计算。NumExpr 使用的方法之一是以数据块的形式生成完整的中间表示，以适应 L1 缓存。

6.3.1　快速表达式处理

NumExpr 提高了评估表达式的性能，见以下示例：

```
import numpy as np
import numexpr as ne

a = np.random.rand(100000000).reshape(10000,10000)
b = np.random.rand(100000000).reshape(10000,10000)
f = np.random.rand(100000000).reshape(10000,10000)
.copy('F')

%timeit a + a
%timeit ne.evaluate('a + a')
%timeit f + f
%timeit ne.evaluate('f + f')
```

使用 Fortran 标准表示矩阵。

NumExpr 提供了处理表达式的评估函数。

```
%timeit a + f
%timeit ne.evaluate('a + f')
%timeit a**5 + b
%timeit ne.evaluate('a**5 + b')
%timeit a**5 + b + np.sin(a) + np.cos(a)
%timeit ne.evaluate('a**5 + b + sin(a) + cos(a)')
```

首先，创建三个方形矩阵。最后一个矩阵遵循 Fortran 标准。表 6.5 中展示了 `%timeit`测试的结果。

表 6.5　NumPy 和 NumExpr 的执行时间(单位：ms)

表达式	Numpy 平均时间	NumExpr 平均时间	加速倍数
a+a	224	58	3.8
f+f	224	58	3.8
a+f	577	153	3.7
a**5+f	1690	87	19.4
a**5+f+sin(a)+cos(a)	3840	153	25.1

NumExpr 的计算效率更高。对于 C 和 Fortran 两种不同格式之间的矩阵计算，消耗的时间更长。并且，随着表达式变得越来越复杂，因为存在更多的优化空间，NumExpr 对计算速度的提升越明显。

不过，这些只是 NumExpr 的正面示例。在某些情况下，NumExpr 可能导致性能降低，接下来会进行展示。首先从定性的角度讨论硬件引起的性能波动。

6.3.2　硬件架构的影响

正如我在本章开头提到的，你的结果可能与书中展示的结果存在很大差异。为了更加清晰地展示这一点，我使用一台进行写作的服务器进行对比(即，使用带有文本编辑器和 Linux GUI 的服务器)。因为存在大量进程同时访问缓存，所以完全不可能估算 L1 缓存，所以这里不考虑 CPU 缓存大小，以免产生误导。表 6.6 比较了服务器和笔记本电脑使用 NumExpr 进行算术运算的结果。

表 6.6　硬件架构对性能的影响：加速与硬件的关系

表达式	服务器加速	笔记本电脑加速
a+a	3.8	0.7
f+f	3.8	0.8
a+f	3.7	1.3
a**5+f	19.4	11.5
a**5+f+sin(a)+cos(a)	25.1	6.7

从表 6.6 可以发现，NumExpr 的性能优势被严重削弱了。事实上，对于某些运算，

NumExpr 的速度可能比 NumPy 慢。其中一个主要原因是 CPU 缓存，因为有很多进程在后端运行并争夺缓存。

提示

在运行大量其他应用程序的本地机器上(例如所有基于用户界面的应用程序，如文本编辑器或浏览器)，优化缓存不一定能大幅提高速度。CPU 缓存存在大量竞争，导致结果在不同运行环境中有很大差异。NumExpr 在服务器上表现出很好的性能，但在普通计算机上则一般。因此，对于利用 CPU 缓存的技术，一定要在服务器上进行测试。

这个示例证明，并不是所有场景都适合 NumExpr。接下来，具体阐述 NumExpr 不适合的场景。

6.3.3　不适合 NumExpr 的场景

NumExpr 在几种场景下可能导致性能下降，下面逐一进行讨论。

最重要的因素是数组的大小：NumExpr 在大型数组中表现更好。使用小型数组重复前面的示例：

```
small_a = np.random.rand(100).reshape(10, 10)
small_b = np.random.rand(100).reshape(10, 10)

%timeit small_a + small_a
%timeit ne.evaluate('small_a + small_a')
%timeit small_a**5 + small_b + np.sin(small_a) + np.cos(small_a)
%timeit ne.evaluate('small_a**5 + small_b + sin(small_a) + cos(small_a)')
```

NumExpr 加法的速度降低为 1/15，对于复杂表达式，NumExpr 的速度仍然要慢 30%。然而，这个问题并不严重，因为在大多数情况下，不会对小型数组进行优化。我们关注的是大数据。

NumExpr 性能下降的另一个原因，是在机器上执行基准测试时，机器上还运行有其他进程。相反，NumExpr 在服务器上的性能更好，因为服务器中应用程序的运行数量是可控的。这意味着在共享集群上(学术界很常见)，NumExpr 的性能又会发生变化。最后，NumExpr 只支持部分 NumPy 运算，无法提升其他运算的性能。

我们已讨论了几种优化内存的方法，接下来的重点是本地网络。访问现代本地网络的速度可能比访问本地存储的速度更快，这会对性能产生颠覆性的影响。

6.4　本地网络对性能的影响

当进行网络编程时，我们面对的是完全不同的环境。很多时候，假设网络的速度不稳定，还存在延迟和弹性问题。但在许多高性能场景中，例如使用本地网络时，这些假设并不适用。现代网络交换机支持高达 2 Tb/s 的干线通信，每个网络端口高达 56 Gb/s。作为参考，大多数本地磁盘只支持 6 Gb/s。在高性能本地网络中，与另一台计算机交互比与本地磁盘交互要快。如果你所处的节点位于高速网络中,请继续阅读。

通常的软件网络通信框架完全不能应对现代本地网络的速度。使用 HTTPS 的 REST 请求查询本地磁盘,往往效率不高。因为高性能本地网络比访问本地磁盘的速度更快,必须使用更高效的通信方式。

在设计解决方案之前,需要了解为什么普通方法的效率不高。这一节中,我们将实现粘贴仓(pastebin)服务的后端,但不使用 REST。粘贴仓服务支持存储文本片段,并通过网络与他人分享。在粘贴仓中,客户端用于发送文本进行存储和请求文本进行读取,服务器端用于存储文本并根据请求提供文本。读者可参考 Pastebin 网站 (https://pastebin.com/)。假设客户端和服务器运行在非常快的本地网络中。

6.4.1 REST 低效的原因

在设计高效的解决方案前,我们先了解 REST 的性能瓶颈。REST 中的客户端/服务器端通信通常使用 HTTPS 上的 JSON 有效载荷完成。JSON 是一种文本格式,因此需要解析时间和大量空间。HTTPS 使用公钥加密法对 HTTP 协议进行认证和加密。因此,HTTPS 在 HTTP 基础上做了许多工作。

HTTP 协议底层的网络协议是跨任务控制协议(Transmission Control Protocol,TCP)。TCP 在两个端点之间建立抽象连接。在我们的示例中,就是客户端和服务器。连接确保数据按顺序到达,且没有损失。不过,该 TCP 是开销很大的协议,对于高速网络尤其如此:仅仅建立 TCP 连接就需要在客户端和服务器之间往返至少三个数据包。

建立 TCP 连接后,需要使用传输层安全(Transport Layer Security,TLS)协议实现 HTTP 的安全部分。TLS 协议进行握手,需要在客户端和服务器端之间完成几个数据包的往返。因为 TLS 涉及密码学,所以是计算密集型的。不过,计算时间成本是相对的。在高速网络中,时间成本所占比例很高;如果客户端距离服务器端很远,则同样的计算时间在整个计算中可以忽略不计。

然后,就可以发送 JSON 载荷了,即需要解析的长文本。最后,关闭 HTTPS 和 TCP 连接。

从消息的角度讲,一次通信需要交换至少 20 个网络包,甚至更多。考虑到本地网络的速度,协议占用了绝大部分通信。接下来,实现通信中的两个核心功能,即请求和响应。

6.4.2 基于 UDP 和 msgpack 的客户端

本节实现一个简单的客户端。理解我们在实现过程中做出的权衡比理解代码更重要。首先编写客户端。客户端向粘贴仓服务器发送文本,然后再取回文本。如下所示:

```
import socket

host = '127.0.0.1'
port = 54321
```

创建新的 UDP、
SPCK_DGRAM 套接字。

```
sock = socket.socket(socket.AF_INET, socket.SOCK_DGRAM)
```

我们没有使用基于 TCP 协议栈的完整 HTTPS，而是用 UDP(User Datagram Protocol，用户数据报协议)取代了 TCP。UDP 不建立连接，只是发送数据包。可以将 UDP 看作邮政服务，将 TCP 看作电话服务。在邮政服务中，信件可能丢失、以错误的顺序递送、投递路线错误。在电话中，信息流是按顺序传递的，没有丢失的信息。从开销的角度看，UDP(邮政)比 TCP(电话)的成本低一些。

前面的代码片段使用底层模块 socket 创建 UDP 通信端。我们指定服务器地址为127.0.0.1，即本机地址，端口为 54321。

这个解决方案包含一些假设，如下所示：

- 如果不使用加密通道，则通信会被窃听或修改。当在本地高速网络中进行通信时，加密不是首要问题。如果网络本身面临安全威胁，则可能导致网络设施受到破坏。
- UDP 并不能确保数据包交付，也就是说 UDP 可能导致客户端和服务器端之间丢失数据。但是，相比于网络，丢失数据的问题在高速本地网络中比较罕见。尽管如此，还是有可能发生数据丢失，我们将在本章的最后一节解决该问题。

为了完成客户端，向服务器发送文本，并取回文本：

```
import msgpack          ◀────── 使用 msgpack 库编码复杂的数据结构。

def send_text(sock, text):
    pack = msgpack.packb({'command': 0, 'text': text})
    sock.sendto(pack, (host, port))
    text_id_enc = sock.recv(10240)
    return int.from_bytes(text_id_enc, byteorder='little')

def request_text(sock, text_id):
    pack = msgpack.packb({'command': 1, 'text_id': text_id})
    sock.sendto(pack, (host, port))
    text = sock.recv(10240)
    return text

text_id = send_text(sock, 'trial text')
returned_text = request_text(sock, text_id)
```

使用 msgpack 将字典
打包为字节数组。

收到服务器响应。

向服务器发送 UDP 消息。

使用函数 send_text 向服务器发送文本。该请求包括命令 0，说明请求中包含文本。我们可以更明确地对命令进行编码，例如使用字符串"存储文本"，但这样做会使代码冗长，还会降低效率。前面几节介绍过压缩文本的方法，此处也可以压缩文本，这有利于以后传输大量文本。

msgpack 没有对服务器响应进行编码。我们又不想得到存储文本的数字 ID，因此使用更简单的方法：用字节流重新创建整数。这样比 msgpack 更快。

函数 request_text 的命令代码为 1，msgpack 打包时包含数字 ID。发送信息后，我们将收到文本。

最后，向服务器发送文本，然后通过文本 id 获得响应文本。这样，就实现了服务器端。接下来，将改进客户端，使客户端不容易丢失数据。

6.4.3　基于 UDP 的服务器

基于内置模块 socketserver 实现服务器代码，该模块提供了基于 socket 的功能类：

```
import os
import socketserver

import msgpack                                    在类中实现服务器处理代码。

class UDPProcessor(socketserver.BaseRequestHandler):
    def handle(self):
        request = msgpack.unpackb(self.request[0])
        socket = self.request[1]                  创建处理方法。
        if request['command'] == 0:
            text = request['text']
            w = open(f'texts/{self.server.snippet_number}.txt', 'w')
            w.write(text)
            w.close()
            socket.sendto(self.server.snippet_number.to_bytes(
              4, byteorder='little'), self.client_address)
            self.server.snippet_number += 1
        elif request['command'] == 1:
            text_id = request['text_id']
            f = open(f'texts/{text_id}.txt')
            text = f.read()
            f.close()
            socket.sendto(text.encode(), self.client_address)

host = '127.0.0.1'
port = 54321

try:
    os.mkdir('texts')
except FileExistsError:
    pass
                                                  创建 UDP 服务器。
with socketserver.UDPServer((host, port), UDPProcessor)
  as server:
        server.snippet_number = 0
        server.serve_forever()                    为文本 id 初始化变量。
```

处理函数首先获取命令，以决定要进行的操作。存储请求将获取文本并将其写入磁盘。检索请求根据文本 id 获得相应的文本。

这段代码使用了 msgpack 和 UDP。现在，我们实现了服务器端和客户端。接下来，继续改进客户端。

6.4.4　为客户端添加超时机制

客户端发送消息并等待响应，但 UDP 并不能保证数据包成功发送，安全起见，需要添加超时机制。也就是说，在高性能本地网络中，应尽可能降低 UDP 数据包丢失的概率。

使用装饰器改进代码，如下所示：

```python
import functools

def timeout_op(func, max_attempts=3):
    @functools.wraps(func)
    def wrapper(*args, **kwds):
        attempts = 0
        while attempts < max_attempts:
            try:
                return func(*args, **kwds)
            except socket.timeout:
                print('Timeout: retrying')
                attempts += 1
        return None
    return wrapper

@timeout_op
def send_text(sock, text):
    ...

@timeout_op
def request_text(sock, text_id):
    ...

sock = socket.socket(
    socket.AF_INET,
    socket.SOCK_DGRAM)          为套接字设置超时时间。
sock.settimeout(1.0)
```

将装饰器应用于 `send_text` 和 `request_text`。默认情况下，套接字是阻塞的，也就是说，套接字会一直等待直到收到消息。所以，使用 `socket` 的 `settimeout` 使其成为非阻塞的，如果 1.0 s 后没收到消息则返回。因为网络足够可靠，大多数 UDP 数据包不会丢失，使用该超时机制足以满足客户端的需求。

也应该对服务器端做类似的处理。但在服务器端，重复操作会导致出现问题。如果在复制粘贴过程中保存了两次，将导致磁盘资源浪费。所以，一定要特别留意创建的各种操作，尤其是重复操作。

6.4.5　优化网络计算的其他建议

使用 UDP 能大大降低信息开销，但有时你可能需要使用 TCP，甚至 HTTPS，或其他基于 TCP 的协议。如果碰到这些情况，可遵循以下建议：

- 如果客户端向服务器发送多个请求，尽量让所有请求使用同一连接。这样，就只需付出一次建立和关闭连接的损耗。
- 有时，可以在消息波峰前预先打开 TCP 连接。这样就能在低负载的时间段内建立连接。这种技术和前面介绍的技术称作连接池，常用于数据库连接。
- 如果 UDP 太简单，而 TCP 太复杂，可以考虑使用最新的 QUIC 协议。QUIC 表示 "quick UDP internet protocol" (快速 UDP 网络连接)，该协议基于 UDP 进行了改进。

6.5　本章小结

- 注重内存架构是设计高性能程序的基础。大多数程序员或多或少对 RAM、磁盘存储和网络有一定了解，但往往不理解 CPU 缓存和瞬时 RAM 内存之间的关系。
- 访问 DRAM 内存会导致 CPU 空闲大量周期。使 CPU 缓存存储尽可能多的数据，可以大大提高处理速度。
- 避免 CPU 空闲的算法可能更高效，但这些算法有时不符合常理。例如，处理压缩数据可能比处理原始数据更快，因为(解)压缩算法的成本可能比从 RAM 获取(更大的)未压缩数据的成本要低。
- 在许多情况下，使用 Blosc 访问压缩数据比访问原始数据的速度更快。另外，使用压缩数据还能节省硬盘空间。
- 相比于 NumPy，NumExpr 处理 NumPy 表达式的速度更快，占用的内存更小。NumExpr 能合理利用 L1 缓存和其他方法提高代码速度，有时甚至能将运行速度提高 10 倍。
- 有的本地网络速度非常快，通过网络访问其他计算机比访问本地磁盘的速度还要快。
- 标准 REST API 速度慢、效率低，无法高效利用本地高速网络。
- 通过引入新方法可大幅提高网络通信的速度，例如选择适宜的传输协议(TCP 与 UDP)、不使用 HTTPS、使用速度比 JSON 更快的方式来序列化数据。

第Ⅲ部分

用于现代数据处理的应用和库

本书第Ⅲ部分主要探讨数据处理问题，涵盖广泛用于 Python 数据分析的库。首先讨论流行的数据分析框架 pandas。然后学习 Apache Arrow，这是最新的提高 pandas 处理速度的库，除此之外，Arrow 还能完成其他任务。接着，讨论能发挥出最高持久化性能的库，使用 Zarr 处理 N 维数组、使用 Parquet 处理数据帧。另外，针对数据量大于内存的数据集，还介绍相应的处理方法。

PyArrow。若未来 PyPI 中可用 pip install pyarrow 也行安装。如果你使用 Docker，可以用我写的 larsga2560/pyhton-performance-dask。

第7章

高性能 pandas 和 Apache Arrow

本章内容

● 优化 pandas 数据帧的内存占用
● 降低 pandas 运算的计算开销
● 使用 Cython、NumExpr 和 Numpy 加速 pandas 运算
● 使用 Apache Arrow 优化 pandas

pandas 实质上已成为数据分析的代名词。pandas 是用于分析数据帧和表格型数据的库，目前已成为 Python 中处理存内表格数据的事实标准。本章将使用两种方式优化 pandas，一种是直接优化 pandas，另一种是使用 Apache Arrow 优化 pandas。

Apache Arrow 提供了不局限于编程语言的强大功能，它能高效访问列型数据，在不同语言实现中共享数据，并将数据传输到不同进程甚至不同计算机上。Apache Arrow 能提高 pandas 的性能，通过更快的算法执行基本操作，如读取 CSV 文件，将 pandas 数据帧转换成底层语言的格式以加快处理速度，并增强序列化机制以在不同的计算机上传输数据帧。

首先介绍优化 pandas 的方法，重点是优化时间和内存。鉴于 pandas 是存内计算库，要确保 pandas 不占用过多内存。这不仅有利于分析复杂数据，而且在使用磁盘进行分析前，可以在内存中加载尽可能多的数据(第 10 章将讨论与磁盘有关的方法)。

接下来，将使用之前讨论过的库，NumPy、Cython 和 NumExpr，对 pandas 数据帧处理进行优化。由于 pandas 是基于 NumPy 的，使用 Cython 和 NumExpr 优化 pandas 很容易。

然后，介绍 Apache Arrow。首先，使用 Apache Arrow 对 pandas 标准算法进行优化。例如，在 Arrow 中读取大型 CSV 文件并将其转换为 pandas，并和 pandas 读取大型文件进行比较。然后，使用 Arrow 将数据帧高效地转换为其他底层编程语言，这样就可以使用更高效的算法提高处理速度。

接下来，首先对标准 pandas 的数据加载进行优化。如果你使用 conda，需要安装

PyArrow。写作本书时,可使用 `pip install pyarrow` 进行安装[1]。如果你使用 Docker,可使用镜像 `tiagoantao/python-performance-dask`。

7.1 优化数据加载的内存和时间

第一个任务是优化内存占用和 pandas 数据帧的加载速度。下一节将优化数据分析操作。在示例中,将使用纽约出租车行驶记录。纽约出租车和豪华轿车委员会(New York City Taxi and Limousine Commission,TLC)公布了行驶数据集,地址是 http://mng.bz/516D。我们将使用 2020 年 1 月的出租车数据,该数据包括每次打车的信息,包括开始和结束时间、乘客人数、车费金额、小费等。

首先将数据下载到本地。虽然 pandas 可以从远程直接下载数据,但从网络下载数据需要一定时间。为了避免浪费时间,最好预先将其下载到本地。另外,持续访问数据服务器会消耗服务器资源。本节目标有两个:第一是确定 pandas 加载整个表和不同列需要多少内存,第二是减少内存占用。若要下载全部 566MB 的数据,可使用命令 `wget https://tiago.org/yellow_tripdata_ 2020-01.csv.gz`。

7.1.1 压缩数据与未压缩数据

首先加载数据(代码位于 07-pandas/ sec1-intro/read_csv.py):

```
import pandas as pd
df = pd.read_csv("yellow_tripdata_2020-01.csv")
```

在我的计算机上,读取数据大约需要 10 s。前几章介绍过,压缩数据可能提高处理效率。使用 xz 压缩文件并再次加载数据。你需要安装 xz,然后如下加载 `yellow_tripdata_2020-01.csv.xz`:

```
df = pd.read_csv ("yellow_tripdata_2020-01.csv.xz")
```

pandas 能通过扩展名推断压缩类型,用户也可以修改扩展名。在我的计算机上,读取压缩数据用时 15 s。虽然耗时增加,但压缩后的文件大小只有 74MB,减少为 1/7。使用压缩数据后,无法减少读取时间,所以不得不在磁盘空间和加载时间二者中进行权衡。权衡决策取决于具体问题的需求。在后文介绍 Apache Arrow 时,还会讨论加载数据的问题。表 7.1 对比了不同算法的时间和压缩数据大小。硬件对加载时间也存在影响,这里的重点是在不同压缩程序之间进行对比。根据具体情况,你可能需要尽快读取数据,或者尽量节省磁盘空间。

---

1 译者注,现在,除了 pip install pyarrow,还可使用 conda install -c conda-forge pyarrow 安装 PyArrow。

表7.1　压缩CSV数据对文件大小和pandas打开时间的影响

压缩算法	读取时间(s)	大小(MB)
None	10	566
gip	12	105
bzip2	26	103
xz	15	74

数据对不同压缩算法也存在影响，所以一定要用真实数据进行测试。

小结

在这个示例和本章中，重要的不是具体数字，而是根据不同实现和算法的结果对比，总结其规律。在加载数据时，有两点对于优化内存和加载时间至关重要。首先，深入了解底层算法，而不是浮于表面，能使你对性能做出合理预估。其次，应该对问题进行具体分析，以判断是节约时间还是节约内存。

7.1.2　推断列的类型

加载数据时，你可能得到如下警告(pandas 1.0.5 版本中出现过该警告)：

```
DtypeWarning: Columns (6) have mixed types. Specify the dtype option on
⇒ import or set low_memory=False
```

这条信息表明数据加载器不能正确推断出所有列的类型。

警告

不要听从 pandas 的警告建议设置 low_memory=False。如果数据量很大，代码很可能耗尽内存，甚至导致系统崩溃。

该警告信息指出列的数据类型不够明确。例如，将整数列设置为对象，将导致占用更多内存。后文将展示更多具体示例。

在具体分析每一列前，首先分析整个数据帧使用了多少内存。除了前面章节介绍的方法，pandas 还提供了专有方法，如下所示：

```
df.info (memory_usage="deep")
```

对输出进行简化，如下所示：

```
<class 'pandas.core.frame.DataFrame'>
RangeIndex: 6405008 entries, 0 to 6405007
Data columns (total 18 columns):
 #   Column               Dtype
---  ------               -----
 0   VendorID             float64
 1   tpep_pickup_datetime object
 2   tpep_dropoff_datetime object
```

```
 3   passenger_count          float64
 4   trip_distance            float64
 5   RatecodeID               float64
 6   store_and_fwd_flag       object
 7   PULocationID             int64
 8   DOLocationID             int64
 9   payment_type             float64
...
17   congestion_surcharge     float64
dtypes: float64(13), int64(2), object(3)
memory usage: 2.0 GB
```

我们得到了每一列的类型信息、条目数量和内存使用情况。对于这个示例，566 MB 的文件却占用了 2 GB 的内存！对于文本载入，这占用了极大的空间。

接下来，检查每一列的内存占用情况，以及唯一值的数量：

```python
def summarize_columns(df):
    for c in df.columns:
        print(c, len(df[c].unique()),
            df[c].memory_usage(deep=True) // (1024**2), sep="\t")


summarize_columns()
```

输出简化后，如下所示：

```
tpep_pickup_datetime      2134342   object     464
passenger_count           11        float64    48
trip_distance             5606      float64    48
RatecodeID                8         float64    48
store_and_fwd_flag        3         object     401
PULocationID              261       int64      48
payment_type              6         float64    48
fare_amount               5283      float64    48
improvement_surcharge     3         float64    48
total_amount              12488     float64    48
congestion_surcharge      8         float64    48
```

类型为对象的各列占用 400 MB 以上内存(关于内存大小的细节，见第 2 章)。float64 的每个浮点数需要 64 位，即每个值需要 8 字节，因此需要 48 MB。int64 类型也是如此。通过改变列的类型，可以显著减少内存占用。

首先处理 tpep_pickup_datetime 和 tpep_dropoff_datetime。这两列都是带有时间的日期。可以用 df["tpep_pickup_datetime"].head() 检查这两列。将这两列转换为 datetime 格式：

```python
df["tpep_pickup_datetime"] = pd.to_datetime (df["tpep_pickup_datetime"])
df["tpep_dropoff_datetime"] = pd.to_datetime (df["tpep_dropoff_datetime"])
```

仅仅通过转变数据类型，就使每列从 464 MB 减少到 48 MB，数据帧从 2 GB 减少到 1.2 GB。这个示例说明了使用正确数据类型的重要性。

另外，有些变量是离散的，值的数量不多。例如，payment_type 只有 6 个数值，但类型却是 8 字节的 float64。将其转换为单字节：

```
import numpy as np
df["payment_type"] = df["payment_type"].astype(np.int8)
```

8 位有符号整数的类型来自 NumPy。当然，pandas 也是基于 NumPy。

不过，转换为 np.int8 的尝试将会发生错误。如果检查这一列，会发现其中除了有数值，还存在缺失(Not Available，NA)值。可以将 NA 值重新编码为 0，因为 0 没有其他用途；如果使用了 0，则需要选择另一个值：

```
df["payment_type"] = df["payment_type"].fillna(0).astype(np.int8)
```

通过这一步，可将列从 48 MB 减少到 6 MB，和预期一样，即将每个值从 8 字节减少到 1 字节。有六列可以从 64 位缩减到 8 位，有两列可缩减为 16 位。这样又能减少 450 MB。这样，总共缩减了大约 750 MB。

这个示例比较简单，编码和处理缺失值其实很复杂，通常不容易解决。处理复杂的列往往很费精力。

store_and_fwd_flag 列就比较复杂。该列是布尔值，因为存储票价的服务器不可用，它表明票价是否存储于车辆内存中。对于布尔列中的缺失值，很难判断是真还是假。如果不存在缺失值，可以将该列表示为 boolean，每个值需要 1 比特。因为需要表示第三种状态，必须使用可用的数据容器，其宽度为 8 位。因此，处理缺失值将导致该列内存增加到原先的 8 倍。如下所示：

```
df["store_and_fwd_flag"] = df["store_and_fwd_flag"].fillna(" ").apply(ord)
⇒ .apply(
    lambda x: [32, 78, 89].index(x) - 1).astype(np.int8)
```

将 NA 转换为空格，并得到每个字符的 ASCII 值：32 表示空格，78 表示 N，89 表示 Y。通过索引函数，将 NAs(32)编码为-1，N(78)编码为 0，Y(89)编码为 1。

小结

对于如何表示缺失值，下一章在讨论持久化和 Parquet 文件格式时还会进行讨论。现在，只需要知道，一旦列数据的类型超过了必要的范围，就会导致内存浪费(也降低了运算速度)：数据类型越广，内存占用就越大，操作速度就越慢。修改列的类型能极大地减少内存占用，但并不是一项简单的任务。

7.1.3　数据类型精度的影响

另一种减少内存占用的方法是使用相同的数据类型，但降低精度。例如，可以将现金值从 float64 转换为 float32(即将双精度转换为单精度)，这样就能减少 50%的内存：

```
df["fare_amount_32"] = df["fare_amount"].astype(np.float32)
```

现在，需要评估降低精度对数值表示的影响。使用如下方法：

```
(df["fare_amount_32"] - df["fare_amount"]).abs().sum()
```

计算双精度和单精度的数值差。计算前，必须先将其转换为绝对值，以获取准确的结果。数据帧的总误差为 0.063 美元：

```
df = pd.read_csv(
  "yellow_tripdata_2020-01.csv.gz",        指定各列的类型。
    dtype={
        "PULocationID": np.uint8,           将 64 位的列转换为 8 位。
        "DOLocationID": np.uint8
        },
    parse_dates=[
        "tpep_pickup_datetime",            使用不同方法指定日期类型。
        "tpep_dropoff_datetime"],
    converters={
        "VendorID":
          lambda x: np.int8(["", "1", "2"].index(x)),    将 VendorID 转换为 np.int8。
        "store_and_fwd_flag":
             lambda x: ["", "N", "Y"].index(x) - 1,
        "payment_type":
          lambda x: -1 if x == "" else int(x),
        "RatecodeID":
          lambda x: -1 if x == "" else int(x),
        "passenger_count":
          lambda x: -1 if x == "" else int(x)
    }
)
```

创建多个转换器，重新编码 NA 值。

现在，使用 df.info(memory_usage="deep")，可知占用了 757.4 MB 的内存。但是，大多数数值类型具有 64 位的长度，包括 VendorID。使用 np.int8 将其封装起来，这显然是徒劳的。

有几列还可以变得更小。因为不必特别精确，可以将所有 64 位的浮点数减少到 16 位，还可以将所有 64 位整数减少到 8 位。这是因为在该示例中，8 位整数的数值范围 (-128~127)已经足够了：

```
for c in df.columns:
    if df[c].dtype == np.float64:
        df[c] = df[c].astype(np.float16)
    if df[c].dtype == np.int64:
        df[c] = df[c].astype(np.int8)
```

到此为止，占用的内存从 2 GB 降到了 250.4 MB，取得了很大成效。

7.1.4　重新编码和压缩数据

如果真的需要，还可以进一步改进。例如，有几列只使用了少量的数值。先查找这些列：

```
for c in df.columns:
    cnts = df[c].value_counts(dropna=False)
    if len(cnts) < 10:
        print(cnts)
```

value_counts 返回每
个值出现的次数。

筛选出唯一值小于 10 的列。

打印出唯一值小于 10 的列，除了 10，也可以选择其他值。我们已经优化了其中的一些列，但有两列是 16 位浮点数，还可以进行优化。列 improvement_surcharge 只有三个不同值 0、0.3 和-0.3，例如，可以将其重新编码为 0、-1 和 1，然后再转换回来。列 congestion_surcharge 只有-2.5、-0.75、0.5、0.0、0.5、0.75、2.0、2.5 和 2.5 这些值。一种方法是用类似的整数序列表示它们，但更简便的方法是将这些数值都乘以 4，就变成了整数，用 8 位整数进行表示，再通过除以 4 对其进行解码。

最后，还有一个节约内存的终极解决方案：不必加载不需要的部分数据。对于接下来的任务，只需加载上下车日期时间和拥堵附加费。使用 pandas 进行部分加载，如下所示：

```
df = pd.read_csv(
    "yellow_tripdata_2020-01.csv.gz",
    dtype={
        "congestion_surcharge": np.float16,
        },
    parse_dates=[
        "tpep_pickup_datetime",
        "tpep_dropoff_datetime"],
    usecols=[
        "congestion_surcharge",
        "tpep_pickup_datetime",
        "tpep_dropoff_datetime"],
)
```

通过减少加载的列的数量，并对其中一些列进行转换，这段代码只需要 109.9 MB 的内存，大约是初始 2 GB 要求的 5%。

使用 inplace=True 的不安全性

大多数 pandas 方法都支持原地修改现有的数据结构，而不是返回新的数据帧或序列。这种方法以丢失原始数据为代价，可节省一半内存。例如，可以用以下方法删除所有带 NA 值的行：

```
new_df = df.dropna()
```

这个方法会生成三个数据帧，占用两倍的内存。另外，你还可以使用：

```
df.dropna(inplace=True)
```

这将改变原始数据帧的状态，只可用于部分情况。但在很多情况下，可以将原地处理作为简化的解决方案，它可使内存消耗减少一半。

不过要注意，在执行操作的过程中，pandas 会给两个数组分配空间。所以，在执行过程中，内存需求会翻倍。除了使用 inplace，还可以在使用常规方法后，使用 del 进行删除。

Arrow 通过 self_destruct 参数提供了更高效的精益化内存管理方法，将在本章后面进行介绍。

本节示例展示了选择适宜的列数据类型的重要性。在实践中，pandas 加载器支持在加载数据时就完成这些工作：

```python
df = pd.read_csv(
    "yellow_tripdata_2020-01.csv.gz",      # 指定部分列的数据类型。
    dtype={
        "VendorID": np.int8,
        "trip_distance": np.float16,
        "PULocationID": np.uint8,
        "DOLocationID": np.uint8,
    },
    parse_dates=[                          # 对日期进行专门处理。
        "tpep_pickup_datetime",
        "tpep_dropoff_datetime"],
    converters={                           # 加载数据时进行转换。
        "VendorID":
            lambda x: np.int8(["", "1", "2"].index(x)),
        "store_and_fwd_flag":
            lambda x: ["", "N", "Y"].index(x) - 1,
        "payment_type":
            lambda x: -1 if x == "" else int(x),
        "RatecodeID":
            lambda x: -1 if x == "" else int(x),
        "passenger_count":
            lambda x: -1 if x == "" else int(x)
    }
)
```

注意，整数和浮点数类型是较大的数据类型，所以可能需要对其进行降级处理。现在，已经将数据高效地加载到内存中，接下来介绍高效进行数据分析的方法。

小结

我们通过一系列示例证明选择适宜的数据类型可以减少内存使用量。两种简便的方法是缩小数据类型和扩大精度。

关于这两种方法，其中还有一些细节，将在后文再进行讨论。压缩数据量和数据表示是本书最后一章的重点内容之一。

一般来说，不需要在加载后再对数据进行类型转换，pandas 会负责处理。在下一个示例中，将使用 read_csv 完成加载时的大部分转换工作。

7.2　高效数据分析方法

这一节中，我们利用纽约市出行数据进行一些统计分析。例如，分析小费占付款总数的比例。我们不会专注于统计分析方法，因为这不是一本关于数据科学的书。相反，重点是讨论高效访问信息的方法，并进行分析，介绍数据帧的索引方法和迭代行的策略。

首先加载数据，只需要三个字段(代码位于 07-pandas/sec2-intro/index.py)：

```
df = pd.read_csv(
    "yellow_tripdata_2020-01.csv.gz",
    dtype={
        "congestion_surcharge": np.float16,
        },
    parse_dates=[
        "tpep_pickup_datetime",
        "tpep_dropoff_datetime"],
    usecols=[
        "congestion_surcharge",
        "tpep_pickup_datetime",
        "tpep_dropoff_datetime"],
)
```

7.2.1　使用索引加速访问

访问特定上车时间的所有记录：

```
df[df["tpep_pickup_datetime"] == "2020-01-06 08:13:00"]
```

在我的计算机上，`timeit` 测得的平均值是 17.1ms。还可以对数据帧排序后，再访问数据：

```
df_sorted = df.sort_values("tpep_pickup_datetime")
df_sorted[df_sorted["tpep_pickup_datetime"] == "2020-01-06 08:13:00"]
```

不过，改变方法后，时间并没有太大的变化：pandas 在获取行时，没有利用列的排序。如果使用索引，则执行时间会有很大变化：

```
df_pickup = df.set_index("tpep_pickup_datetime")
df_pickup_sorted = df_pickup.sort_index()
df_pickup.loc["2020-01-06 08:13:00"]
df_pickup_sorted.loc["2020-01-06 08:13:00"]
```

这段代码中，在列 `tpep_pickup_datetime` 上设置了索引。如果不对数据帧进行排序，仍然使用 `df_pickup`，就没有任何改进。但是对于 `df_pickup_sorted`，不仅设置了索引还对列 `tpep_pickup_datetime` 进行了排序，访问时间为 395 µs，比初始值快了 40 多倍。

对于这个解决方案，有很多注意事项，最明显的一点是它只能用在索引上。因此，对于另一个字段，必须在其他列上建立索引，或者设置多列索引。因此，使用索引并不是通用解决方案，示例也表明需要合理构建索引。使用索引时，其实是用查询一致性来换取速度提升。例如，如果想查询所有支付了拥堵附加费的乘车情况，可使用如下代码：

```
df[
    (df["tpep_pickup_datetime"] == "2020-01-06 08:13:00") &
    (df["congestion_surcharge"] > 0)]
```

注意，这里使用相同的方法处理两列。

但如果其中一列有索引，则可以使用如下代码：

```
my_time = df_pickup_sort.loc["2020-01-06 08:13:00"]
my_time[my_time["congestion_surcharge"] > 0]
```

提示
本节介绍的索引参数都可以用于框架连接(df.join)，可以大幅提高性能。

初步了解索引之后，接下来在整个数据集上计算小费占到总金额的平均比例。

7.2.2 行的迭代方法

这一节，将使用不同方法遍历数据帧。我们将计算数据集中小费所占的比例，这需要遍历所有记录以获得小费和总金额。

首先读取数据，删除总金额为零的所有条目(代码位于 07-pandas/sec2-speed/traversing.py)：

```
df = pd.read_csv ("../sec1-intro/yellow_tripdata_2020-01.csv.gz")
# ^^ replace

df = df[(df.total_amount != 0)]
df_10 = df.sample(frac=0.1)
df_100 = df.sample(frac=0.01)
```

注意，我们对原始数据帧进行了 10%和 1%的降采样,这有助于后面进行的性能测试。

先使用传统Python方法中for循环进行遍历(即不使用基于pandas或NumPy的方法,如矢量化)：

```
def get_tip_mean_explicit(df):
    all_tips = 0
    all_totals = 0
    for i in range(len(df)):          ◄──────  使用行号进行 for 循环。
        row = df.iloc[i]
        all_tips += row["tip_amount"]  ◄──────  根据位置访问各行。
        all_totals += row["total_amount"]
    return all_tips / all_totals
```

没有 pandas 或 NumPy 经验的 Python 开发者通常会使用以上代码。这段代码的性能很糟糕，使用 `timeit` 对其进行测试[1]，需要耗时数分钟。

有两种基于 `for` 循环的方法可以改善性能。第一种是基于数据帧的 `iterrows` 方法：

```
def get_tip_mean_iterrows(df):
    all_tips = 0
    all_totals = 0
    for i, row in df.iterrows():
        all_tips += row["tip_amount"]
        all_totals += row["total_amount"]
    return all_tips / all_totals
```

这段代码仍然使用 `for` 循环，但使用了 pandas 迭代器，可返回当前位置和行。性能稍有改善，但仍然不理想。

提示

如果你刚开始接触 pandas 和 NumPy，仍然习惯用 `for` 循环执行计算是非常正常的。等熟悉之后，应该使用其他方法，如矢量化(后文会介绍更多示例)。但在短期内，应避免使用显式和基于 `iterrows` 的方法。在所有基于 `for` 循环的方法中，`itertuples` 最有可能节省最多的时间。不过，你应该尽快掌握 pandas 的显式迭代。

最后的 `for` 方法基于 `itertuples`，我们使用迭代器，使每行返回一个元组：

```
def get_tip_mean_itertuples(df):
    all_tips = 0
    all_totals = 0
    for my_tuple in df.itertuples():
        all_tips += my_tuple.tip_amount
        all_totals += my_tuple.total_amount
    return all_tips / all_totals
```

方法大体一致，但平均运行时间下降到了 18 s。

接下来，考虑基于 pandas 的方法。首先介绍 `apply`，它在概念上类似于能单独处理每一行的映射函数：

```
def get_tip_mean_apply(df):
    frac_tip = df.apply(
        lambda row: row["tip_amount"] / row["total_amount"],
        axis=1
    )
    return frac_tip.mean()
```

可以在(默认的)列和(示例中的)行调用 apply。默认的 0 轴会对列进行处理，1 轴会对行进行处理。

使用数据帧的 mean 函数计算平均值。

使用 `apply` 可将运行时间减少到 9.5 s，是之前方法的一半时间。

讨论矢量计算之前，再尝试另一种 `apply` 方法：

```
def get_tip_mean_apply2(df):  # df_10: 14.9s
    frac_tip = df.apply(
```

1　如果你尝试运行该示例，可使用降采样数据集 `df_10` 和 `df_100`，这样运行时间不会过长。

```
        lambda row: row.tip_amount / row.total_amount,
        axis=1
    )
    return frac_tip.mean()
```

区别在于，我们使用 row.tip_amount 和 row.total_amount，而不是 row
["tip_amount"] 和 row["total_amount"]。与字典方法相比，基于对象属性的方
法实际上要慢一些。在我的计算机上，平均运行时间是 14 s。

提示

pandas 版本不同，各个方法的运行时间也会不同。不同方法访问行对象上的值也会
受到影响。所以，如果性能不佳，一定要对不同的算法(for、apply、矢量化等)和对象
访问方式(查询对象属性与字典)进行基准测试。不要局限于本书介绍的内容。

现在，介绍使用 pandas 进行计算的最佳方法。矢量化方法如下所示：

```
def get_tip_mean_vector(df):
    frac_tip = df["tip_amount"] / df["total_amount"]
    return frac_tip.mean()
```

从数据帧提取 tip_amount 序列，除以 total_amount 序列。然后，使用 mean
方法求平均值。运行时间下降了几个数量级，平均时间变为 32 ms。

这个示例比较简单，目的是展示行的不同迭代方法。对于更复杂的计算，最好使用
矢量化方法。或者，可以将计算分成若干部分，对其中一部分进行矢量化计算。然后，
再提高其他部分的计算效率。

小结

数据加载是经常被忽视的环节。但使用得当的话，却能优化内存，并提高后续运算
的速度。加载数据时，正确输入列的类型是主要的内存优化方法，降低精度也能提高效
率。加载数据时，pandas 就能对数据类型进行处理，不必进行后处理。

加载数据后，还需要重视访问数据的环节，该环节可以节省大量时间。有两个提高
访问数据效率的策略。首先，可以使用索引，但索引存在一些缺点。其次，可以使用行
迭代。某些对数据帧进行迭代的方法比其他方法快。通用准则是，行分析应该以声明的
方式进行：尽可能使用矢量计算，避免显式迭代。介绍过原生 pandas 的优化方法后，接
下来使用更底层的方法进行优化。

7.3 基于 NumPy、Cython 和 NumExpr 的 pandas

在接下来的几节中，将简要讨论 NumPy(第 4 章)、Cython(第 5 章)和 NumExpr(第 6
章)，并从 pandas 的角度研究 NumPy、Cython 和 NumExpr，利用它们提高数据分析的性
能。本节仍使用上一节的示例：计算每笔车费中小费的比例。

7.3.1　显式使用 NumPy

上一节使用的方法都是隐式 NumPy 方法，即基于 NumPy 使用 pandas。除此之外，也可以显式使用 NumPy。

首先获取序列的 NumPy 底层表示，然后进行 NumPy 运算(代码位于 07-pandas/sec3-numpy-numpexpr-cython/traversing.py)：

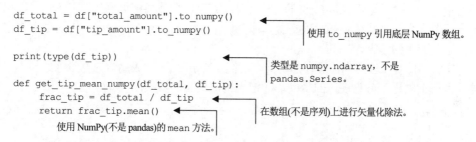

```
df_total = df["total_amount"].to_numpy()
df_tip = df["tip_amount"].to_numpy()

print(type(df_tip))

def get_tip_mean_numpy(df_total, df_tip):
    frac_tip = df_total / df_tip
    return frac_tip.mean()
```

使用 to_numpy 引用底层 NumPy 数组。

类型是 numpy.ndarray，不是 pandas.Series。

在数组(不是序列)上进行矢量化除法。

使用 NumPy(不是 pandas)的 mean 方法。

在我的计算机上，基于 NumPy 的矢量化代码的运行时间为 11 ms，而矢量化的 pandas 版本的运行时间为 35 ms。前面的操作仅对 NumPy 数组有效，无法用于 pandas 序列[1]。

提示

to_numpy 方法可返回对底层 pandas 数组的引用。如果你想使用副本进行修改，不影响原始数据，可以使用 to_numpy(copy=True)。不过，复制会使内存的使用量增加一倍，而且复制也会有时间成本。

7.3.2　基于 NumExpr 的 pandas

除了使用 pandas 的查询引擎，还可以使用 NumExpr 查询数据。NumExpr 是一个表达式求值器，其性能大大优于 NumPy。这不仅是因为 NumExpr 具有高效的多线程实现，而且还由于 NumExpr 能合理使用内存，可基于 CPU 缓存完成大量计算。更多的 NumExpr 细节，请参考前一章。

下面是简单的 NumExpr 实现：

```
def get_tip_mean_numexpr(df):
    return df.eval("(tip_amount / total_amount).mean()", engine="numexpr")
```

pandas 扩展了 NumExpr 方法，支持数据帧和序列。示例中，在评估字符串中引用了 tip_amount 和 total_amount 两列，它们被解析为相应的 pandas 列。在本地命名空间中也可以使用 pandas 的 eval 功能。例如，前面的代码可以重新实现如下：

```
def get_tip_mean_numexpr(df):
```

---

1 从 Python 的角度看，区别只限于概念。如果你向函数传递序列，代码也可以运行，但要使用 pandas 对象。这里仅提出一个实现，但其实还存在其他方法。

```
return pd.eval("(df.tip_amount / df.total_amount).mean()", engine="numexpr")
```

eval 调用可以引用多个数据帧，还可以使用非 pandas 变量。对于细节，可以参考 pandas 网站上的 eval 文档(http://mng.bz/aMAX)。

这个方法的性能与矢量化处于同一水平，大约 35 ms。比 NumPy 方法的 11 ms 要慢很多。原因是什么呢？

首先，将字符串解析为可执行代码是有成本的。前一章介绍过，只有当需要处理的数据量足够大时，使用 NumExpr 的开销才能被抵消。但需要根据具体情况评估"数据量是否足够大"，也就是必须对数据做具体分析。在这个示例中，我们使用的数据集足够大。这是怎么回事呢？

字符串的复杂性越高，缓存的访问率越高，NumExpr 生成高效计算策略的能力就越强。考虑下面这个特意设计的示例，即把小费比例相加四次：

```
tip_amount / total_amount + tip_amount / total_amount + tip_amount / total_amount +
tip_amount / total_amount
```

下面分别是 NumPy 和 NumExpr 的实现：

```
def get_tip_mean_numpy4(df_total, df_tip):
    frac_tip = (
        df_total / df_tip +
        df_total / df_tip +
        df_total / df_tip +
        df_total / df_tip )
    return frac_tip.mean()

def get_tip_mean_numexpr4(df):
    return df.eval(
        "tip_amount / total_amount +"
        "tip_amount / total_amount +"
        "tip_amount / total_amount +"
        "tip_amount / total_amount", engine="numexpr").mean()
```

唯一改变的是字符串的复杂性。NumPy 方法的时间变为 55 ms，而 NumExpr 则保持为 35 ms。这并不是说 NumExpr 性能和字符串复杂性无关，而是再次展示了前一章的结论：如果代码实现能够尽可能使用 CPU 缓存、避免使用 DRAM，就能获得明显的性能提升。

小结

NumExpr 在处理大数据量和复杂字符串时效率更高。在第一个方法中，NumExpr 的表现比 NumPy 和 pandas 差。这又一次说明，你不应该总是使用"最好"的方法，而应该针对数据集和算法进行评估，使用最有效的解决方案。所以，本书所介绍的最复杂、最优雅的 NumExpr 方法，并不是万金油方法。接下来，利用 Cython 提高 pandas 的性能。

7.3.3　Cython 和 pandas

这一小节，使用 Cython 重构小费示例代码，并做代码分析。这一小节并不长，因为 Cython 和 pandas 之间真的没有关联。因此，只能基于 NumPy 使用 Cython，如图 7.1 所示。所以，如果你掌握了 Cython 一章的内容，应该对下面的代码很熟悉。我们将使用前面介绍的方法，用 Cython 重构代码。

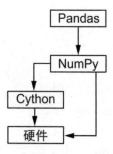

图 7.1　pandas 通过 NumPy 使用 Cython

纯 Python 调用代码如下所示(代码位于 07-pandas/sec3-numpy-numpexpr-cython/ traversing_cython_top.py)：

```
import pandas as pd
import numpy as np
                              使用 pyximport 进行导入。
import pyximport
                              使用 NumPy 的插入
pyximport.install(           文件功能。
    setup_args={
        'include_dirs': np.get_include()})

import traversing_cython_impl as cy_impl

df = pd.read_csv("../sec1-intro/yellow_tripdata_2020-01.csv.gz")

df = df[(df.total_amount != 0)]
                                            访问序列的 NumPy
df_total = df["total_amount"].to_numpy()    表示。
df_tip = df["tip_amount"].to_numpy()
                                            调用函数的 Cython
get_tip_mean_cython = cy_impl.get_tip_mean_cython    实现。
```

Cython 代码如下所示(代码位于 07-pandas/sec3-numpy-numpexpr-cython/ traversing_cython_impl.pyx)：

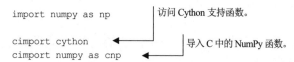

```
import numpy as np          访问 Cython 支持函数。

cimport cython               导入 C 中的 NumPy 函数。
cimport numpy as cnp
```

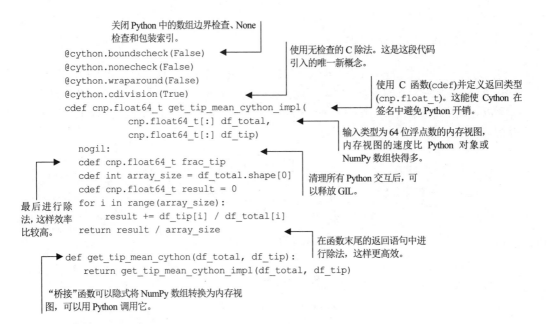

关闭 Python 中的数组边界检查、None
检查和包装索引。

使用无检查的 C 除法。这是这段代码
引入的唯一新概念。

使用 C 函数(cdef)并定义返回类型
(cnp.float_t)。这能使 Cython 在
签名中避免 Python 开销。

输入类型为 64 位浮点数的内存视图,
内存视图的速度比 Python 对象或
NumPy 数组快得多。

清理所有 Python 交互后,可
以释放 GIL。

最后进行除
法,这样效率
比较高。

在函数末尾的返回语句中进
行除法,这样更高效。

"桥接"函数可以隐式将 NumPy 数组转换为内存视
图,可以用 Python 调用它。

为了更好理解,我用从 Cython 一章(第 4 章)所学内容对代码进行了详细注释。这段
代码唯一新引入的是 cdivision,它在分母为 0 的情况下不会引起 Python 错误,而且
效率更高。但如果出现除以 0 的情况,代码就会崩溃。不过,我们在 Python 代码中仔细
地删除了所有 total_amount 为 0 的行,所以这段代码不会发生崩溃。

如果你修改了代码,记得使用 cython -a 生成与 Python 解释器交互的 HTML 报告
(即潜在的性能瓶颈)。上面代码的运行时间为 8.51 ms,是目前为止最快的结果。

小结

由于 pandas 是基于 NumPy 的,当使用 pandas 时,内部其实是使用 NumPy。不过,
如果显式使用 NumPy 的数据结构,还可以进一步提高性能。也可以一起使用 Cython 和
pandas 中的 NumPy 数据结构,以提高性能。当处理大型数据帧和复杂算法时,NumExpr
往往是最佳选择。由于存在许多因素,包括硬件、软件、数据以及长期、短期目标,因
此难以对这些方法进行比较。根据具体场景和需求,适合我的方法不一定适合别人。这
一节探讨了不同方法,并进行了试验,如果你能深入理解各种方法,就能为特定任务选
择合适的方法。

接下来,考虑另一种优化 pandas 的途径,也就是使用 Apache Arrow 提高常见操作的
性能,例如,从磁盘读取数据。

7.4　使用 Arrow 将数据读入 pandas

本节将使用 Apache Arrow 加载数据,以提高 pandas 加载数据的效率。正式开始之前,
先介绍一下 pandas 和 Arrow 之间的关系。

注意

本节旨在介绍协同使用 pandas 和 Arrow，而不是 Arrow 本身，本节结尾将展示一些案例分析。关于 Arrow 的更多信息，请参考 https://arrow.apache.org/。

7.4.1　pandas 和 Apache Arrow 的关系

Apache Arrow 是一种无关于编程语言的列型数据的内存格式。Arrow 是独立于语言的，这意味着它不与 Python/pandas 或任何其他编程语言相绑定。Arrow 的核心是一套库，能用非常快的底层语言(如 C、Rust 或 Go)执行基本操作，尽管有时也会用高级语言(如 JavaScript)进行实现。对于较慢的语言，是通过包装较快的语言实现的。例如，Arrow 的 Python "实现" 实际是基于 C++的包装器。

这里，将 Arrow 视为 pandas 的子功能，使用 Arrow 加速 pandas 数据分析的部分功能，而不是完全取代 pandas。随着技术的发展，Arrow 未来或许可以完全成为 pandas 的替代品，现在还不是时机。

这一节中，将替换 pandas 的持久化机制(即用 Arrow 读取 CSV 文件)，并简单涉及 Arrow 的分析方法。下一节，将讨论 Arrow 的高效进程间通信(Interprocess Communication，IPC)机制，使用 IPC 服务器 Plasma。在这两节中，我们的目标是确定使用 Arrow 是否可以提高速度。

Arrow 还具有更多功能。下一章将更详细地研究持久化，特别是文件格式和其对效率的影响。Arrow 也能处理不同的持久化后端。此外，Arrow 还有远程程序调用(Remote Procedure Call，RPC)的功能，可以在不同的计算机上发送数据。图 7.2 展示了目前 Arrow 的架构。

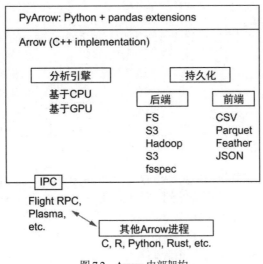

图 7.2　Arrow 内部架构

在 Python 中，基于 C 语言 Arrow 实现的是 Python 包装器。C 部分由若干组件组成，其中最主要的是分析引擎和持久化组件，前者可以利用 GPU 进行计算，后者负责处理多个后端，如文件系统、Amazon S3 和 Hadoop，支持多种文件格式，如 CSV、Parquet 和 JSON。最后，它还有进程间和机器间的通信功能，支持进程间通信，有些进程可能运行在其他机器上。最重要的是，Arrow 的底层数据格式支持跨语言、跨硬件架构。

接下来，比较 Arrow 与 pandas 在数据加载方面的效率。

7.4.2　读取 CSV 文件

在本章的第一节中，使用 pandas 读取 CSV 文件，以获取纽约市出租车的信息。与 pandas 相比，Apache Arrow 可以提高读取文件的效率。Arrow 具有多线程读取器，在推断列的类型时更为智能。本节开头表明，本书出版后，pandas 和 Arrow 的功能可能都会发生变化，二者的关系也可能发生改变。写作本书时，Apache Arrow 的架构比 pandas 先进得多，pandas 作为已经存在很久的库，很难追赶上 Arrow。

使用 Arrow 加载同样的 CSV 文件，并分析加载数据的内存占用情况(代码位于 07-pandas/sec4-arrow-intro/read_csv.py)：

```
from pyarrow import csv          ◀────── 导入 PyArrow 的 CSV 处理器。

table = csv.read_csv("../sec1-intro/yellow_tripdata_2020-01.csv.gz")

tot_bytes = 0
for name in table.column_names:        ◀────┐
    col_bytes = table[name].nbytes          │  遍历所有列，获取类
    col_type = table[name].type             │  型和内存。
    print(name, col_bytes // (1024 ** 2))
    tot_bytes += col_bytes
print("Total", tot_bytes // (1024 ** 2))
```

在我的计算机上，该操作花费的时间从 12 s 到 2 s。删减后的输出如下所示：

```
VendorID int64 48
tpep_pickup_datetime timestamp[s] 48
passenger_count int64 48
trip_distance double 48
store_and_fwd_flag string 34
total_amount double 48
Total 865
```

在没有做任何改进的情况下，Arrow 占用了 865 MB 内存，而 pandas 的内存消耗为 2 GB。改进 pandas 后，内存消耗降低到 250MB，使用 Arrow 改进 pandas，效果如何呢？

Arrow 表现不错，如果不了解 Arrow，仅依靠系统本身就可以减少内存占用，虽然效果还能进一步改善。`VendorID` 只有三个值(1、2 和 `null`)，可以简化为 `int8`。但是对于双精度浮点数，Arrow 不可能知道我们想使用精度更低的表示法。

注意

尽管转换类型很容易，但 Arrow 类型与 Python、NumPy/pandas 不同。虽然从编程的角度来看很简单，但在表示类型的方式上存在很大区别。

你可能已经注意到，含有 null 的 VendorID 被编码为整数。这在 pandas/NumPy 中是不可能的，除非重新编码 NA。Arrow 使用与 NumPy/Pandas 完全不同的方式实现缺失值，即使用额外的位数组，每行用一个条目表示该值是否缺失。这意味着，对于大多数类型，只要付出一定内存成本，就不需要在类型自身上表示其是否是缺失值。因此，整数可以由整数表示，不需要对缺失值进行任何重新编码。

基于 Arrow 对缺失值的表示，可以大大减少许多列的内存需求，但在少数情况下，我们仍然要通知 Arrow。为此，PyArrow 提供了 ConvertOptions 类：

```
convert_options = csv.ConvertOptions(      Arrow 可以从 true_values 和 false_values 推断出
    column_types = {                       store_and_fwd_flag 是布尔值。但是，因为 VendorID
        "VendorID": pa.bool_()  ◄          是数值，Arrow 需要明确指出其类型。
    },
    true_values=["Y", "1"],  ◄─┐           指示 Arrow 将 Y 和 1 转换为 true，只用于布尔值
    false_values=["N", "2"])   │           列。对 false 值执行类似的操作。
table = csv.read_csv(
    "../sec1-intro/yellow_tripdata_2020-01.csv.gz",
    convert_options=convert_options
    )  ◄                                   将转换选项传递给 CSV 加载器。
print(
    table["store_and_fwd_flag"].unique(),
    table["store_and_fwd_flag"].nbytes // (1024 ** 2),
    table["store_and_fwd_flag"].nbytes // 1024
)
```

VendorID 并不是布尔值，但由于它只有两个值，所以对其重新编码以节省内存。

由于缺失值是单独处理的，这样可使具有少量值但包含缺失值的列的内存成本低得多，boolean 是最极端的情况。

对于 store_and_fwd_flag，我们展示了三个值，以及内存占用情况。因为它低于 1 MB，所以也将该值打印为 790 KB。

不过，因为内部格式不同，必须将 Arrow 转换为 pandas 才能进行分析。因此，需要付出一定的内存和时间成本：

```
table_df = table.to_pandas()
```

正如预期，pandas 版本需要更多的内存。例如，store_and_fwd_flag 现在是对象。即使将其转换为更高效的类型，也没有 Arrow 表示缺失值的方法更紧凑。

在分析阶段，似乎从 Arrow 获得的优势又都失去了，但事实并非如此。转换数据的时间成本和内存占用这两个问题都可以解决。

转换的时间成本只占到 Arrow 读取文件时间的一小部分。pandas 读取的时间大约是 12 s，Arrow 读取的时间大约是 2 s。在我的计算机上，转换时间为 23 ms，因此与读取的收益相比，时间成本可以忽略不计。

内存问题是真实存在的，对于目前的方法，在特定时间需要使用双倍内存。幸好，Arrow 提供了解决方案。你可以要求 Arrow 在转换过程中自动销毁 Arrow 数据结构。这样就不会消耗更多内存，代价是破坏了 Arrow 版本：

```
mission_impossible = table.to_pandas(self_destruct=True)
```

小结

这个示例表明，与 pandas 相比，Arrow 在时间和空间上的效率都更高。目前，Arrow 的分析功能还不如 pandas，所以最好与 pandas 集成使用。接下来，使用 Arrow 进行简单的数据分析，并粗略了解 Arrow 的发展趋势。

7.4.3　使用 Arrow 进行分析

由于本书主要关注性能问题，所以感兴趣的是 Arrow 与 pandas 集成。不过，也可以使用 Arrow 进行数据分析。尽管与 pandas 相比，Arrow 的分析功能还不够强大，但人们一直在改进 Arrow。

为了了解 Arrow 是如何进行数据分析的，再次使用出租车小费的示例：

```
import pyarrow.compute as pc

t0 = table.filter(
    pc.not_equal(table["total_amount"], 0.0))

pc.mean(pc.divide(t0["tip_amount"], t0["total_amount"]))
```

这段代码的细节以及设计理念与 pandas 有很大不同。首先，接口比较底层：如果你用整数(0)而非浮点数(0.0)执行 not_equal 操作，因为类型不同，代码会失败。其次，接口更偏向于函数式而非面向对象，我们用数组参数调用函数，而不是在数组上调用方法。最后，错误报告是基于错误代码的，而不是抛出异常。无论 API 如何，底层使用 C Arrow 库、上层使用 Python，能带来明显的性能提升。

在我的计算机上，计算小费比例的运行时间约为 15 ms，大约是 pandas 版本 (get_tip_mean_vector)的一半。

Arrow 除了可以高效地将数据加载到 pandas 中，还可以借助标准内存格式，进行不同编程语言之间的互操作。

7.5　使用 Arrow 互操作将任务委托给更高效的语言和系统

Arrow 的优势之一是它具有标准内存格式，支持将数据结构在多种语言实现中进行共享。Arrow 以零拷贝(或低成本)的方式实现了底层数据共享，能高效传输数据结构。本节将探讨为什么 Arrow 架构比其他架构更高效,还将使用 Arrow 的 Plasma 服务器实现进程间通信。

本节目标是展示使用 Arrow 可实现高效的进程间通信。因为 Plasma 仍在开发中,而且还存在其他跨进程的内存共享方案,因此本节内容更多作为设计模式进行介绍。不过,本节中的代码是可运行的,且功能完备。

7.5.1　Arrow 语言互操作架构的意义

想象一下这样的场景,你用 Python 实现了大部分的数据处理,但需要用 R 代码完成分析。有多种方法可以实现进程间和语言间通信,考虑两个典型的非 Arrow 场景和两个典型的 Arrow 场景,描述如下,如图 7.3 所示:

- 第一种方法是将数据导出为 Python 文件格式(如 CSV),然后用 R 读取数据。这种方法非常节省内存,但因为使用的是磁盘,时间成本非常高。
- 第二种方法是使用 rpy2[1],rpy2 支持将 pandas 转换为 R 数据帧。R 数据帧相当于 R 中的 pandas。这种方法将导致转换的时间和内存成本翻倍,实际情况更糟,后文会进行介绍。
- 第三种方法是将 pandas 数据帧转换为 Arrow,再传给 R。R 将数据从 Arrow 中转换出来,然后进行处理。这种方法涉及两次转换(pandas 到 Arrow、Arrow 到 R)。从内存上看,结果取决于数据转换是否高效;否则,将导致内存翻倍。
- 最后,如果你同时在 Python 和 R 中基于 Arrow(例如,没有 pandas)进行处理,则传递数据就简化为传递内存指针,数据处理和内存成本为零。

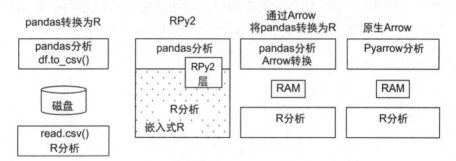

图 7.3　实现 Python 和 R 互操作的不同方法

相比于方案 3,貌似方案 2,即从 pandas 格式转换为 R 格式的效率更高。然而,事实并非如此,原因有以下几点:

- 所有 Arrow 实现都共享内存中的 Arrow 格式,不受语言的限制。这意味着,共享 Arrow 数据结构实质是共享内存指针。

1　在数据科学中经常结合使用 R 和 Python。借助 rpy2,可以将两者结合起来。rpy2 通过将 R 进程嵌入 Python,可提供优雅的 Python/R 间通信。

- 当从 pandas 转换为 R 时，其中一方必须使用转换器，要么是 Python，要么是 R。这意味着转换器是非原生的，会使用其中一种格式，且效率非常低。
- Arrow 转换器是用 C/C++完成的，具有多线程，从设计上就做到了尽可能高效。上一节的 CSV 加载器示例已经展示了 Arrow 的高效。

此外，还有一个重要原因：在复杂系统中，你需要 2^n 个转换器。例如，如果你使用 pandas、Java、R 和 Rust，则需要 pandas/Java、pandas/R、Java/R、Java/Rust、pandas/Rust 和 R/Rust 共 6 个转换器。但如果使用 Arrow 作为中间格式，则只需要 4 个：pandas/Arrow、Java/Arrow、R/Arrow 和 Rust/Arrow。如果使用更多编程语言，需要的转换器就会爆炸性增长。

本书不会深入研究 Python 以外的编程语言，但鼓励读者尝试其他编程语言，以衡量各种语言的性能。

接下来，完全使用 Python 进行高效的进程间数据通信。在许多真实场景中，会用不同语言实现系统中的一个或多个组件。

7.5.2　使用 Arrow 的 Plasma 服务器对数据进行零拷贝操作

再回到熟悉的纽约出租车数据集，进行统计分析。将分析过程分成三部分：读取数据并提交处理、进行分析、显示结果。这样做有两个主要原因：(1)必须在单独的进程中使用算法，该算法不能直接连接 Python；(2)我们偏向于将高成本的处理代码和分析代码分开。

Arrow 提供了名为 Plasma 的服务器，用于管理共享内存：它支持注册、读取和写入对象，以及访问现有对象目录。这使得进程能以标准方式进行通信。Plasma 服务器是本地的，也就是说，不能通过网络访问，而是通过本地套接字访问。Plasma 服务器的主要作用是共享内存，容易找到现有对象，并在生命周期(即生产者进程关闭后启动消费者进程)不重叠的进程之间共享内存。

首先启动 Plasma 服务器：

```
plasma_store -s /tmp/fast_python -m 1000000000
```

这将使用 UNIX 套接字/tmp/fast_python，这是一种进程间通信的形式，支持进程进行通信。1000000000 表示使用 1000 兆字节作为共享空间。

第一个进程负责加载 CSV 文件，并将其放入 Plasma：连接 Plasma 套接字，使用 Arrow 读取文件，并存入 Plasma(代码位于 07-pandas/sec5-arrow-plasma/load_csv.py)：

```
import os
import sys

import pyarrow as pa
from pyarrow import csv
import pyarrow.plasma as plasma

csv_name = sys.argv[1]
client = plasma.connect("/tmp/fast_python")     ◀── 通过套接字连接 Plasma。
```

```
convert_options = csv.ConvertOptions(        ◄——  假设 CSV 是纽约出租车数据集格式。
    column_types={
        "VendorID": pa.bool_()
    },
    true_values=["Y", "1"],
    false_values=["N", "2"])
table = csv.read_csv(
    csv_name,
     convert_options=convert_options
    )

pid = os.getpid()

plid = plasma.ObjectID(
 f"csv-{pid}".ljust(20, " ").encode("us-ascii"))     ◄——  为表创建 ID。

client.put(table, plid)    ◄——  将对象放入 Plasma。
```

　　当把对象放入 Plasma 时，必须为它赋值 ID(即命名)。命名格式为 `csv-{PID}`，PID 表示进程 ID。这种命名格式适合当前案例，但作为更普遍的解决方案，需要确保命名不要发生冲突。Plasma 需要长度为 20 字节的 ID，所以使用空格填充名称字符串，使其长度达到 20。然后用 US-ASCII 编解码器对字符串进行编码，返回字节列表。你可以使用任意编解码器，只要它能将一个字符转换为 1 字节，否则会得到过长的字节数组。

　　这个示例使用对象 ID 定义和寻找表。此外，还有其他更复杂的方法，例如使用对象元数据。在此示例中，使用对象 ID 足以找到目标对象。

注意
如果没有足够的内存，Plasma 会删除旧对象。

　　实现其他两个进程之前，我们先创建一个支持脚本，以列出 Plasma 中的所有 CSV，这样就可以监控 Plasma 中的内容。我们还要监控结果，结果的命名前缀是 `result-`(代码位于 07-pandas/sec5-arrow-plasma/list_csvs.py)：

```
import pyarrow as pa
import pyarrow.plasma as plasma

client = plasma.connect("/tmp/fast_python")

all_objects = client.list()    ◄——  列出所有对象。

for plid, keys in all_objects.items():
    try:
        plid_str = plid.binary().decode("us-ascii")
    except UnicodeDecodeError:
        continue                          解码 ID 可能生成错误的字
    if plid_str.startswith("csv-"):       符串，所以需要捕获异常。
        print(plid_str, plid)
        print(keys)
    elif plid_str.startswith("result-"):
```

```
print(plid_str, plid)
print(keys)
```

得到所有对象的列表(以字典形式返回)后，寻找以 `csv-` 或 `result-` 开头的 ID。因为不是所有 ID 都能转换为字符串(也就是说，可能在 Plasma 服务器中共享，这不是错误)，所以需要捕获解码异常，然后忽略异常。

对于所有情况，打印出解码 ID、原始 ID 和相关的元数据。示例如下：

```
csv-579123 ObjectID(6373762d35373931323320202020202020202020)
{'data_size': 822037944, 'metadata_size': 0, 'ref_count': 0,
 'create_time': 1616361341, 'construct_duration': 0,
 'state': 'sealed'}
```

接下来实现计算服务器。计算服务器在循环中搜寻 `csv-` 开头的对象。如果找到对象，且没有结果，则执行计算，并根据对象转换后的 `result-` 名称，将结果放入 Plasma(代码位于 07-pandas/sec5-arrow-plasma/compute_stats.py)：

```
import time

import pandas as pd
import pyarrow as pa
from pyarrow import csv
import pyarrow.compute as pc
import pyarrow.plasma as plasma

client = plasma.connect("/tmp/fast_python")
while True:
    client = plasma.connect("/tmp/fast_python")
    all_objects = client.list()

    for plid, keys in all_objects.items():
        plid_str = ""
        try:
            plid_str = plid.binary().decode("us-ascii")
        except UnicodeDecodeError:
            continue
        if plid_str.startswith("csv-"):
            original_pid = plid_str[4:]
            result_plid = plasma.ObjectID(
                f"result-{original_pid}".ljust(
                    20, " ")[:20].encode("us-ascii"))       ◄─── 检查是否存在结果。
        if client.contains(result_plid):
            continue
        print(f"Working on: {plid_str}")
        table = client.get(plid)       ◄─── 从 Plasma 获取表。
            t0 = table.filter(
                pc.not_equal(table["total_amount"], 0.0))
            my_mean = pc.mean(
                pc.divide(t0["tip_amount"], t0["total_amount"])).as_py()
            result_plid = plasma.ObjectID(
                f"result-{original_pid}".ljust(20, " ")[:20]
                .encode("us-ascii"))
```

```
            client.put(my_mean, result_plid)
    time.sleep(0.05)
```

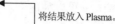
将结果放入 Plasma。

本节和上节介绍过其中大部分代码。新出现了用于检测是否存在结果的 `contains` 函数，以及从 Plasma 获取表的 `get` 函数。

最后，查看结果(代码位于 07-pandas/sec5-arrow-plasma/show_results.py)：

```python
import pyarrow as pa
import pyarrow.plasma as plasma

client = plasma.connect("/tmp/fast_python")

all_objects = client.list()

for plid, keys in all_objects.items():
    try:
        plid_str = plid.binary().decode("us-ascii")
    except UnicodeDecodeError:
        pass
    if plid_str.startswith("result-"):
        print(plid_str, client.get(plid, timeout_ms=0))
```

这段代码没有新内容，但请注意，代码最后一行获取对象时指定超时时间为 0，所以没有阻塞。Plasma 默认存在阻塞，但可以指定超时时间。

Plasma 的内容远不止于此(例如，使用底层 API 获取和存入对象，或者高效地传输 pandas 对象)。然而，由于 Arrow/Plasma 架构的开发仍在进行中，因此掌握示例中涉及的 IPC 概念更重要。

下一章讨论数据持久化时，会重新讨论 Arrow。Arrow 也能提高存储性能。

7.6　本章小结

- pandas 是 Python 中最流行的数据分析库，但 pandas 的设计在计算和内存方面存在效率问题。
- 通过忽略不参与计算的列、指定列的类型等便捷方法，能大大减少 pandas 数据帧的内存占用。
- 谨慎使用索引可以减少处理时间，不过 pandas 索引会受到一定限制。
- 不同的行迭代策略能带来两个数量级以上的性能改进。应尽可能避免显式循环，尽量使用矢量化计算。
- 虽然 pandas 基于 NumPy，但有时明确指定从 pandas 获取 NumPy 数据结构能进一步提高执行速度。
- Cython 通过 NumPy 数据结构间接使用 pandas，可以大幅提高速度。
- 对于大型数据帧和复杂表达式，NumExpr 能提高数据分析的效率。

- Apache Arrow 可以完成许多任务。本章重点讨论如何用 Arrow 增强 pandas, 特别是提高数据加载的速度。Arrow 还具备其他功能。
- 通过 Plasma 服务器, Arrow 架构可用于在计算机的不同进程之间高效传输数据。对于使用不同编程语言和框架的代码, 因为底层数据格式是共享的, 所以使用 Arrow 处理数据非常高效。

第 *8* 章

大数据存储

本章内容
- 理解文件系统抽象库 fsspec
- 使用 Parquet 高效存储异质列型数据
- 使用 pandas 或 Parquet 等内存库处理数据文件
- 使用 Zarr 处理同质多维数组数据

处理大数据时，持久化是最重要的。要尽可能快速访问(读取和写入)数据，最好使用并行进程。此外，数据持久化越紧凑越好，因为存储大量数据的成本很高。

本章介绍了几种高效存储数据的方法。首先介绍 fsspec，这是访问(本地和远程)文件系统的抽象库。虽然 fsspec 不直接涉及性能问题，但许多应用程序使用它处理存储，所以 fsspec 对高效存储很重要。

然后，我们介绍 Parquet，这是一种用于存储异质列型数据集的文件格式。在 Python 中，Apache Arrow 支持 Parquet。

接下来将讨论分块读取大型数据集的方法，有时也称为核外方法。通常，无法在内存中处理存储的数据集。分块读取支持使用熟悉的工具分块处理数据，因此它是简单但高效的方法。示例将采取一个大型的 pandas 数据帧，并将其转换为一个 Parquet 文件。最后，我们将介绍 Zarr，这是用于在内存中存储多维同质数组(即 NumPy 数组)的格式和库。

本章中，你需要安装 fsspec、Zarr 和 Arrow，后者提供了 Parquet 接口。使用 conda 的话，可以通过 `conda install fsspec zarr pyarrow` 进行安装。Docker 镜像 `tiagoantao/python-performance-dask` 提供了所有必需的库。接下来，首先介绍 fsspec 库，使用相同的 API 处理本地和远程不同类型的文件系统。

8.1 访问文件的统一接口：fsspec

用于文件存储的系统很多，从本地文件系统到 Amazon S3 云存储以及 SFTP 和 SMB (Windows 文件共享)等协议。这个名单很长，如果考虑其他类似文件系统的对象，名单会更长。例如，zip 文件是文件和目录容器，HTTP 服务器拥有可遍历的树结构，等等。

需要在学习不同的 API 后才能处理各种类型的文件系统，这很费时费力。此时可使用 fsspec，它将许多文件系统类型抽象为统一的 API 库。只需要学习 fsspec 的 API，就能与多种文件系统互动。尽管 fsspec 以最小的开销大大简化了对文件系统的访问，但不能将本地文件系统等同于远程文件系统。

8.1.1 使用 fsspec 搜索 GitHub 仓库中的文件

为了说明 fsspec 的工作原理，使用 fsspec 遍历 GitHub 仓库以寻找 zip 文件，然后判断 zip 文件是否包含 CSV 文件。在这个示例中，将 GitHub 仓库当作文件系统。GitHub 仓库本质是带有版本内容的目录树。

使用本书的代码仓库作为示例。在 08-persistence/01-fspec 中有名为 dummy.zip 的压缩文件，其中包含两个示例 CSV 文件。代码将遍历资源库，搜寻并打开所有压缩文件，再使用 pandas 的 describe 命令总结所有 CSV 文件。

首先使用 fsspec 访问代码仓库并列出根目录：

```
from fsspec.implementations.github import GithubFileSystem

git_user = "tiagoantao"
git_repo = "python-performance"

fs = GithubFileSystem(git_user, git_repo)
print(fs.ls(""))
```

导入 GithubFileSystem 类，传入用户和仓库名称，并列出顶级目录。注意，根目录由空字符串表示，不是通常的/。fsspec 还提供了许多访问存储的其他类，例如本地文件系统、压缩文件、Amazon S3、Arrow、HTTP、SFTP 等等。

fs 对象和 Python 文件系统接口存在通用的方法。例如，为了遍历文件系统以搜寻所有压缩文件，可使用 walk 方法，这与 os 模块的 walk 方法非常相似：

```
def get_zip_list(fs, root_path=""):
    for root, dirs, fnames in fs.walk(root_path):
        for fname in fnames:
            if fname.endswith(".zip"):
                yield f"{root}/{fname}"
```

函数 get_zip_list 是生成器，可以生成所有已有压缩文件的完整路径。注意，如果 root_path 是/，则该代码与 os.walk 一致。

fsspec 接口的限制

虽然 fsspec 为文件系统提供了统一、简单的接口，但它不能隐藏所有的方法差异。事实上，在某些情况下，我们也不希望 fsspec 隐藏差异。以 GitHubFileSystem 为例，以下是两种可能看到差异的情况：
- 额外功能——用户可以在任何时间点浏览仓库，而不仅仅是在主分支的当前时间点浏览。你可以指定分支或标签，fsspec 支持在精确时间点检查仓库。

● 限制——用户不仅会碰到远程文件系统的典型问题(例如，如果没有联网，则代码无法工作)，而且如果查询服务器次数过多，服务器还会限制速率。

列出压缩文件后，简单的方法是将文件从仓库复制到本地，并在本地打开压缩文件，查看其中是否有 CSV 文件：

```
def get_zips(fs):
    for zip_name in get_zips(fs):
        fs.get_file(zip_name, "/tmp/dl.zip")
        yield zip_name
```

接下来检查压缩文件里的内容。简单的方法是使用 Python 内置的 `zipfile` 模块，如下所示：

```
import zipfile
import pandas as pd


def describe_all_csvs_in_zips(fs):
    for zip_name in get_zips(fs):
        my_zip = zipfile.ZipFile("/tmp/dl.zip")
        for zip_info in my_zip.infolist():
            print(zip_name)
            if not zip_info.filename.endswith(".csv"):
              continue
            print(zip_info.filename)
            my_zip_open = zipfile.ZipFile("/tmp/dl.zip")
            df = pd.read_csv(zipfile.Path(my_zip_open,
            ↪ zip_info.filename).open())
            print(df.describe())
```

使用 zipfile 模块打开文件。

infolist 方法只适用于 zipfile 模块。

这段代码需要学习 `zipfile` 的 API。先是构造函数，然后使用 `infolist` 方法，但是根据 `zipfile` 语法，可能需要在方法中重新打开 zip。

8.1.2 使用 fsspec 检查 zip 文件

上一小节展示了未使用 fsspec 时，代码比较复杂。fsspec 提供了访问压缩文件的接口，因此可以按如下方式改写代码：

```
from fsspec.implementations.zip import ZipFileSystem


def describe_all_csvs_in_zips(fs):
    print(zip_name)
    for zip_name in get_zips(fs):
    my_zip = ZipFileSystem("/tmp/dl.zip")
    for fname in my_zip.find(""):
        if not fname.endswith(".csv"):
            continue
    print(fname)
    df = pd.read_csv(my_zip.open(fname))
    print(df.describe())
```

除了 find 方法，fsspec 中还有访问各种文件系统的方法。

对于 find 方法，各种文件系统也有对应的 open 方法。

除了创建 `ZipFileSystem` 对象，该接口与 **GitHub** 的接口完全相同，并且和 **Python** 文件接口很相似。因此，没必要再学习 `zipfile` 接口。

8.1.3 使用 fsspec 访问文件

用户也可以使用 **fsspec** 直接打开文件，但语法与标准的 `open` 方法有所不同。例如，使用 **fsspec** 的 `open` 方法打开 zip 文件，代码如下所示：

```
dlf = fsspec.open("/tmp/dl.zip")          使用 with 语句打开文件。
with dlf as f:
    zipf = zipfile.ZipFile(f)
    print(zipf.infolist())                再次使用 Python 的 zipfile 模块
dlf.close()                               解析文件。
```

输出如下所示：

```
[
  <ZipInfo filename='dummy1.csv' filemode='-rw-rw-r--' file_size=22>,
  <ZipInfo filename='dummy2.csv' compress_type=deflate
    filemode='-rw-rw-r--' file_size=56 compress_size=54>
]
```

注意，有别于通常的 `open` 函数，使用 `open` 后需要使用 `with` 语句获得文件描述符。

8.1.4 使用 URL 链遍历不同的文件系统

再回到 **GitHub** 仓库中的 zip 文件。由于可以将 zip 文件理解为文件容器，zip 文件就像在文件系统中拥有另一个文件系统。**fsspec** 提供了获取数据的便捷方式，即 URL 链。你可以获取数据流，并将其重新解释为文件系统。例如，打印 `dummy1.csv` 的内容：

```
dlf = fsspec.open("zip://dummy1.csv::/tmp/dl.zip", "rt")
with dlf as f:
    print(f.read())
```

注意 URL 链如何从 `/tmp/dl.zip` 获取 `dummy1.csv`。用户不需要打开 zip 文件，**fsspec** 负责处理。

相比于前文的 `get_zips` 方法，使用 URL 链不需要下载文件，如下所示：

```
dlf = fsspec.open(
  "zip://dummy1.csv::github://tiagoantao:python-performance@/08-"
  "persistence/sec1-fsspec/dummy.zip")
with dlf as f:
    print(pd.read_csv(f))
```

作为示例，这段代码对完整的链式 URL 进行了硬编码。

8.1.5 替换文件系统后端

由于 fsspec 抽离了文件系统的接口，因此很容易就能替换文件系统的实现。例如，用本地文件系统替换 GitHub。如下所示：

```
import os
from fsspec.implementations.local import LocalFileSystem

fs = LocalFileSystem()
os.chdir("../..")
```

这段代码假定是从 `08-persistence/sec1-fsspec` 目录下运行脚本。因此，代码库的根目录是`../..`。

这段代码使用 `LocalFileSystem` 替换了 `GitHubFileSystem`，仅此而已。因为是在代码库根目录的第二层运行代码，所以需要使用 `chdir` 向上移动。这样，代码就在本地文件系统上运行了。例如，运行 `describe_all_csvs_in_zips(fs)`。

8.1.6 使用 PyArrow 接口

最后，通过 `PyArrow` 接口可以直接使用 fsspec：

```
from pyarrow import csv
from pyarrow.fs import PyFileSystem, FSSpecHandler

zfs = ZipFileSystem("/tmp/dl.zip")
arrow_fs = PyFileSystem(FSSpecHandler(zfs))
my_csv = csv.read_csv(arrow_fs.open_input_stream("dummy1.csv"))
```

Arrow 自身具有文件系统功能，因此与 fsspec 集成很容易。Arrow 文件系统可以通过 `pyarrow.fs.FSSpecHandler` 与 fsspec 建立联系。用这种方式映射 fsspec 文件系统后，就可以使用 Arrow 文件系统的方法了。

提示

fsspec 还支持从远程服务器下载部分数据，这在大数据场景中很重要，因为我们可能只需要大文件中的部分数据。这要求服务器支持下载部分文件。例如，GitHub 不支持该功能，S3 则支持。你可以在调用 `open` 时使用参数 `cache_type`(值为 `readahead`)激活缓存，从而启用下载功能。

fsspec 与性能没有直接关系，但 fsspec 广泛用于与性能相关的库，如 Dask、Zarr 和 Arrow。接下来，将继续介绍如何高效存储异质列型数据(即数据帧)。

8.2 Parquet：高效的列型数据存储格式

使用 CSV 存储数据存在不少问题。首先，因为 CSV 不能存储每一列的类型，所以列中经常出现异常值。其次，CSV 格式比较低效。例如，使用二进制表示数字比用文本表示数字紧凑得多。此外，因为 CSV 每一行大小都可能不同，因此无法计算位置，也无法用固定的时间跳转到特定行或列。

Apache Parquet 正在成为高效存储异质列型数据的最常用格式。使用 Parquet 可以只访问需要的列，还可以使用数据压缩和列编码格式来提高性能。

本节将介绍如何使用 Parquet 存储数据帧，仍然使用前一章的纽约出租车数据集。示例将展示 Parquet 的许多功能。

警告

Parquet 起源于 Java 中的 Hadoop 生态。虽然现有的 Python 实现完全适合于生产环境，但功能无法满足更多的需求。例如，无法详细指定列的编码方式，也无法检查列是如何存储的。Parquet 支持的功能更多，而且仍然在扩展中。

出租车数据集包含一段时期内纽约所有出租车的运行信息，包括开始和结束时间、开始和结束地点、总金额、税和小费。首先使用与前一章相同的文件，即 2020 年 1 月的出租车运行情况。第一个任务是使用 Apache Arrow 将 CSV 文件转换成 Parquet。代码位于 08-persistence/sec2-parquet/start.py：

```
import pyarrow as pa
from pyarrow import csv
import pyarrow.parquet as pq

table = csv.read_csv(
    "../../07-pandas/sec1-intro/yellow_tripdata_2020-01.csv.gz")
pq.write_table(table, "202001.parquet")
```

这段代码使用了 PyArrow 的 Parquet 模块中的 `write_table` 方法，得到的二进制文件大小是 111 MB。压缩后的 CSV 文件大小是 105 MB，而未压缩的原始版本是 567 MB。Parquet 是结构化的二进制格式，因此对于相同内容，文件大小有所不同。这里的重点是文件大小的相对关系。

8.2.1 检查 Parquet 元数据

通过检查文件，展示 Parquet 的一些特性：

```
parquet_file = pq.ParquetFile("202001.parquet")

metadata = parquet_file.metadata
print(metadata)
print(parquet_file.schema)
group = metadata.row_group(0)
```

```
print(group)
```

删减后的输出如下：

```
<pyarrow._parquet.FileMetaData object at 0x7f90858879f0>
    created_by: parquet-cpp-arrow version 4.0.0
    num_columns: 18
    num_rows: 6405008
    num_row_groups: 1
    format_version: 1.0
    serialized_size: 4099
<pyarrow._parquet.ParquetSchema object at 0x7f9193aeed00>
required group field_id=0 schema {
    optional int32 field_id=1 VendorID (Int(bitWidth=8, isSigned=false));
    optional int64 field_id=2 tpep_pickup_datetime (
      Timestamp(isAdjustedToUTC=false, timeUnit=milliseconds,
      is_from_converted_type=false, force_set_converted_type=false));
    ....
<pyarrow._parquet.RowGroupMetaData object at 0x7f90858ad0e0>
    num_columns: 18
    num_rows: 6405008
    total_byte_size: 170358087
```

这段代码首先打印出文件的元数据。元数据显示了一些摘要信息，如有 18 列和 6 405 008 行。Parquet 还指出文件中有一个行组。行组是总行数的分区：在较大的文件中，可能有不止一个行组。行组具有该组中所有行的列数据。Parquet 中的信息是按列组织的。

然后，打印文件的模式。删减后的输出如下：

```
required group field_id=0 schema {
    optional int32 field_id=1 VendorID (Int(bitWidth=8, isSigned=false));
    optional int64 field_id=2 tpep_pickup_datetime (
      Timestamp(isAdjustedToUTC=false, timeUnit=milliseconds,
      is_from_converted_type=false, force_set_converted_type=false));
    optional double field_id=5 trip_distance;
    optional binary field_id=7 store_and_fwd_flag (String);
}
```

得到了 VendorID 的定义，位宽为 8，没有符号。

这段代码列出了数据的所有列。例如 VendorID 是 int32，位宽为 8，而且是无符号的。VendorID 只有两个值和一个空值，因此可以将其缩减为 8 位且无符号。Parquet 甚至支持使用更少的位数。

然后是 tpep_pickup_datetime，这是一个时间戳。从存储的角度看，时间单位是最重要的变量，因为精度越高需要的空间越多。pandas 默认精度是纳秒。另外，注意 store_and_fwd_flag 表明文本被存储为二进制数据。

8.2.2　使用 Parquet 进行列编码

查看若干列的元数据：

```
tip_col = group.column(13) # tip_amount
print(tip_col)
```

删减后的输出如下：

```
physical_type: DOUBLE
  num_values: 6405008
  path_in_schema: tip_amount            该列的统计信息。
  statistics:                      ◄────
      has_min_max: True
      min: -91.0
      max: 1100.0
      null_count: 0
      distinct_count: 0
      num_values: 6405008
      physical_type: DOUBLE
      logical_type: None
      converted_type (legacy): NONE     该列使用的压缩算法。
  compression: SNAPPY              ◄────
  encodings: ('PLAIN_DICTIONARY', 'PLAIN', 'RLE')
  has_dictionary_page: True
```

元数据首先展示了物理类型、值的数量和列名。统计信息显示小费的最低值为$-91(可能是因为输入错误导致的)，最大值为$1000。

对于数据存储，Parquet 可以压缩列，从而节省磁盘空间。根据前面章节，压缩列还能提高计算效率。不同的列可以有不同的压缩类型，或者不压缩。

示例中使用的压缩算法是 Snappy。与 gzip 相比，Snappy 用更多的压缩率换取了速度。用户可在使用 Parquet 时检查 Arrow 使用了哪些压缩算法。Facebook 做过一些基准测试，能帮助用户进行决策，可参考 https://facebook.github.io/zstd/#benchmarks。

例如，可以使用 ZSTD 压缩算法：

```
pq.write_table(table, "202001_std.parquet", compression="ZSTD")
```

这段代码在所有列上使用 ZSTD 算法，磁盘空间从使用 Snappy 的 110 MB 减少到 82 MB。

Parquet 不仅可以直接用值对列进行编码，还可以使用字典进行编码，即将长值转换为间接引用，这能节省大量磁盘空间。为了理解这一点，可以用 64 位的双精度浮点数表示小费，小费的唯一值数量是 3626 个：

```
print(len(table["tip_amount"].unique()))
```

字典可以将每个值的编码从 64 位减少到 12 位，这足以编码多达 4096 个值。此外，我们还需要存储字典，字典中只存有 3626 个值。然而，由于出租车数据集中还有其他值，使用字典可能不合适。因此，可以用 write_table 控制是否用字典存储列。

输出最后的编码中还有 RLE，表示 Run Length Encoding(行程长度编码)。下面通过示例查看 RLE 的优势。创建一个数据帧，其中一列是 VendorID，另一列是有序的

VendorID:

```
import pyarrow.compute as pc

silly_table = pa.Table.from_arrays([
    table["VendorID"],
    table["VendorID"].take(
        pc.sort_indices(table["VendorID"]))],
    ["unordered", "ordered"]
)
```

两列数据是相同的，区别是有序和无序。查看每一列在 Parquet 文件中占据多少空间：

```
pq.write_table(silly_table, "silly.parquet")
silly = pq.ParquetFile("silly.parquet")
silly_group = silly.metadata.row_group(0)
print(silly_group.column(0))
print(silly_group.column(1))
```

无序文件需要 953 295 字节，有序文件只需要 141 字节。RLE 的优势在于存储重复的值和数量。对于有序的 VendorID 列，情况比较极端：其中只有三个值(1、2 和 null)，它们是有序的。所以理论上，RLE 可以如此存储：1.0 2094439 / 2.0 4245128 / null 65441。

RLE 能对数据进行相当大的压缩。虽然这里的示例比较极端，但 RLE 通常能高效处理有序字段或数值较少的字段。如果压缩效果不佳，请确保评估过程是否正确。

较小的文件有助于减少存储空间和提高处理速度。第 6 章介绍过，如果能在更快的内存类型中存储数据，可能提高十倍以上的性能。

数据存储的格式在不断发展中，以后可能产生更高效的方式。此外，Parquet 格式还支持数据分区，能提高处理效率，见下一小节的示例。

8.2.3　对数据集进行分区

为了理解分区的含义和过程，使用 VendorID 和 passenger_count 对数据集进行分区。由于分区不能基于空值，因此将空值从数据集中删除。这里只是在示例中删除空值，一般情况下，不能图方便删除空值：

```
from pyarrow import csv
import pyarrow.compute as pc
import pyarrow.parquet as pq

table = csv.read_csv(
    "../../07-pandas/sec1-intro/yellow_tripdata_2020-01.csv.gz")

table = table.filter(
    pc.invert(table["VendorID"].is_null()))
table = table.filter(pc.invert(table["passenger_count"].is_null()))

pq.write_to_dataset(
    table, root_path="all.parquet",
```

再次注意，Arrow 的计算方式与 pandas 大为不同。

```
                    partition_cols=["VendorID", "passenger_count"])
```

第一个过滤器代码行，转换为**pandas**是 table = table[~table ["VendorID"].
isna()]。

查看 all.parquet，你会发现许多不同：它不再是文件，而是目录。删减后的内
容如下所示：

```
.
├── VendorID=1
│   ├── passenger_count=0
│   │   └── e59ac47b5193411e9772bfee9d423d61.parquet
│   ├── passenger_count=1
│   │   └── ee90fe5b818d4a37a32b5a415915610b.parquet
│   └── passenger_count=9
│       └── 002ff0bba1d340abb6174c5c64f779d7.parquet
└── VendorID=2
    ├── passenger_count=0
    │   └── 5809e29649524202a9b3cef5371c46d9.parquet
    └── passenger_count=9
        └── feaff7a23bbf4ae2b687b34dcaa10afb.parquet
```

目录结构反映了分区策略。目录第一层中，每个 VendorID 有一个条目；第二层，
每个 private_count 有一个条目。

现在有两个选择。最简单的方法，同时也是最枯燥的方法，是将所有内容加载为表：

```
all_data = pq.read_table("all.parquet/")
```

通过这种方式将所有数据加载为普通的表格。或者，可以使用如下方法：

```
dataset = pq.ParquetDataset("all.parquet/")
ds_all_data = dataset.read ()
```

你也可以单独加载每个**parquet**文件。例如，加载仅有三名乘客的 VendorID = 1 分区
的文件：

```
import os
data_dir = "all.parquet/VendorID=1/passenger_count=3"    ◀── Parquet 文件名是不确定的，
parquet_fname = os.listdir(data_dir)[0]                        因此使用第一个文件。
v1p3 = pq.read_table(f"{data_dir}/{parquet_fname}")
print(v1p3)
```

如果查看输出，会注意到缺失了 VendorID 和 passenger_count 这两列，因为
可以从目录推断出这两列。

警告
每个目录里的内容可能不同。在这个示例中，通过 PyArrow 只得到一个 Parquet 文件。
例如，可以指示 Parquet 将每个分区按行组进一步分割文件。所以，需要确保数据是如何
写入磁盘的，并相应地调整代码。

　　分区对性能有什么影响呢？现在可以分别加载每个 Parquet 文件，并对每个文件进行相应的处理。例如，可以在同一台机器上使用多进程分析文件，以提高性能。甚至可以在不同机器上处理不同文件。另外，文件系统效率更高，因为并发负载是在磁盘的不同部分完成的。因为不需要加载分区的列，内存效率也更高。最后，分区后支持并发写入，能提高并行性能。8.4 节将深入讨论并发写入。

　　从性能角度看，数据的分区方式也很重要。例如，Vendor 1 的数据量是 Vendor 2 的一半，这意味着处理 Vendor 2 的成本可能是 Vendor 1 的两倍。如果想让进程同步，这可能导致用户必须等待所有分区中最慢的分区。与 `passenger_count` 相比，`VendorID` 可能是更好的选择。Parquet 还有很多功能，但从性能角度，这两节对 Parquet 格式已经做了很好的介绍。

8.3　使用传统方法处理大于内存的数据集

　　这一节中，将使用 Parquet 和 CSV 文件讨论两种简单的方法，即内存映射和分块，用于处理大于内存的数据。还能用更复杂的方法完成这两项任务，将在 8.4 节和下一章进行讨论。分块和内存映射是重要的概念，是更复杂库的基础。因此，掌握这两种技术对于理解更高级的技术也很重要。

8.3.1　使用 NumPy 对文件进行内存映射

　　当部分内存直接关联部分文件系统时，就会发生内存映射。在 NumPy 的具体案例中，可以用正常的 NumPy API 访问持久化存储的数组，NumPy 能把数组的任何部分传递给 RAM。大多数情况下，这是由 NumPy 的操作系统内核完成的。反之，进行写入时，内核将改变持久化的表示。因为此时访问的是内存，这可以使代码速度提高几个数量级。图 8.1 描述了内存映射。

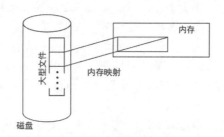

图 8.1　将部分文件直接关联到内存的内存映射

　　我们使用简单的抽象示例，即创建大型数组并对其进行访问。你可以决定数组的大小。对于这个示例，建议数组大于内存，可存储于磁盘。分配过程很简单，如下所示：

```
import numpy as np

SIZE_IN_GB = 10
```
设定适合的文件大小。

```
array = np.memmap("data.np", mode="w+",
                      dtype=np.int8, shape=(SIZE_IN_GB * 1024, 1024, 1024))
print(array[-1, -1, :10])
```

调用 np.memmap，传入文件名、打开模式、数组的类型和形状。如果在磁盘中查看文件，会发现其大小为 10 GB。

该数组初始化后都是零。因此，打印结果将显示 10 个为零的数组。现在，使数组中所有元素加 2：

```
array += 2
```

这个接口与普通 NumPy 数组完全相同。但这个加法操作会多花费几秒钟。这是因为文件过大，无法进行内存运算。

再次打开文件，打印最后一个值：

```
array = np.memmap("data.np", mode="r",
                      dtype=np.int8)
print(array.shape)
print(array[:-10])
```

输出如下：

```
(10737418240,)
[2 2 2 ... 2 2 2]
```

有一点需要注意，数组的形状没有保存下来，所以如果在没有指定形状的情况下进行映射，会得到一个线性数组。因此，需要确保恢复了形状。然后打印该数组的最后 10 个元素，得到 10 个 2。

NumPy 的写时复制

NumPy 内存映射支持写时复制。写时复制能将磁盘数组的多个副本加载到内存中，并使用极少的内存。不过，这种技术在很多情况下容易导致错误，主要是因为 Python 不适合处理共享的数据结构，而且当修改底层文件时，内存映射的语法会变得不明确。除非只进行读操作，否则风险大于收益。如果想深入探究写时复制，推荐阅读 Itamar Turner-Trauring 的文章《内存映射与写时复制》(https://pythonspeed.com/articles/reduce-memory-array-copies/)。

除非绝对确定每个进程都是只读的，我一般不会使用执行并发写入和共享的内存映射方法。另外，如果你是底层库开发者，可能会使用内存映射进行写入，且一定会用 Python 以外的语言实现计算最密集的部分。

即使你不直接使用内存映射，许多框架其实利用了内存映射，所以理解它很有必要。接下来，讨论另一种处理大文件的技术：分块。

8.3.2　数据帧的分块读取和写入

顾名思义，分块是指分成小块处理大文件，即分块读取(或写入)文件。如果使用过 Zarr(见第 8.4 节)或 Dask(见第 10 章)，你肯定接触过分块技术。

本小节仍然使用出租车示例，利用分块技术将文件从 CSV 转换为 Parquet。虽然该文件很小，可以在大多数计算机的内存中完成，但这里假设计算机的内存有限，无法完整加载整个文件。

使用 pandas 读取 CSV 文件，并用 Arrow 写入 Parquet。其实也可以用 Arrow 完成所有工作，这样效率更高，但这里是为了演示 pandas 的分块接口：

```
import pandas as pd

table_chunks = pd.read_csv(
    "../../07-pandas/sec1-intro/yellow_tripdata_2020-01.csv.gz",
    chunksize=1000000
    )                               类型是 pandas.io.parsers.TextFileReader。
print(type(table_chunks))  ◄─
for chunk in table_chunks:  ◄─
 print(chunk.shape)              每个分块都是数据帧。
```

只需要在 read_csv 中添加参数 chunksize。从 read_csv 得到的不是数据帧，而是分块生成器。每个分块是最多包含 100 万行的数据帧。

接下来进行转换。首先打开文件，因为对所有分块进行过一次迭代，所以需要回到开头：

```
table_chunks = pd.read_csv(
    "../../07-pandas/sec1-intro/yellow_tripdata_2020-01.csv.gz",
    chunksize=1000000,
    dtype={
        "VendorID": float,
        "passenger_count": float,
        "RatecodeID": float,
        "PULocationID": float,
        "DOLocationID": float,
        "payment_type": float,
    }
)
```

另外，还需要指定一些列的数据类型，某些列的类型会在不同分区中发生改变。这种情况主要发生在有空值的整数列上。当有空值时，类型将被提升为 float，因为 pandas 无法用整数表示空值。

然后，遍历分块并创建 Parquet 文件：

```
first = True
writer = None
for chunk in table_chunks:                     将 pandas 的数据帧转换为 Arrow 的表。
    chunk_table = pa.Table.from_pandas(chunk)  ◄─
```

```
        schema = chunk_table.schema
        if first:
            first = False
            writer = pq.ParquetWriter(        ◄——— 创建 writer 对象，初始化时指定模式。
                "output.parquet", schema=schema)
        writer.write_table(chunk_table)
writer.close()
```

ParquetWriter 接口支持在同一文件中连续写入表。每个表都被写入单独的 Parquet
行组中。从某种意义上说，行组就是分块。

可以通过多种方式读取 Parquet 数据：

```
pf = pq.ParquetFile("output.parquet")
print(pf.metadata)                            ◄——— 分别读取行组。
for groupi in range(pf.num_row_groups):
    group = pf.read_row_group(groupi)
    print(type(group), len(group))
    break
table = pf.read()
table = pq.read_table("output.parquet")
```

Parquet 文件的元数据显示存在 7 个行组。Parquet 支持逐个读取行组。如果有足够的
内存，可使用 ParquetFile 中的 read 或 parquet 模块中的 read_table 这两个接
口读取行组，并在内存中创建表。

掌握分块概念后，我们能分块加载和处理数据。接下来，继续学习 Zarr。Zarr 是支
持操作大型同质 N 维数组(即 NumPy 对象)的库。

8.4 使用 Zarr 进行大型数组持久化

现在最大的数据集不是异质数据，而是多维同质数组。因此，如何高效存储多维同
质数组很重要。

Zarr 支持使用不同后端和不同编码格式来高效存储同质多维数组。Zarr 具有的并发
写入功能可以高效地写入数据。

除了 Zarr，还有其他非常成熟的数组数据表示标准(如 NetCDF 和 HDF5)。但 Zarr 比
其他格式更容易优化，更加高效。例如，Zarr 支持并发写入并使用不同方式组织文件结
构，这两个功能能极大地提高性能。并发写入支持多个并行进程同时在同一结构上运行。
不同的文件结构能利用文件系统的性能特性。

Zarr 是一种文件格式，也是属于 Python 库，实现了所有主要功能。如果通过其他编
程语言使用 Zarr 文件，应首先查看语言库是否支持特定功能。从某种意义上说，Zarr 和
Parquet 是对立的：Parquet 从 Java 生态过渡到 Python，所以 Parquet 的 Python 版本仍然不
支持所有功能。对于 Zarr，Python 实现则是原生的。

Zarr 起源于生物信息学，因此这里也使用生物信息学的示例，使用基因组项目
HapMap(https://www.genome.gov/10001688/international-hapmap-project)的旧数据。这个项

目包含全体人类的大量基因组变异(DNA 字母的变异)数据。在示例中，你不需要了解任何科学细节，示例过程中会介绍基本概念。

该示例基于预先准备好的 Zarr 数据库，这个数据库是我从 Plink 格式的 HapMap 数据生成的(https://www.cog-genomics.org/plink/2.0/)。读者不用关心原始格式，但如果有兴趣，可以在 08-persistence/sec4-zarr/hapmap 中找到生成 Zarr 数据库的代码。预先准备好的 Zarr 文件可以从 https://tiago.org/db.zarr.tar.gz 下载，其中包括 210 个个体的遗传信息，涉及多个人类种群。

我们的目标之一是生成另一个 Zarr 数据库，使用它进行主成分分析(Principal Components Analysis，PCA)，这是在基因组学中常用的无监督机器学习技术。这个过程对从原始数据库获得的数据重新进行格式化。该示例不会演示 PCA，只是准备数据。

8.4.1　Zarr 的内部架构

首先查看数据库内部。遍历数据库的同时，将会介绍涉及的基因组概念：

```
import zarr

genomes = zarr.open("db.zarr")    ← 打印文件内容的树型结构。
genomes.tree()
```

Zarr 是数组的树形容器，所以得到的是目录结构，其中的叶子节点是数组。删减后的文件如下所示：

```
├── chromosome-1
│    ├── alleles (318558,) <U2
│    ├── calls (318558, 210) uint8
│    └── positions (318558,) int64
├── chromosome-10
│    ├── alleles (216535,) <U2
│    ├── calls (216535, 210) uint8
│    └── positions (216535,) int64
```

数据被分割成染色体，每条染色体占据一层。每条染色体在 positions 都有一个位置基因分型(DNA 字母)列表。每个位置可能的等位基因(即 DNA 字母)都位于 alleles 数组中。主矩阵位于 calls 中，其中有 210 个个体。根据每条染色体的标记数量，由于 1 号染色体上有 318 558 个标记，calls 矩阵是 318558×210。对于每个个体和标记，都有两个 calls，calls 会被编码为一个数字。

我们的目标是创建包含所有 calls 的连接矩阵，以提供给 PCA。在此不要关心遗传学，我们的重点是二维 calls 矩阵，其中有三个值 0/1/2，都是 8 位无符号整数。还有两个一维数组，一个是 64 位整数(positions)，另一个是大小不超过两个字符的字符串(alleles)。

在深入探讨性能问题前，先介绍如何遍历 Zarr 数据。可使用如下方法：

```python
def traverse_hierarchy(group, location=""):
    for name, array in group.arrays():           ◀──── 获取组中的所有分组。
        print(f"{location}/{name} {array.shape} {array.dtype}")
    for name, group in group.groups():            ◀──── 获取组中的所有数组。
        my_root = f"{location}/{name}"
        print(my_root + "/")
        traverse_hierarchy(group, my_root)


traverse_hierarchy(genomes)
```

当 Zarr 读取文件时，它会返回一个 Group 对象。groups 方法将返回包含所有子分组的生成器，所以可以通过这个规律遍历 Zarr 仓库。

还可以使用简单的类目录命名法访问内容，如下所示：

```python
in_chr_2 = genomes["chromosome-2"]
pos_chr_2 = genomes["chromosome-2/positions"]
calls_chr_2 = genomes["chromosome-2/calls"]
alleles_chr_2 = genomes["chromosome-2/alleles"]
```

in_chr_2 对于键 pos_chr_2 有 Group，calls_chr_2 和 alleles_chr_2 有各自的数组 chromose-2/positions、chromose-2/calls 和 chromose-2/alleles 可供使用。

从数据结构中获取一些信息：

```python
print(in_chr_2.info)
```

输出如下：

```
Name            : /chromosome-2
Type            : zarr.hierarchy.Group
Read-only       : False
Store type      : zarr.storage.DirectoryStore
No. members     : 3
No. arrays      : 3
No. groups      : 0
Arrays          : alleles, calls, positions
```

输出是包含三个成员的 Group，这些成员恰好都是数组，其中可能还有子组。

Zarr 支持多种类型的存储：示例中使用的是 zarr.storage.DirectoryStore，它非常适合并行计算。此外，还有用于内存、zip 文件、DBM 文件、SQL、fsspec、Mongo 等的存储类。

后文会看到，DirectoryStore 对并行计算的支持非常好。接下来我们将查看 DirectoryStore 使用的目录结构。db.zarr 不是文件而是目录。下面的代码片段是删减后的目录结构：

```
.
├── chromosome-1
│   ├── alleles
│   └── calls
│   └── positions
├── chromosome-10
│   ├── alleles
│   └── calls
│   └── positions
...
```

该目录结构和 Zarr 分组的结构很相似,因此便于开发。

8.4.2　Zarr 中数组的存储

现在讨论 Zarr 中的数组是如何存储的,这个问题很复杂也很有趣:

```
print(pos_chr_2.info)
```

将输出重新排序,并分成若干部分。首先查看基本信息:

```
Type          : zarr.core.Array
Data type     : int64
Shape         : (333056,)
Order         : C
Read-only     : False
Store type    : zarr.storage.DirectoryStore
```

基本信息很容易理解。对象是 zarr.core.Array,数据类型是有 333056 个数值的 64 位整数,而且这个数组是按 C 语言排序的,支持写入。

再查看分块形状:

```
Chunk shape        : (41632,)
Chunks initialized : 8/8
```

分块是将大型数组分为更小的相等分块的方式,便于对分块进行操作(如图 8.2 所示)。

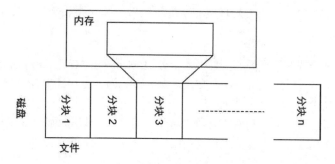

图 8.2　将大型数组分成相等大小的分块,以进行独立处理

Zarr 的形状显示每个分块的大小是 41 632 个元素，因此，8 个分块共有 333 056 个元素。当使用支持脚本创建数组时，并没有指定分块大小，因此这是 Zarr 设置的值。其实，应该在创建时设置分块大小。后文将解释原因。

另外，所有分块也做了初始化。但是，在某些情况下，并不是所有分块都需要初始化(例如，空数组)。未初始化的分块能节省大量磁盘空间。后文创建数组时，还会再提及初始化。

目录 db.zarr/chromose-2/positions 中含有八个文件，从 0 到 7 命名，每个分块对应一个文件。Zarr 通过分块就能实现并发写入，许多数组存储系统都不支持并发写入。

最后，Zarr 数组支持压缩，从而节省大量的磁盘空间并提高处理速度。下面是压缩后的部分输出：

```
Compressor          : Blosc(cname='lz4', clevel=5,
shuffle=SHUFFLE, blocksize=0)
No. bytes           : 2664448 (2.5M)
No. bytes stored    : 687723 (671.6K)
Storage ratio       : 3.9
```

在示例中，使用 Blosc 的 LZ4 算法存储数据。原始大小为 2 664 448 字节(333 056 个元素乘以 8 字节的 64 位整数)，最终存储量为 687 723 字节，压缩率为 3.9。因为数组是同质类型的，理论上，通常同质数据的压缩率优于异质数据。当然，存在极端案例，例如随机数组是很难压缩的。

calls 数组有类似的输出，但是二维的。print(calls_chr_2.info) 删减后的输出如下：

```
Shape               : (333056, 210)
Chunk shape         : (41632, 27)
Chunks initialized  : 64/64
```

对于示例，矩阵的维度是 333056×210 的二维分块。

提示

可以将 N 维数组切分成维度低于 N 的分块。例如，二维数组只能切分成一维分块。这是符合逻辑的，因为如果要处理所有信息，使用一维分块最合适。具体的分块维度，取决于具体场景。

每个维度被分成 8 个区间，总共有 64 个分块。如果列出 db.zarr/chromosome-2/calls 的内容，会发现其中有 64 个文件，命名方式为 X.Y，其中 X 和 Y 是从 0 到 7 的整数，表示对每个维度上的分块编号。

最后，还有一个包含所有等位基因的数组，它是一个只有两个字符的字符串(例如，AT、CG、TC 等)。print(alleles_chr_2.info) 的简略输出如下：

```
Data type           : <U2
```

这个输出是固定 2 字节大小的 Unicode 字符串。第 2 章介绍过，Python 字符串的表示方法复杂又麻烦，而且判断 Python 字符串的字节大小并不容易。

使用固定大小的字符串和便于预测的表示方法，能提高访问效率。Zarr 为字符串提供了两种内置的表示方法：如果只有 ASCII 字符，可以使用字节数组，如果有 ASCII 以外的字符，Zarr 提供了固定大小的 Unicode 表示法，而不是可变大小的 Python 字符串实现。如果你需要可变长度的字符串和不同的编码，Zarr 也提供了相应的编码器，但是会影响性能。如果可行且便于存储的话，尽量使用固定长度的长字符串。

现在，了解了 Zarr 数据的组织方式后，需要创建所有染色体上所有位置的聚合数组。即创建包含所有染色体的单一矩阵，作为 PCA 的输入。

8.4.3　创建新数组

接下来，通过将所有染色体的数据连接起来，创建用于无监督学习(如 PCA)的新数组。

开始之前，需要知道用于分配的数组大小。因此需要遍历 Zarr 文件，获取每个染色体的标记数：

```
import zarr

genomes = zarr.open("db.zarr")

chrom_sizes = []
for chrom in range(1, 23):
    chrom_pos_array = genomes[f"chromosome-{chrom}/positions"]
    chrom_sizes.append(chrom_pos_array.shape[0])

total_size = sum(chrom_sizes)
```

这段代码只是检查了所有一维数组的第一个维度。有了这些信息，就可以计算完整的 Zarr 数组的大小。

知道了总体大小，就可以分配数组了：

```
CHUNK_SIZE = 20000
all_calls = zarr.open(
    "all_calls.zarr", "w",              ← 210 是染色体总数。
    shape=(total_size, 210),
    dtype=np.uint8, # 修改类型
    chunks=(CHUNK_SIZE,))
```

就性能而言，最重要的参数是分块大小。我们选择的分块大小，可使每个分块数据超过 1 MB。必须根据具体情况校准分块大小。20000×210 的总量约为 4 MB，但在计算时进行了一定压缩。假定一次性读取所有染色体，所以只在一维上进行分块。你可以随意改变分块大小，以比较性能差异。

> **指定分块大小的一般思路**
>
> 很难总结出指定分块大小的一般规则。这需要根据使用的算法和具体情况。以下是一些基本规则:
>
> - 不要使分块太小,通常至少应该大于 1 MB 或更大。
> - 分块可以读入内存。
> - 在不同维度上尝试不同数值。这会对性能和在内存中完成任务的能力产生重要影响。
> - 分块大小和存储的类型没有关联。例如,有 1000 个分块时,Directory-Store 的性能一般,因为同一目录下有太多的文件,会造成文件系统出现性能问题。在这种情况下,Zarr 提供了 NestedDirectoryStore,用于将分块分散到子目录中。因此,如果你了解不同存储的局限性并相应地设置分块参数,才能提高性能。

打印 all_calls 的信息。简略输出如下:

```
Type                 : zarr.core.Array
Data type            : uint8
Shape                : (3976554, 210)
Chunk shape          : (20000, 210)
No. bytes            : 835076340 (796.4M)
No. bytes stored     : 345
Storage ratio        : 2420511.1
Chunks initialized   : 0/199
```

输出中最重要的信息是存储的字节数,以及与之相关的初始化的分块数量。虽然预期大小是 796.4 MB,但其实只有 345 字节可用,这是因为没有保存数据(即没有初始化分块)。默认情况下,如果没有初始化,Zarr 认定数组中的所有值都是 0。如果在这个阶段列出 all_calls.zarr 目录,会发现目录是空的,它且不占用任何空间。

实际上,隐藏文件.zarray 中包含一些 JSON 元数据,包括创建过程中传递给 Zarr 数组的参数和其他默认值。

8.4.4 Zarr 数组的并行读写

接下来,创建单一的连接数组,并使用包含所有数据的数组进行主成分分析。

将讨论两个版本:第一个是顺序执行的版本,第二个是并行执行的版本。下面是第一个版本:

```python
def do_serial():
    curr_pos = 0
    for chrom in range(1, 23):
        chrom_calls_array = genomes[f"chromosome-{chrom}/calls"]
        my_size = chrom_calls_array.shape[0]
        all_calls[curr_pos: curr_pos + my_size, :] = chrom_calls_array
        curr_pos += my_size

do_serial()
print(all_calls.info)
```

这段代码将所有的染色体调用依次复制到 `all_calls` 数组中。注意，这里使用顶层的 NumPy 接口管理所有存储。

运行这段代码后，如果打印 `all_calls` 的信息，几乎不会发生什么变化：

```
No. bytes          : 835076340 (796.4M)
No. bytes stored   : 297035153 (283.3M)
Storage ratio      : 2.8
Chunks initialized : 199/199
```

现在，所有分块都初始化了，存储占用了 283.3 MB。与 796.4 MB 的总字节数相比，存储率为 2.8。如果列出 `all_calls.zarr` 目录，其中包含 199 个文件：每个分块对应一个文件。

这段代码的运行时间为几秒钟。如果是 TB 级数据，运行时间则将达到数小时。使用顺序执行的计算方式，效率很低。

第二种方法使用并行计算，从染色体数组中读取数据并写入 `all_calls` 数组中。读取和写入都是并行的。

除了 Zarr，支持并行写入的库很少。通过将每个分块放在单独文件中，目录存储可使 Zarr 很容易实现并行写入。在这个示例中，基于文件系统性能特性的简单设计为非常重要的功能提供了基础。

理论上，可以写入任意大小的分块，但是逐个分块写入是最高效的，因为 Zarr 不必处理同一文件的并发写入。最根本的一点是，分块大小应该与用例一致，可能的话，尽量逐块处理数据。

在示例中，不能简单地逐个对染色体进行处理，必须逐块写入。写入分块的函数如下所示：

```
def process_chunk(genomes, all_calls, chrom_sizes, chunk_size, my_chunk):
    all_start = my_chunk * chunk_size
    remaining = all_start chrom = 0          # 第一个写入位置是分块数量乘以分块大小。
    chrom_start = 0
    for chrom_size in chrom_sizes:           # 遍历所有染色体大小，直到找到开始位置。
        chrom += 1
        remaining -= chrom_size
        if remaining <= 0:
            chrom_start = chrom_size + remaining
            remaining = -remaining
            break
    while remaining > 0:
        write_from_chrom = min(remaining, CHUNK_SIZE)   # 分块可能需要多个染色体。
        remaining -= write_from_chrom
        chrom_calls = genomes[f"chromosome-{chrom}/calls"]
        all_calls[all_start:all_start + write_from_chrom, :] = chrom_calls[
            chrom_start: chrom_start + write_from_chrom, :]
        all_start = all_start + write_from_chrom
```

如果不理解这段代码的全部内容，不要紧张，这段代码涉及专业知识。代码中使用的分块方法最重要，使用分块方法来处理大于内存的文件。

现在，可以使用多进程池，通过映射调用来处理每个分块：

```
from functools import partial
from multiprocessing import Pool

partial_process_chunk = partial(
    process_chunk, genomes,
    all_calls, chrom_sizes, CHUNK_SIZE)

def do_parallel():
    with Pool() as p:
        p.map(partial_process_chunk, range(all_calls.nchunks))

do_parallel()
```

通过定义 partial_process_chunk 实现了偏函数，这样调用 Pool.map 更加容易。然后，使用多进程池处理映射。更多细节，可参考第 3 章。

8.5 本章小结

- fsspec 作为统一的文件存储接口，支持使用相同的 API 处理多种后端。
- 因为可使用 fsspec 的统一 API，替换后端就变得非常容易。
- 虽然 fsspec 与性能没有直接关联，但不少高级库使用 fsspec，包括 Arrow 和 Zarr。
- Parquet 是一种列型数据格式，存储数据更高效：数据经过分类、压缩和整理。
- Parquet 使用了复杂的数据编码策略，如字典或行程编码，支持非常紧凑的表示，特别是对于具有明显规律和重复的数据。此外，Parquet 格式是可扩展的，以后可能会有极大的性能提升。
- Parquet 支持数据分区，可进行并行数据处理。
- 处理大于内存的文件的最常见技术是分块。许多库都支持分块，包括 pandas、Parquet 和 Zarr。
- Zarr 是处理同质多维数组的库。它起源于 Python，提供基于 NumPy 的接口。
- Zarr 支持开箱即用的并行计算。值得注意的是，其他库通常不支持并发写入功能。

第IV部分

高级主题

第IV部分涉及高级主题。首先讨论使用图形处理单元(GPU)处理大数据的优势。实践证明，GPU 的运算模型非常适合处理大型数据集，尤其是 N 维数组。最后一章介绍了基于 Python 的框架 Dask，支持在多台计算机上进行并行处理，当需要用复杂算法处理大量数据时，借助 Dask 能扩展到多台机器。

第9章

使用 GPU 进行数据分析

本章内容
- 使用 GPU 架构改进数据分析算法
- 使用 Numba 将 Python 代码转换为高效的 GPU 底层代码
- 编写高度并行的 GPU 代码处理矩阵
- 使用 Python 中的 GPU 原生数据分析库

图形处理单元(GPU)最初是用来高效处理图形应用的,例如绘图和动画软件、计算机辅助设计以及游戏!

后来,人们发现 GPU 不仅可以处理图形,还可以用来进行各种计算,因此出现了图形处理单元的通用计算(General-Purpose computing on Graphics Processing Units,GPGPU)。因为 GPU 的计算能力远远超过 CPU,所以很有吸引力。GPU 已成功用于许多应用,如科学计算和人工智能。GPU 在数据科学和高效计算方面有大量的应用。

GPGPU 基于 GPU 硬件架构和编程范式进行改进,并重点考虑了两个关键因素。首先,GPGPU 需要做大量计算,因为图形数据非常密集。其次,GPGPU 需要同时处理大量类似的数据点,因为图形多处理器中的每个像素都是同时计算的。这些要求对 GPU 的设计有很大影响。例如,GPU 有数以千计的处理单元,这些处理单元在同一时间执行大量类似的任务。相比之下,通常 CPU 只有几个处理单元,每个处理单元在同一时间点执行不同的任务。GPU 的处理速度得益于处理单元数量巨大。其实,GPU 的各个单独内核都不是很快,至少与 CPU 内核相比速度不快。因此,GPU 就通过大规模并行计算提高速度。

这些关键的硬件差异意味着 GPU 编码与 CPU 编码非常不同,不仅仅是重新编译代码的问题。进行 GPU 编码需要思维方式进行巨大的范式转变。

GPU 计算对于数据分析具有很大优势,但由于方式不同,导致许多人放弃了 GPU 编码。因此,本章重点讨论高性能 GPU 编码的重要步骤,并过渡到新的编程方式。与本书其他章节不同,本章注重介绍方法和思维方式。因此,本章在一定程度上简化了示例,不展开细节,而且不会讨论重要的知识点,如线程同步,相比于并行问题,重点关注编程范式。数据科学中的许多问题都可以通过并行计算实现,所以本章对于提高计算效率很重要。

提示

如果想了解 GPU 计算的更多内容，推荐阅读 NVIDIA 的《CUDA C++编程指南》(http://mng.bz/61Bp)。虽然这本书是针对 C 和 C++的，但前四章介绍了关于 GPU 架构和编程概念的知识。Bob Robey 和 Yuliana Zamora 的《并行和高性能计算》(Manning 出版社，2021 年出版)第Ⅲ部分专门讨论了 GPU。你可以通过链接(http://mng.bz/oJ6y)免费阅读第 9 章"GPU 架构和概念"。

本章首先研究 GPU 架构及其对算法和软件开发的影响，从基础知识讲起，并展示 GPU 的工作原理。由于 Python 代码无法直接在 GPU 上运行，我们将使用 Numba，它是从 Python 到机器代码的翻译器，能在 GPU 和 CPU 上运行。Numba 获取 Python 代码，在运行时中对源码进行编译，转换为兼容 CPU 或 GPU 的底层表示。附录 B 介绍了 Numba。示例会将 Python 代码部署在 GPU 上。

在学习了 GPU 架构是理解 GPU 编程模型的基础后，我们会介绍高级数据分析库。除了直接对 GPU 进行编程，还可通过负责处理大量细节的库来使用 GPU。通过外部库在 GPU 上部署计算。例如，我们将用 CuPy 代替 NumPy。不过，尽管库简化了 GPU 编程，但其中还涉及其他问题。因此，我们先从编码范式和性能角度理解 GPU 架构。

注意

本章需要使用 GPU，即最近的 NVIDIA GPU(Pascal 架构或更新)。因此，本章的内容取决于生产商。虽然我更愿意讲述与厂商无关的内容，但现实是，GPU 计算大多使用 CUDA 架构的 NVIDIA GPU，尤其是 Python 中的 CuPy 或 cuDF 等库。如果你想学习使用与厂商无关的方法进行 GPGPU 计算，可以查看 OpenCL(https://www.khronos.org/opencl/) 或 Vulkan(https://www.vulkan.org/)。

为了进行 GPGPU 计算，你需要确保安装了 NVIDIA 驱动程序。另外，还需要安装 CUDA 工具包及 CuPy，以便运行本章的示例。这可以通过 conda 进行安装，命令是 `conda install -c rapidsai -c nvidia -c numba -c conda-forge cupy cudatoolkit`。还可以使用 GPU 的 Docker 镜像 `tiagoantao/python-performance-gpu`。

9.1 理解 GPU 算力

对于某些算法，GPU 的性能比 CPU 高好几个数量级。这一节将深入研究 GPU 架构，以了解 GPU 为什么能高效处理数据分析问题。

9.1.1 GPU 的优势

为了理解为什么GPU如此高效，我们将通过简化的概念模型示例来介绍CPU和GPU

的区别。这个示例的目的是让你深入了解为什么 GPU 在许多(但只是特定类别的)并行任务中表现得如此优异。

考虑一个简单的问题，获得包含 100 个元素的数组并将其乘以 2 后返回:

```python
import numpy as np
a = np.ones(100)
b = np.empty(100)
for i in range(100):
    b[i] = 2 * a[i]
```

如果使用单线程和单核 CPU，那么这段代码的底层实现，如伪代码汇编器，可能如下:

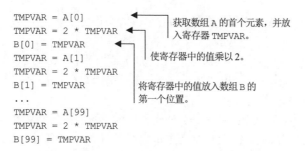

```
TMPVAR = A[0]              获取数组 A 的首个元素，并放
TMPVAR = 2 * TMPVAR        入寄存器 TMPVAR。
B[0] = TMPVAR
TMPVAR = A[1]              使寄存器中的值乘以 2。
TMPVAR = 2 * TMPVAR
B[1] = TMPVAR             将寄存器中的值放入数组 B 的
...                       第一个位置。
TMPVAR = A[99]
TMPVAR = 2 * TMPVAR
B[99] = TMPVAR
```

这段伪代码将数组 A 的第一个元素放入寄存器，乘以 2，然后放到数组 B 的第一个元素上。对 100 个元素执行这个重复的过程。

第 6 章介绍过从内存中检索数值是开销很高的操作。假设 CPU 没有缓存。读取和写入操作，TMPVAR=A[0] 和 B[0]=TMPVAR，各需 90 个单位的时间，而乘法计算 TMPVAR=2*TMPVAR 需要 2 个单位的时间。因为有 100 次读，100 次写，100 次乘法，总共需要 100*90 + 100*90 + 100*2，即 18 200 个单位的时间。因为 CPU 是顺序执行的，所以各操作只能依次执行。

设想完全不同的执行模式，有 100 个并行运行的线程，每个线程先做一次内存读取，然后进行一次乘法，最后完成一次写入。假设读和写的开销是一样的，即需要 90 个时间单位。因为有很多计算单元，乘法的开销高得多，设定为 40 个时间单位。

所有线程在同一时间发出内存读取请求。100 个时间单位后，所有线程都收到了数据，然后用 40 个时间单位进行计算。所有线程都是在同一时间并行操作的，而且相互独立。最后，线程以 100 个时间单位的开销并行写入内存。总成本是 100+40+100=240 个时间单位。

因此，"CPU"需要 18200 个时间单位，而"GPU"需要 240 个时间单位，相差 75 倍。然而，如果只处理一个值，"CPU"使用 202 个时间单位，"GPU"却要使用 240 个时间单位。

这个示例简要展示了 GPU 计算的优势和劣势。从本质上讲，GPU 非常适合处理内存延迟和对大量数据进行相似的操作，但在处理单一值时效率不高。打个比方，CPU 就像法拉利跑车，GPU 就像公交车。如果只需要运送 5 个人，法拉利的优势很明显。但如果需要运送 500 人，则公交车的优势很明显。

许多开发者在学习或使用 GPU 时面临的最大障碍之一，是需要克服以往的编程习惯，即编写依次执行的代码。虽然很多代码是顺序的，但很多计算密集型任务是并行计算的。最典型的示例是屏幕上的像素。分辨率为 1920×1080 的高清屏幕上有 200 万个像素。每个像素都是独立处理的，因此在理论上，可以并行处理所有这些像素。对于 N 维数组，这是数据科学中常用的数据结构类型：可以单独计算数组中的每个元素，因此所有元素都支持并行计算。因此，GPU 非常适合数据科学中的许多任务。

为了更清楚地理解为什么 GPU 适合并行计算，还需要深入研究计算机架构。

9.1.2 CPU 和 GPU 的关系

GPU 的计算模型与 CPU 非常不同。为了高效地对 GPU 编程，需要了解底层架构，并和 CPU 架构进行比较。

从设计意图和目标来看，GPU 是辅助处理器，而 CPU 是主要处理器，CPU 代码控制着计算的最高层级。有关 GPU 计算的术语也表明了这点：主机是指 CPU，而设备是指 GPU。主机中的代码驱动整个计算过程。

从性能的角度看，对于绝大多数的 CPU 和 GPU 架构，最重要的区别在于 CPU 和 GPU 拥有不同的内存，且是相互分离的。因此，存在主机内存(即主机中的可用内存)和设备内存(即 GPU 中的可用内存)。

在 GPU 主存中传输数据的成本会对性能产生巨大的影响，特别是在 GPU 计算量有限时。图 9.1 展示了 CPU 和 GPU 的关系。

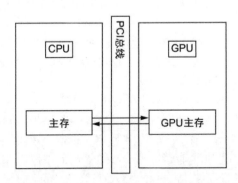

图 9.1 CPU 和 GPU 有独立的内存空间。先将数据传给 GPU 主存进行计算，
再将结果传递给 CPU 内存，这会消耗很多时间

GPU 厂商和软件可移植性

在讨论 GPU 内部架构前，先简要介绍一下 GPU 厂商和软件可移植性。用于通用计算的 GPU 有两家主要厂商，即 NVIDIA 和 AMD。从理论上讲，存在与厂商无关的接口，允许我们以不依赖厂商的方式进行编程。如果你对这些方法感兴趣，可以查看有关的软件解决方案，如 OpenCL 或 VulkanAPI。

不过，NVIDIA 几乎完全主导了通用计算市场。这可以从底层 GPU 编程得到印证，

NVIDIA 的计算统一设备架构(Compute Unified Device Architecture，CUDA)占据了主导地位。也可以从 Python 层面得到佐证，许多支持 GPU 的数据分析库是基于 CUDA 的，如 CuPy、CuDF、cuML 和 BlazingSQL。

本章仅使用基于 NVIDIA/CUDA 的 API。然而，从概念的角度，这些知识也适用于 AMD 及其他库。

厂商依赖问题也延伸到了术语方面，与厂商无关的技术术语可能与 NVIDIA 的术语存在不同。我尽量使用与厂商无关的术语，对于通用术语，则给出与 NVIDIA 对应的术语。

命名方面的问题更加复杂，因为除了厂商特有的术语，还有一些词汇源于 GPU 图形学。例如，CUDA 核心也是流处理器，但不要将它与流式多处理器和着色器混淆。

9.1.3　GPU 的内部架构

GPU 中具有多个流式多处理器(Streaming Multiprocessor，SM)，其数量从 1 到 30 个不等，甚至更多。每个 SM 由多个流处理器(Streaming Processor，SP)组成，也被称为 CUDA 核心。每个 SM 都有很多 SP，如图 9.2 所示。

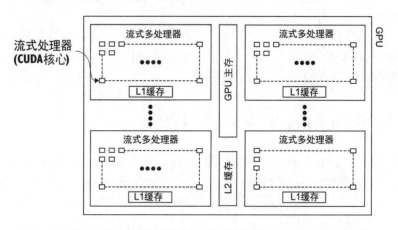

图 9.2　GPU 架构。流式多处理器包含多个流式处理器(CUDA 核心)和局域缓存。
GPU 包含所有流式多处理器以及额外的缓存和 GPU 主存

例如，NVIDIA RTX 2070 基于 NVIDIA Turing 106 GPU，它有 36 个 SM，每个 SM 有 64 个 CUDA 核心，总共有 2304 个 CUDA 核心，能同时运行 2304 个线程。不过，这里做了简化，真正的架构要复杂得多。对数据科学特别重要的是可用于人工智能计算的张量核心。本章不涉及张量核心，留给读者进行探索。

GPU 的内存架构也很重要。每个 SM 都有一定量的 L1 缓存(缓存的概念参考第 6 章)，缓存可在同一 SM 的所有 SP 之间共享。缓存可以在同一 SM 上运行的线程之间共享状态，但不会直接使用 L1 缓存。此外，还有 L2 缓存，由所有 SM 共享。最后是 GPU 的主存。例如，TU 106 GPU 的每个 SM 有 64 KB 的 L1 缓存和 4 MB 的 L2 缓存，RTX 2070 有 8 GB

的主存。

为了理解 GPU 架构对编码和性能的影响，还需要了解相应的软件架构，详见下一小节。

9.1.4 软件架构

本节讨论 GPU 硬件架构如何影响代码设计。还是使用前文的示例，即矩阵乘以 2。在下一节进行实际编码前，我们将再次分析一下代码的执行步骤。

矩阵位于 CPU 内存中，所以首先需要将数据转移到 GPU 内存中。这个操作的开销可能很高，尤其是当 GPU 计算量不大时。

对于 1024×64 的矩阵(包含 65 536 个元素)。在 GPU 中，每个元素将作为单独的线程进行计算。因此，将有 65 536 个线程。每个线程运行相同的代码。线程会划分为线程块，线程块中的所有线程都位于同一个 SM，可以共享内存和同步状态。因为这个示例中的算法很简单，所以线程间不需要共享，但仍然需要将代码划分为线程块。

如果每个线程块有 32 个线程，则需要 2048 个线程块。每个线程块可以在不同的 SM 上执行。

如何调用代码呢？因为 CPU 驱动一切，所以 CPU 将调用 GPU 的入口，由 GPU 完成计算。GPU 入口的名称是内核函数。现在，我们对 GPU 编码的基本原理有了大致的了解，即 GPU 入口、内核函数、利用多线程运行相同代码。

我们把底层代码部署到 GPU 上。因为没有 Cython 这样的工具可以将 Python 转换为 OpenCL C(或 CUDA C)，所以使用 Numba 进行过渡。如果你没有接触过 Numba，请参考附录 B 对 Numba 的介绍。

9.2 使用 Numba 生成 GPU 代码

本节将使用 Numba 编写 GPU 程序。为了了解 GPU 编码的基本问题，我们将从最简单的示例开始，即将数组的值加倍。之后，将实现一个 Mandelbrot 生成器，可以将其与附录 B 中的 CPU 版本进行比较。同样的，如果你没接触过 Numba，可以先参考附录，其中介绍了 CPU 上的 Numba。

9.2.1 安装 Python 的 GPU 软件

运行 GPU 代码之前，需要安装 GPU 的所有驱动和软件。安装过程中可能出现问题，不过这里无法为不同的操作系统和体系结构提供通用的介绍，只给出一些指南。

你可能需要安装内核驱动程序，并可能需要重启计算机。还需要安装 CUDA 工具包，它有不同的版本。如果你使用 Anaconda，使用 `conda install cudatoolkit` 可能是最简单的方法。

Numba 能检测计算资源并报告硬件和库。在命令行中使用如下命令进行检测：

```
numba -s
```

这条命令能输出系统的详细信息。为了确定 GPU 是否可用，需要查看是否检测到硬件、库是否可用。对于硬件，查看类似如下的输出：

```
__CUDA Information__
CUDA Device Initialized                         : True
CUDA Driver Version                             : 11020
CUDA Detect Output:
Found 1 CUDA devices
id 0            b'Tesla T4'                         [SUPPORTED]
                compute capability: 7.5
                pci device id: 30
                pci bus id: 0
Summary:
        1/1 devices are supported
```

通过这段报告可检查设备是否被检测到并且得到了支持。一些旧的 GPU 可能不被支持。另外，还要确保找到了所有的库。报告的另一部分包括如下内容：

```
CUDA Libraries Test Output:
Finding cublas from Conda environment
        named libcublas.so.11.2.0.252
        trying to open library...      ok
Finding cusparse from Conda environment
        named libcusparse.so.11.1.1.245
        trying to open library...      ok
Finding cufft from Conda environment
        named libcufft.so.10.2.1.245
        trying to open library...      ok
Finding curand from Conda environment
        named libcurand.so.10.2.1.245
        trying to open library...      ok
Finding nvvm from Conda environment
        named libnvvm.so.3.3.0
        trying to open library...      ok
Finding libdevice from Conda environment
        searching for compute_20...    ok
        searching for compute_30...    ok
        searching for compute_35...    ok
        searching for compute_50...    ok
```

通过这段报告可发现所有存在问题的库。接下来进行 GPU 编码。

9.2.2　使用 Numba 进行 GPU 编程的基础知识

开始编码之前，为了写出正确的代码，先讨论不能做什么。对于数组翻倍的任务，下面是传统的 CPU 式的代码方案：

```
def double_not_this(my_array):
    for position in range(my_array):        ◀——— for 循环是顺序操作。
        my_array[position] *= 2
```

这段代码对数组进行顺序循环。但是，GPU 代码会对每个元素使用一个线程，所以代码应该只处理一个元素。稍后，指示 GPU 将代码应用于数组中的所有元素。下面是第一个版本：

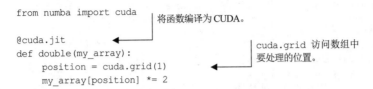

```
from numba import cuda              将函数编译为CUDA。

@cuda.jit
def double(my_array):
    position = cuda.grid(1)         cuda.grid 访问数组中
    my_array[position] *= 2         要处理的位置。
```

因为代码是运行在 GPU 上的，所以没有输出。

这个函数调用只能处理一个元素。这种方法与矢量化方法非常不同。

这段代码使用 cuda.jit 装饰器注释函数，以使 Numba 生成代码的 CUDA 版本。然后，使用"魔法"函数 cuda.grid 获得想要修改的唯一位置，后文会进行解释。最后，根据位置修改数组中的元素。

因为最终实现为 GPU 内核函数，这个函数不能返回值，所以需要传递参数以得到返回值。如果执行以下代码

```
my_array = np.ones(1000)
double(my_array)
```

会得到如下错误：

```
Kernel launch configuration was not specified. Use the syntax:

kernel_function[blockspergrid, threadsperblock](arg0, arg1, ..., argn)
```

发生这个错误是因为还必须指示 Numba 如何分配计算。正如上一节提到的，必须将计算分为线程块，再将分块分配给网格。如下所示：

```
import numpy as np

blocks_per_grid = 50
threads_per_block = 20
                                                    使用不常用的方法调
                                                    用函数。
my_array = np.ones(1000)
double[blocks_per_grid, threads_per_block](my_array)
assert (my_array == 2).all()
                          确保将函数应用到数
                          组的每个元素。
```

注意，这里使用了不常用的方式调用函数。最后，使用 assert 检查所有元素是否为 2。这里一定要小心，因为如果提供了错误的分块数，则不会计算所有数组。

每个线程块配置了 20 个线程，因为一共有 1000 个元素，所以需要 50 块。一般来说，32 个线程比较常见的。考虑到 GPU 中的内存架构，同一线程块中的线程能非常快速地共享一些状态。这里不讨论线程算法，因为算法属于更高级的阶段。通过线程可以很灵活

地在 GPU 上进行代码分配。

不过，有时做不到 `block*threads` 等同于数组中的元素数量(例如，对于数量为素数的数组)。这种情况下，必须指定比数组稍大的 `block*threads`。如下所示：

```
threads_per_block = 16
blocks_per_grid = 63


my_array = np.ones(1000)
double[blocks_per_grid, threads_per_block](my_array)
assert (my_array == 2).all()
```

这段代码共有 1008 个线程(16*63)。这段代码可能会正常运行，但也可能崩溃。

如果调用 0 到 1007 位置的代码，而最后八个位置，即 1000 到 1007，没有被分配。现在，你必须停止使用 Python 的编程思维，而是想到代码已经被转换为底层语言。转换意味着所有标准的 Python 边界检查都变得不可用，转换后可能出现内存分配错误，或者不报错的代码错误。后文会展示这种类型错误的示例。

纠正问题很容易，如下所示：

```
@cuda.jit
def double_safe(my_array):
    position = cuda.grid(1)
    if position > my_array.shape[0]:
        return
    my_array[position] *= 2
```

检查位置是否大于数组大小，如果是，则返回。接下来，就可以放心调用代码了：

```
my_array = np.ones(1000)
double_safe[block_per_grid, threads_per_block](my_array)
assert (my_array == 2).all()
```

这样就正确地在 GPU 上调用了代码。

现在，再回到计算位置的 `cuda.grid` 方法，并通过亲自编码理解其中的原理。有时，亲自编码是必要的(例如，对于具有三个维度以上的数组)：

```
@cuda.jit
def double_safe_explicit(my_array):
    position = cuda.blockIdx.x * cuda.blockDim.x + cuda.threadIdx.x
    if position >= my_array.shape[0]:
        return
    my_array[position] *= 2
```

线程调用可以访问它正在运行的线程块和线程，还访问了线程块的维度。`cuda.blockIdx` 提供了当前线程运行的分块索引。`cuda.blockDim` 提供了分块的维度，`cuda.threadIdx` 提供了分组内的线程。有了这些信息，就可以确保每个线程在数组中具有不同位置。

线程的位置信息可以是一维、二维和三维的。你可能已经注意到所有 CUDA 调用中的 .x 参数,如果是二维和三维数组,还可以使用 .y 和 .z 参数。

如下所示,是用于二维数组的相同函数:

```
@cuda.jit
def double_matrix_unsafe(my_matrix):
    x, y = cuda.grid(2)
    my_matrix[y, x] *= 2
```

现在使用 cuda.grid(2) 以获取两个索引。注意,现在是不正确的代码,因为可以确定触发了错误。运行这段代码:

```
threads_per_block_2d = 16, 16
blocks_per_grid_2d = 63, 63

my_matrix = np.ones((1000, 1000))
double_matrix_unsafe[blocks_per_grid_2d, threads_per_block_2d](my_matrix)
print((my_matrix == 2).all())
```

打印结果为 True,因为矩阵中的所有元素都是 2。注意,线程块、线程定义和数据都是二维的。

如果你运行这段代码且代码没有崩溃,肯定会返回错误结果。出现错误结果是因为没有检测矩阵边界,当代码遍历一行时会进入矩阵的下一行,这在一维数组中是不可能的。因此,可能会有一些位置的值是 4,而不是 2,这是因为代码在该位置执行了两次。

使用前面介绍过的方法纠正错误很简单。下面是最终的代码,其中显式使用了矩阵索引:

```
@cuda.jit
def double_matrix(my_matrix):
    x = cuda.blockIdx.x * cuda.blockDim.x + cuda.threadIdx.x
    y = cuda.blockIdx.y * cuda.blockDim.y + cuda.threadIdx.y
    if x >= my_matrix.shape[0]:
        return
    if y >= my_matrix.shape[1]:
        return
    my_matrix[y, x] *= 2
```

掌握所有基础知识后,下面使用 GPU 重构 Mandelbrot 示例。

9.2.3 使用 GPU 重构 Mandelbrot 示例

介绍完 Numba 概念后,接下来使用 GPU 创建 Mandelbrot 渲染器。为了整合这些概念并创建渲染器,我们采取迂回的方法,专门讲解了可能发生的错误。不过,这个过程是为了说明和解释为什么这些步骤行不通,希望通过这样的方式能帮助读者避免错误。

首先实现 Mandelbrot 函数,并计算单个点的值:

```
from numba import cuda
```

```
@cuda.jit(device=True)
def compute_point(c):
    i = -1
    z = complex(0, 0)
    while abs(z) < 2:
        i += 1
        if i == 255:
            break
        z = z**2 + c
    return 255 - (255 * i)
```

注意，cuda.jit 装饰器中增加了 device=True，这指示 Numba 需要从设备内部调用该函数。设备函数不同于内核函数，可以返回值。

接下来，实现第一个版本的代码，虽然可能看起来很合理，但无法运行：

```
@cuda.jit
def compute_all_points_doesnt_work(start, end, size, img_array):
    x, y = cuda.grid(2)
    if x >= img_array.shape[0] or y >= img_array.shape[1]:
        return
    mandel_x = (end[0] - start[0])*(x/size) + start[0]
    mandel_y = (end[1] - start[1])*(y/size) + start[1]
    img_array[y, x] = compute_point(complex(mandel_x, mandel_y))
```

虽然这个函数可以编译，但如果调用它，会得到以下结果：

```
NotImplementedError: (UniTuple(float64 x 2), (-1. 5, -1. 3))
```

这里的问题是，Numba(至少目前)无法处理输入参数中的元组。并且，这里暴露出一个严重的问题，即 Numba 不支持 Python 的某些函数。所以，一定要检查 Numba 的文档 (http://numba.pydata.org/)，以确定它支持哪些 Python 函数。因为 Numba 一直在变化，这里不讨论具体不支持哪些函数。从写作本书到读者阅读的这段时间，NumPy 很可能支持其他新功能。

因此，为了使代码可以运行，必须编写不使用元组作为输入参数的代码：

```
@cuda.jit
def compute_all_points(startx, starty, endx, endy, size, img_array):
    x, y = cuda.grid(2)
    if x >= img_array.shape[0] or y >= img_array.shape[1]:
        return
    mandel_x = (end[0] - startx)*(x/size) + startx
    mandel_y = (end[1] - starty)*(y/size) + starty
    img_array[y, x] = compute_point(complex(mandel_x, mandel_y))
```

最后一行有一个细节值得注意，即在 NumPy 数组中，y 坐标在前，所以需要写成 img_array[y, x]。

现在进行调用：

```
from math import ceil
import numpy as np
from PIL import Image

size = 2000
start = -1.5, -1.3
end = 0.5, 1.3

img_array = np.empty((size, size), dtype=np.uint8)
threads_per_block_2d = 16, 16
blocks_per_grid_2d = ceil(size / 16), ceil(size / 16)

compute_all_points[blocks_per_grid_2d,
    threads_per_block_2d](start[0], start[1], end[0], end[1],
    size, img_array)

img = Image.fromarray(img_array, mode="P")
img.save("mandelbrot.png")
```

这段代码中值得注意的是对分块数量的指定方式。因为每个维度的每个分块有 16 个线程，因此需要有 size/16 个分块。由于该数字可能不是整数，因此必须向上取整以确保覆盖所有的点。

对这段代码进行计时：

```
In [3]: %timeit compute_all_points[blocks_per_grid_2d, ...
72.6 ms ± 50.4 µs per loop (mean ± std. dev. of 7 runs, 10 loops each)
```

与之相比，附录 B 中展示的最佳 CPU 结果为 539 ms。因为是用普通 CPU 和高性能 GPU 对比，但这不是公平的比较。此外，还有很多其他因素，如算法类型和 CPU 到 GPU 的内存传输，也对速度有很大影响。尽管如此，示例很清楚地表明，与 CPU 相比，GPU 在某些算法上能大大提高性能。

现在，我们编写了第一版的基于 GPU 的 Mandelbrot 生成器，其性能有了大幅提高。接下来，再用 NumPy 矢量化的方式创建另一个 Mandelbrot 生成器。因为正如前面章节展示的，NumPy 也能提高数据分析的性能。

9.2.4　使用 NumPy 编写 Mandelbrot 代码

最终版本是编写在 GPU 上运行的 NumPy 通用函数。前面已经讨论了所有重要部分，整合起来并不难。下面的代码使用了矢量化的计算：

```
from cuda import vectorize

size = 2000
start = -1.5, -1.3
end = 0.5, 1.3


def compute_point_255_fn(c):
    i = -1
```

```
    z = complex(0, 0)
    while abs(z) < 2:
        i += 1
        if i == 255:
            break
        z = z**2 + c
    return 255 - (255 * i) // 255
```

使用更简单的点计算方法，并对相互作用极限进行硬编码。

```
compute_point_vectorized = vectorize(
    ["uint8(complex128)"], target="cuda")(compute_point_255_fn)
```

这段代码中新出现的是最后一行的 `vectorize` 调用中使用了 `target="cuda"`。上一节提到，需要准备一个带有计算位置的数组，如下所示：

```
def prepare_pos_array(start, end, pos_array):
    size = pos_array.shape[0]
    startx, starty = start
    endx, endy = end
    for xp in range(size):
        x = (endx - startx)*(xp/size) + startx
        for yp in range(size):
            y = (endy - starty)*(yp/size) + starty
            pos_array[yp, xp] = complex(x, y)


pos_array = np.empty((size, size), dtype=np.complex128)
img_array = np.empty((size, size), dtype=np.uint8)
```

对代码进行计时：

```
In [6]: %timeit compute_point_vectorized(pos_array)
222 ms ± 3.05 ms per loop (mean ± std. dev. of 7 runs, 1 loop each)
```

NumPy 代码比 GPU 代码糟糕，但比 CPU 代码好。NumPy 代码模式与 CPU 版本不同：在 CPU 版本中，最快的代码使用的是通用函数。

由于计算模型的原因，NumPy 功能受到 CUDA 的限制。如果有 NumPy 的原生 GPU 实现就好了，这就是接下来要介绍的 CuPy。

9.3　GPU 代码性能分析：CuPy 程序案例

本节将使用 NumPy 的原生 GPU 版本 CuPy 实现解决方案。

注意

许多基于 CPU 的数据分析库都有对应的 GPU 库。用户可以在几乎不了解 GPU 代码如何工作的情况下使用 GPU。因此，这里首先列出基于 GPU 的数据分析库。

创建 CuPy 解决方案之后，我们会对 GPU 代码进行分析，并借助 CuPy 示例分析 GPU

代码性能。分析代码之前，先了解一下现有的基于 GPU 的数据科学库。

9.3.1 基于 GPU 的数据分析库

如果接触过 GPU，不必从头开始学习。基于 GPU 的库提供了类似 CPU 库接口的功能。大多数情况下，用户不需要了解任何关于 GPU 编程的知识。表 9.1 展示了 GPU 和 CPU 的数据分析库。

表 9.1　基于 GPU 与 CPU 的数据分析库

GPU	CPU	目标
cuBLAS	BLAS	基本的线型代数
CuPy	NumPy	N 维数组处理
CuDF	pandas	列型数据分析
CuGraph		数据帧图算法
CuML	scikit-leam	机器学习
BlazingSQL		基于列数据的 SQL 接口

表 9.1 展示的库能提高数据分析代码的效率。cuDNN 可以提高 PyTorch 或 TensorFlow 等机器学习库的性能。

用户可以将这些库用于基于 GPU 的数据分析项目。接下来，将开发一个基于 CuPy 的项目。

9.3.2 使用 CuPy：NumPy 基于 GPU

本节使用高级数据科学库 CuPy 开发一个项目。CuPy 是 NumPy 的基于 GPU 的版本。许多高级 GPU 库与 CPU 库有类似的接口，因此不会引入太多的新信息。但是，除了展示基于 GPU 的数据科学代码的真实示例，我们还会使用这个示例的代码来介绍 GPU 代码的分析工具。我们要开发的项目是基于 CuPy 数组的 Mandelbrot 生成器。

9.3.3 CuPy 基本操作

实现 Mandelbrot 生成器之前，先用 CuPy 做一些基本操作，以讨论 CuPy 的底层机制。创建一个 5000×5000 的矩阵，并将其翻倍：

```
import numpy as np
import cupy as cp

size = 5000

my_matrix = cp.ones((size, size), dtype=cp.uint8)
print(type(my_matrix))
np_matrix = my_matrix.get()
print(type(np_matrix))
```

```
2 * my_matrix

2 * np_matrix
```

虽然有类似的接口，但 CuPy 和 NumPy 是不同的库，拥有不同的对象类型。在许多分析中，有时可能会导入这两个库。

`my_matrix` 的类型是 `cupy._core.core.ndarray`，而 `np_matrix` 的类型是 `numpy.ndarray`。`my_matrix` 的数据位于 GPU 主存中，所以对其进行操作时，不会有内存从 CPU 转移到 GPU。例如，乘法 `2*my_matrix` 完全发生在 GPU 上。当执行 `my_matrix.get()` 时，将发生 GPU 内存转移，这将创建独立的原始矩阵的 NumPy 表示。

无法使用 Python 工具，如 `timeit` 模块或 IPython 的 `%timeit` 魔术命令，对 GPU 代码进行分析。GPU 代码是独立于 CPU 代码执行的，CPU 执行时间不能代表 GPU 的开销。

CuPy 提供了分析代码的简单方法。运行 200 次 `2 * my_matrix`，查看其开销：

```
from cupyx.time import repeat

print(repeat(lambda : 2 * my_matrix, n_repeat=200))
```

我的计算机输出如下：

```
<lambda>            :     CPU: 60.910 us +/-14.344
                           (min: 19.158 / max: 101.755) us
                         GPU-0: 785.708 us +/-12.013
                           (min: 749.760 / max: 822.656) us
```

平均而言，每次执行需要占用 CPU 60 μs、占用 GPU 785 μs。我使用的 GPU 是 Tesla T4 GPU，CPU 是 2.50 GHz 的 Intel Xeon。

接下来继续使用 CuPy 实现 Mandelbrot 生成器。这里的目标不是展示接口，因为接口设计与 NumPy 很相似。也不涉及 CuPy 与 NumPy 相比的局限性，因为这些局限性会随着时间发生改变。当读者读到这段文字时，CuPy 可能已经改进了。

接下来的两个 Mandelbrot 示例的目标是发挥 GPU 的最高性能。我们将使用 CuPy 编写在 GPU 上运行的处理函数。第一个示例将展示 CuPy 对 Numba 的操作。

9.3.4 使用 Numba 编写 Mandelbrot 生成器

CuPy 可以无缝使用 Numba，可以编写一个装饰 Numba 的函数并在 CuPy 中使用。

提示

CuPy 有 Python 代码到 GPU 代码的转换器，和 Numba 相比具有一定竞争力。在目前阶段，与 Numba 相比，CuPy 对 Python 功能的支持相当有限。建议首先尝试 Numba，随着不断改进 CuPy，CuPy 转换器会可能变得更加完备。

下面是用 Numba 编写的用于 CuPy 的 Mandelbrot 生成器：

```
from math import ceil
```

```
import numpy as np
import cupy as cp
from numba import cuda
from PIL import Image

size = 2000
start = -1.5, -1.3
end = 0.5, 1.3

@cuda.jit
def compute_all_mandelbrot(startx, starty, endx, endy, size, img_array):
    x, y = cuda.grid(2)
    if x >= img_array.shape[0] or y >= img_array.shape[1]:
            return
    mandel_x = (end[0] - startx)*(x/size) + startx
    mandel_y = (end[1] - starty)*(y/size) + starty
    c = complex(mandel_x, mandel_y)
    i = -1
    z = complex(0, 0)
    while abs(z) < 2:
        i += 1
        if i == 255:
            break
        z = z**2 + c
    imq_array[y, x] = i
```

与前文相比，这段代码中没有出现新概念。如下所示，调用代码：

```
threads_per_block_2d = 16, 16
blocks_per_grid_2d = ceil(size / 16), ceil(size / 16)

cp_img_array = cp.empty((size, size), dtype=cp.uint8)

compute_all_mandelbrot[blocks_per_grid_2d, threads_per_block_2d](
    start[0], start[1],
    end[0], end[1],
    size, cp_img_array)
```

剩下要做的是保存图片：

```
img = Image.fromarray(cp.asnumpy(cp_img_array), mode="P")
img.save("imandelbrot.png")
```

这里需要将 CuPy 数组转换为 NumPy，以使用 Pillow 库创建图片表示。这意味着数据将从 GPU 转移到 CPU 内存。

下面做一些基本的性能分析：

```
from cupyx.time import repeat

print(repeat(
    lambda: compute_all_mandelbrot[blocks_per_grid_2d, threads_per_block_2d](
        start[0], start[1], end[0], end[1], size, cp_img_array),
```

```
    n_repeat=200))
```

性能报告如下：

```
<lambda>                :      CPU: 684.475 us +/-76.369
                                (min: 629.685 / max: 1387.853) us
                         GPU-0:70604.003 us +/-89.377
                                (min:70519.264 / max:71290.688) us
```

Repeat 更喜欢使用 70600 μs 的形式，而不是 70 ms。现在基于 CuPy 完成了第一个版本的 Mandelbrot 生成器，接下来通过将 CUDA C 代码嵌入 Python 代码来实现第二个版本。

9.3.5　使用 CUDA C 实现 Mandelbrot 生成器

这一小节通过矢量化函数来生成 Mandelbrot 集。矢量化函数接收一个包含所有位置的矩阵，并为每个位置计算 Mandelbrot 值。使用 CUDA C 来实现矢量化函数。

与 NumPy 版本一样，首先用 NumPy 准备位置数组，再将其转换为 CuPy：

```
def prepare_pos_array(start, end, pos_array):
    size = pos_array.shape[0]
    startx, starty = start
    endx, endy = end
    for xp in range(size):
        x = (endx - startx)*(xp/size) + startx
        for yp in range(size):
            y = (endy - starty)*(yp/size) + starty
            pos_array[yp, xp] = complex(x, y)

pos_array = np.empty((size, size), dtype=np.complex64)
prepare_pos_array(pos_array)

cp_pos_array = cp.array(pos_array)
```

输入的代码与之前完全一样。最后一行代码将 NumPy 数组转换为 GPU 的 CuPy 版本，这需要进行内存转移。

现在必须准备变量 threads_per_block 和 block_per_grid。为了使 C 语言代码尽可能简单，将在一维上进行处理：

```
threads_per_block = 16 ** 2
blocks_per_grid = ceil(size / 16) ** 2
```

根据需求对一维分块和分块线程进行扩展。代码如下所示：

```
c_compute_mandelbrot = cp.RawKernel(r'''
#include <cupy/complex.cuh>
extern "C" __global__
void raw_mandelbrot(const complex<float>* pos_array,
            char* img_array) {
    int x = blockDim.x * blockIdx.x + threadIdx.x;
    int i = -1;
```

```
        complex<float> z = complex<float>(0.0, 0.0);
        complex<float> c = pos_array[x];
        while (abs(z) < 2) {
            i++;
            if (i == 255) break;
            z = z*z + c;
        }
        img_array[x] = i;
    }
''', 'raw_mandelbrot')
```

本书的重点不是 C 语言，所以不会深入讨论这段代码，但代码比较简单，应该很容易理解。和以前一样，我们不关注如何决定要计算的位置，而是关注 `blockDim.x * blockIdx.x threadIdx.x`。C 语言代码实际是把矩阵看作一维数组，这样做是可行的。

最后，使用之前的函数利用位置数组计算 Mandelbrot 集：

```
c_compute_mandelbrot((blocks_per_grid,),
    (threads_per_block,), (cp_pos_array, cp_img_array))
img = Image.fromarray(cp.asnumpy(cp_img_array), mode="P")
img.save("cmandelbrot.png")
```

注意调用函数同时指定分块数和线程数：这与 Numba 方法不同。最后将 CuPy 数组转换为 NumPy 版本，并打印。

做一些基本的性能分析：

```
from cupyx.time import repeat

print(repeat(
    lambda: c_compute_mandelbrot((blocks_per_grid,),
        (threads_per_block,), (cp_pos_array, cp_img_array)),
    n_repeat=200))
```

在我的计算机上，输出如下：

```
<lambda>                :     CPU:    6.677 us +/- 2.769
                                     (min: 4.377 / max: 25.978) us
                              GPU-0:  3149.825 us +/-801.397
                                     (min: 2635.584 / max: 5881.088) us
```

3.1 ms 的结果比 Numba 版本快 20 倍。如果你的 Numba 代码仍然不够快，可以尝试切换成嵌入式的 CUDA C 实现。

现在完成了基于 GPU 的代码，接下来介绍 GPU 性能分析工具。

9.3.6 GPU 代码分析工具

本节将使用 NVIDIA 分析工具的一些基本功能来分析 Mandelbrot 实现的性能。分析工具是通用的，不依赖于 CuPy，甚至不依赖于 Python，可以对任何 GPU 代码使用分析工具。为了证明这一点，将使用矢量化的 GPU 实现来分析 NumPy 版本的 Mandelbrot 代码。

我们将使用 NVIDIA 的 Nsight 系统进行性能分析。假设离线使用代码，捕获性能分析并使用 Nsight 的 GUI 进行单独分析。这是最灵活的方法，因为该方法假定 GPU 设备与分析设备隔离。例如，当 GPU 位于云端时，而在本地机器上查看性能数据。

安装好 Nsight 系统后，可以轻松通过以下方式分析代码：

```
nsys profile -o numba python mandelbrot_numba.py
nsys profile -o c python mandelbrot_c.py
```

为了对采用矢量化 GPU 实现的 NumPy 代码进行分析，可以这样做：

```
nsys profile -o numpy python ../sec3-gpu/mandelbrot_numpy.py
```

现在得到三个配置跟踪文件：`numba.qdrep`、`c.qdrep`、`numpy.qdrep`。

前文测算过，NumPy 代码的 `timeit` 平均值为 222 ms，Numba 代码的 `cupyx.time.repe` 的 GPU 运行时间为 70 ms，CUDA C 代码的运行时间为 3 ms。

可以从每个代码版本收集一些基本的分析信息。首先是 NumPy 版本：

```
nsys stats numpy.qdrep
```

这条命令将产生大量输出。GPU 调用输出如下所示：

```
Time%  Total ns    Calls Avg ns      Min ns     Max ns     StdDev  Name
------ ----------  ----- ---------   ---------  ---------- ------  --------------
96.1   368748545   1     368748545   368748545  368748545  0       cuMemcpyDtoH
3.6    13654495    1     13654495    13654495   13654495   0       cuMemcpyHtoD
0.1    540957      2     270478      234726     306231     50561   cuMemAlloc
0.1    371672      1     371672      371672     371672     0       cuModLdDataEx
0.0    133176      1     133176      133176     133176     0       cuLinkComplete
0.0    66248       1     66248       66248      66248      0       cuLinkCreate
0.0    49602       1     49602       49602      49602      0       cuMemGetInf
0.0    37495       1     37495       37495      37495      0       cuLaunchKernel
0.0    2071        1     2071        2071       2071       0       cuLinkDestroy
```

因为实现中花费了大量的时间来复制数据进出 GPU，也就是调用 `cuMemcpyDtoH` 和 `cuMemcpyHtoD`，这花费了 99% 以上的时间。

还可以仅检查计算(即内核)部分的成本。下面是 NumPy 的简化输出：

```
Time(%)  Total Time (ns)  Name
-------  ---------------  -----------------------------------------------
  100.0      365860777    cudapy::__main__::__vectorized_compute_point ...
```

时间成本为 365 860 777 ns，即 365 ms。

使用 Numba 的 CuPy 版本的时间成本如下：

```
Time(%) Total Time (ns)  Name
------- ---------------  ---------------------------------------
  100.0     189965876    cudapy::__main__::compute_all_mandelbrot ...
```

结果是 180 ms。

最后，CUDA C 的时间成本为：

```
Time(%) Total Time (ns)  Name
------- --------------- ---------------
 100.0        5876134   raw_mandelbrot
```

结果是 5.8 ms。

Numba 版本的速度是 NumPy 的两倍。C 版本的内核执行速度是 Numba 版本的 32 倍。

Nsight 系统具有很好的 GUI，可通过 `nsys-ui` 调用，支持探索跟踪文件并实时跟踪执行。虽然在截图中很难呈现，但图 9.3 展示了 Mandelbrot 生成器的 C 版本的跟踪部分。该应用程序可根据 CPU 和 GPU 的事件进行跟踪，这里只关注 GPU 事件。可以看到两个相关的线程块。首先，在左边的区块中，一个主机到设备的传输正在将 NumPy 的位置矩阵复制到 GPU 上的 CuPy 版本，即 `cp_pos_array = cp.array(pos_array)`。实际由第二个线程块完成 Mandelbrot 计算。

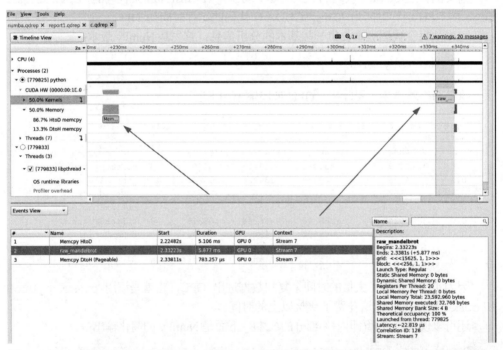

图 9.3　Nsight 系统的 GUI。左上角窗口：GPU 和 CPU 可使用的所有进程。主窗口：执行过程的临时视图。
左下角：GPU 操作的临时统计。右下角：主窗口中的一个线程块的细节

总结一下本小节的两个关键点：

- 和 CPU 一样，如果 GPU 存在性能问题，一定要借助工具进行量化分析。
- 如果存在类似于 CPU API 的 GPU 库，最有效的方法可能是使用这些 GPU 库，而不是从头编写代码。

9.4　本章小结

- CPU 提供少量计算单元，但速度非常快，可以处理不同任务。而 GPU 通常提供大量的计算单元，速度慢，主要用于完成类似的任务。
- GPU 提供的计算能力非常适合高效数据处理，因为许多数据科学问题是基于矩阵这样的数据结构，通过在许多数据点上使用相同的算法，可以实现并行计算。
- 有多家 GPU 制造商，但 GPU 标准是基于 NVIDIA 的硬件。
- 为 GPU 编写代码时，需要意识到 GPU 计算模型与 CPU 非常不同，要具备不同于传统 CPU 顺序计算的思维方式。
- 标准 Python 代码不能直接在 GPU 上运行，因此需要考虑替代方案。
- 有许多 Python 库支持 GPU，且不需要了解 GPU 编程。
- 许多 Python 库可替代 CPU 版本的库。例如，CuPy 具有与 NumPy 类似的接口，支持 GPU，而 cuDF 具有与 pandas 类似的接口。
- Numba 可以为 GPU 生成代码，但不能仅仅用 Numba 注释 Python 代码。需要重新设计代码，以探索用于大数组的算法的并行计算特性。
- 即使是用于 GPU 的 Numba 代码，也能无缝使用 NumPy 实现并行算法，同时还能与传统的 Python 数据分析栈集成。

第*10*章

使用 Dask 分析大数据

本章内容
- 在多台机器上扩展计算，并使用大规模数据集
- Dask 的执行模式
- 使用 dask.distributed 调度器执行代码

有时由于数据量太大，或者算法需要大量算力，处理大量数据需要使用多台计算机。前面的章节介绍了如何设计更高效的代码，如何更智能地存储和构造数据以进行处理。最后一章将讨论如何扩展，也就是使用多台计算机进行计算。

使用 Dask 进行规模扩展，Dask 是执行并行计算的分析库。Dask 与 Python 生态系统中的其他库，如 NumPy 和 pandas，整合得非常好。Dask 可以帮助我们扩展计算(即使用一台以上的计算机)。Dask 也可以用于提升单机性能(即更高效地使用计算机)。在这个意义上，Dask 也可以作为第 3 章介绍的并行库的替代品。

除了 Dask，Spark 也是常见的并行库。Spark 来自 Java 领域，与 Dask 相比，Spark 与其他 Python 库的集成度较差。所以我更喜欢使用原生的 Python 解决方案，这样可以简化与 Python 生态系统的交互。不过，这里介绍的许多概念仍然可以用于其他框架。

Dask 有不同的编程接口。在高层级上，Dask 的一些 API 与 NumPy、pandas 和其他分析库相似。然而，如果你了解其他库，就很容易上手 Dask 的接口。Dask 支持操作大于内存的对象，如数据帧和数组，而 pandas 或 NumPy 不支持。在较低层级上，一个接口是基于 concurrent.futures 的(见第 3 章)，另一个接口可使用 Dask 对更一般的代码进行并行化(即不仅仅是数组和数据帧)。

本章目标是帮助读者理解Dask的底层执行模型以及调度替代方案并使用大于内存的数据。虽然会涉及一些性能问题，但理解 Dask 的底层计算模型可以收获更多。另外，代码执行环境可能会有很大的不同，从单机到非常大的集群，这可能导致具体的性能建议变得无效甚至有害。因此，本章采用了与其他章不同的方法，读者掌握基本组件后，需要对自身的具体环境进行调整。

与 pandas 或 NumPy 等库相比，Dask 具有不同的惰性执行模型。因此，10.1 节将介

绍语法差异。为了夯实基础知识，本节不会讨论并行计算，也不会讨论大于内存的数据结构。本节将使用基于 Dask 的类似于 pandas 的数据帧接口示例。

10.2 节讨论大于内存的数据的分区问题，并介绍 Dask 模型的一些性能影响。此外，还将介绍提高计算速度的方法。

10.3 节介绍 Dask 的分布式调度器，它支持将计算智能地分布在多台计算机和架构上，从 HPC 集群到云或支持 GPU 的机器。由于无法要求读者在集群或云端运行这段代码，因此我们的示例可以在单台机器上运行，也很容易进行扩展。

本章首先介绍 Dask 的执行模型。鉴于 Dask 具有惰性，它与现有的库(如 pandas 或 NumPy)存在一些重要的概念差异，在实现并行计算代码之前需要先了解这些差异。运行本章代码需要安装 Dask，还需要安装 Graphviz 库以绘制任务图。安装 Dask 的 conda 命令是 `conda install dask`。目前，使用 `pip(pip install graphviz)` 更容易安装 Graphviz 库。另外，还需要安装 Graphviz 的主程序。Docker 镜像是 `tiagoantao/python-performance-dask`。

10.1 Dask 的执行模型

实现并行计算并非易事，尤其是对于分布式架构。在深入研究 Dask 并行计算之前，首先了解 Dask 的执行模型。我们将使用 Dask 编写一个类似于 pandas 的解决方案，并忽略底层实现，即不关心底层是串行还是并行。将讨论限制在执行模型上，可帮助我们理解 Dask 和 pandas 之间的差异。然后，在下一节中，将实现并行和分布式解决方案。

这个示例使用的是美国人口普查中美国 50 个州的税收数据。对于每个州，数据包含所有税收信息，包括从每个税源征收的金额明细。换句话说，数据不仅包括征收的总金额，还包括所得税、销售税、财产税等征收的金额。假设我们正计划在哪里买房，考虑的因素之一是房产税。因此，需要知道哪些州的税收收入中有很大一部分来自房产税，哪些州的房产税比例不高。我们的关注点是财产税占总税收收入的百分比。

要处理的表格不大，pandas 能轻松处理，但数据大小不是这里讨论的重点。我们关注的是执行模式。数据可以从 http://mng.bz/41ND 下载。

10.1.1 用于比较的 pandas 基线

先编写 pandas 代码，作为比较的基线。需要读取文件并清理数据，然后计算每个州的财产税比例:

```
import numpy as np
import pandas as pd

taxes = pd.read_csv("FY2016-STC-Category-Table.csv", sep="\t")          清洗 Amount 列，以
taxes["Amount"] = taxes["Amount"].str.replace(",",                      将其转换为浮点数。
  "").replace("X", np.nan).astype(float)
pivot = taxes.pivot_table(index="Geo_Name",                            沿 Tax_Type 对表进行透视。
columns="Tax_Type", values="Amount")
```

```
has_property_info = pivot[pivot["Property Taxes"].notna()].index

pivot_clean = pivot.loc[has_property_info]
frac_property = pivot_clean["Property Taxes"] / pivot_clean["Total Taxes"]
frac_property.sort_values()
```

首先读取文件，其中包括美国的州(称为 Geo_Name)、税收类型、该州对该类型税收的征收金额：

```
Geo_Name              Tax_Type          Amount
Alabama          Total Taxes         10,355,317
Alabama          Property Taxes      362,515
Alabama          Sales and Gross Receipts Taxes 5,214,390
Alabama          License Taxes       575,510
Alabama          Income Taxes        4,098,278
Alabama          Other Taxes         104,624
Connecticut      Total Taxes         15,659,420
Connecticut      Property Taxes      X
Connecticut      Sales and Gross Receipts Taxes 6,518,905
Connecticut      License Taxes       454,779
Connecticut      Income Taxes        8,322,645
Connecticut      Other Taxes         363,091
...
```

然后，对于包括非数字的 Amount 列，将 X 转换为 NA。因为要进行计算，只能有数字，不能有字符串。

接下来，对表进行透视。创建一个新的表格，每个税收类型有一列，每个州只有一行。这样可以简化计算，只需一行就可以得到所有信息。结果是：

```
index                  Income Taxes  Total Taxes ...  Property Taxes
Alabama    4098278     10355317      362515
Colorado   711711      12887859      NaN
```

然后删除所有没有房产税的行，最后计算房产税的比例：

```
Nebraska          0.000024
New Jersey        0.000147
Iowa              0.000147
Massachusetts     0.000213
....
Alaska            0.124577
New Hampshire     0.154625
Wyoming           0.177035
DC                0.326369
Vermont           0.338844
```

接下来实现 Dask 版本的代码。

10.1.2　实现基于 Dask 的数据帧解决方案

如以下代码所示，Dask 版本中的代码几乎是一样的：

```
import numpy as np                         导入 Dask 的数据帧接口。
import dask.dataframe as dd          ◀

taxes = dd.read_csv("FY2016-STC-Category-Table.csv", sep="\t")
taxes["Amount"] = taxes["Amount"].str.replace(",",
  "").replace("X", np.nan).astype(float)
taxes["Tax_Type"] = taxes["Tax_Type"].astype(        指定 Tax_Type 为用于透视
  "category").cat.as_known()          ◀          的分类数据。
pivot = taxes.pivot_table(index="Geo_Name",
    columns="Tax_Type", values="Amount")
has_property_info = pivot[                    因为 Dask 不支持 notna, 所
  ~pivot["Property Taxes"].isna()].index  ◀  以使用 isna。

pivot_clean = pivot.loc[has_property_info]
frac_property = pivot_clean["Property Taxes"] / pivot_clean["Total Taxes"]
```

这段代码和前面的代码非常相似。你几乎可以在导入 dask.dataframe(不是 pandas)的同时复制代码。

警告
虽然 Dask 的数据帧接口与 pandas 很类似，但 Dask 中没有实现某些功能，或者方法略有不同。这段代码只展示了 notna 以及需要将列指定为分类数据的情况，除此之外，还有其他要注意的点。我精心设计了这个示例，所以差异之处不是很多。这里的重点是，虽然 Dask 代码和 pandas 很相似，很多操作也相似，但 pandas 和 Dask 的数据帧在实现方面仍然存在不少差异。

如果你使用 pandas，这段代码到底实现了什么功能呢？虽然 Dask 的代码非常相似，但它所执行的任务完全不同。

print(frac_property) 并没有得到结果。相反，Dask 准备了一个执行计划，即任务图，以计算结果。任务图的节点是需要完成的操作，它的边是操作之间的依赖关系。接下来，考虑一个具体的示例。

Dask 可以导出可视化的任务图，命令如下：

```
frac_property.visualize(filename="10-property.svg", rankdir="LR")
```

图 10.1 展示了任务图中对应于代码前两行的部分。第一个节点表示 pd.read_csv。赋值语句的左侧部分 tax["Amount"].str.replace(",", "").replace("X", np.nan).astype(float) 由底线表示，赋值的右侧部分 tax["Amount"] =...由最右边的节点表示。

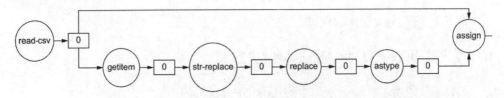

图 10.1 房产税计算任务图的开始部分，其中包括读取 CSV 文件、重新编码 Amount

接下来可以进行计算了。通过运行以下程序获得结果:

```
frac_property_result = frac_property.compute()
```

这将计算出结果并返回和前面示例一样的 pandas 数据帧。

现在,我们并不关心计算到底是如何执行的,可能是串行、多线程、多进程、基于集群、基于 GPU 或在云端。本节重点是,Dask 是惰性执行的,代码先创建任务图再执行。

理解了 Dask 的惰性执行(需要计算的时候再计算)和 pandas(或 NumPy)的立即执行(代码写完就执行)之间的区别,接着深入探讨算法的成本。

10.2 Dask 操作的计算开销

这一节讨论 Dask 操作的计算开销,讨论时不考虑执行环境。虽然在实践中,算法和执行环境是不可割裂的,但分析算法复杂度更加容易。Dask 分割的数据不适合内存可导致意想不到的后果,而这些后果与执行计算的环境无关。这里主要探讨普遍存在的问题,其他并行处理方法如 Spark,也存在类似的问题。

我们将执行一些非常简单的任务。首先,创建一个名为 `year` 的列,它只有 `Survey_Year` 的最后两位数字。因此,2016 年变成了 16 年。然后,将创建一个名为 `k_amount` 的列,该列是金额,但以千为单位(即除以 1000)。接下来,获取具有最高值的州。最后,按照税收总额对各州进行排序。

再次使用上一节的数据。虽然数据集很小,但可以强制 Dask 以类似于大数据集的方式来划分计算。在任何情况下,数据集是否"大"取决于硬件配置。

分区之前,首先加载数据并创建只有最后两位数字的年份列(例如,2016 年被转换为 16):

```
import numpy as np
import dask.dataframe as dd

taxes = dd.read_csv("FY2016-STC-Category-Table.csv", sep="\t")
taxes["year"] = taxes["Survey_Year"] - 2000
taxes.visualize(filename="10-single.svg", rankdir="LR")
```

如果将任务图可视化,如图 10.2 所示,你会看到文件读取是执行减法的必要操作。

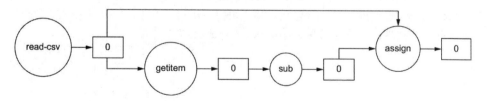

图 10.2 读取 CSV 文件,然后在列上执行减法

接下来展示如果对数据进行了分区，任务图会变成什么样。

10.2.1 处理数据分区

CSV 输入相当小，小于 15 KB，但是为了理解底层原理，假设硬件只能同时处理 5 KB。指示 read_csv 处理最大的分块为 5000 字节：

```
taxes = dd.read_csv("FY2016-STC-Category-Table.csv",
sep="\t", blocksize=5000)
taxes["year"] = taxes["Survey_Year"] - 2000
taxes.visualize(filename="10-block.svg", rankdir="LR")
```

如果将任务图可视化，可发现目前有三个独立的分区，如图 10.3 所示。15 KB 被分成三份，这样就能处理最大容量为 5000 字节的输入数据。

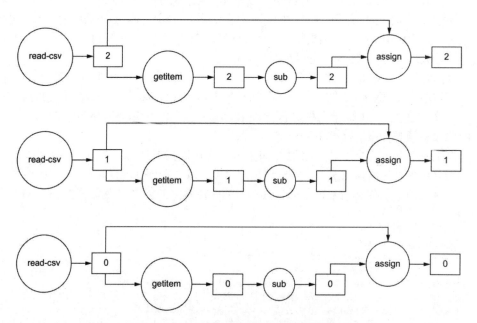

图 10.3 读取 CSV，使用三个分区执行减法

有了三个数据帧分区后，接着考虑数据帧在 Dask 中是如何实现的。我们的目标是强制 Dask 对数据进行分区，以了解分区如何影响 Dask 的任务图。图 10.4 描述了数据是如何分区的。在实现中，三个分区被渲染为三个 pandas 数据帧。

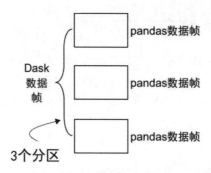

图 10.4　Dask 如何实现数据帧

　　Dask 数组(相当于 NumPy 数组的 Dask)也采取了类似的实现策略。Dask 数组在每个分区都被实现为 NumPy 数组。Dask 作为一个基于 Python 的解决方案，利用了现有的库来实现内部任务。接下来，再回到解决方案的实现。

　　现在我们对任务图分区有了基本了解，接下来讨论减少重复计算的策略。

10.2.2　中间计算持久化

　　正如上一节讨论的，在获得合适的数值之前，需要对金额列进行一些解析。因为大多数计算都取决于是否有正确解析的数值，所以要避免在使用该列时每次都要重新进行字符串转换。可以指示 Dask 持久化计算中间状态：

```
taxes["Amount"] = taxes["Amount"].str.replace(",",
  "").replace("X", np.nan).astype(float)
taxes = taxes.persist()
taxes.visualize(filename="10-persist.svg", rankdir="LR")
```

　　虽然.persist 调用的语法取决于具体的调度器，但假设所有节点的计算已经开始，所以该调用将执行任务图以清洗 Amount 列。执行.persist 后，不用再重复计算金额。虽然这个示例只是轻量计算，但是调用 persist 也可以呈现非常长的计算图。

　　维护数据分区的好处是仍然拥有分区在整个计算环境中的所有数据，并可以对分区发起并行查询。与之相对的是 compute，调用 compute 后可得到所有数据，如果想在此基础上进行更多计算，必须重新划分数据并将其发送给所有执行计算的进程。此外，如果完整的数据帧大于内存，计算会导致本地进程崩溃。

提示

　　处理单元之间传输数据的成本可能很高，特别是通过网络进行处理时，因为需要对数据进行序列化。另一方面，无法将所有数据都持久化，因为这可能需要大量内存。通常情况下，持久化对象是经常被重复使用并且产生少量数据的图节点。

　　现在就完成了对部分计算的优化，接下来计算具有最大税额的州，并按照征收的总税额对各州进行排序。

10.2.3　分布式数据帧上的算法实现

对于某些操作，算法的分布式实现与常见的顺序式实现相比，可能会有完全不同的成本。示例将对 Dask 数据帧与 pandas 数据帧进行比较。

执行一个简单的操作，把数据集的 Amount 列转换为千美元：

```
taxes["k_amount"] = taxes["Amount"] / 1000
taxes.visualize(filename="10-k.svg", rankdir="LR")
```

这个操作的任务图非常简单，如图 10.5 所示。在这种情况下，计算是在所有分区上并行进行的，非常高效。

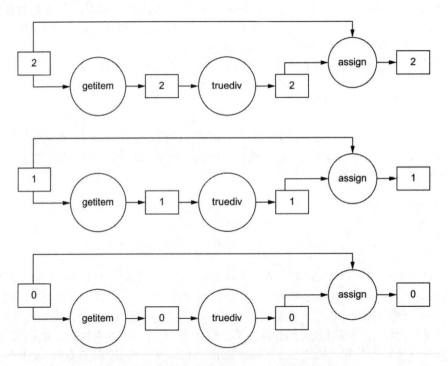

图 10.5　计算可以在分区上进行，且分区之间没有任何通信

再考虑一个更难在分布式系统中实现的操作，从计算好的数值中找到最大值。代码如下：

```
max_k = taxes["k_amount"].max()
max_k.visualize(filename="10-max_k.svg", rankdir="LR")
```

　　注意，每个分区的一个节点负责计算该分区的最大值。不过，每个分区的所有最大值都必须汇集到一个单独的进程中，以计算所有分区的最大值。这个过程有一些影响。当计算出最大值时，在最后的节点上停止并行，以获得所有分区的最大值。因此，数据必须从持有数值的分区转移到计算最大值的节点上。在这个操作的任务图中(如图 10.6 所示)，你可以看到数据从 series-max-chunk 三个任务过渡到 series-max-agg 任务。换句话说，需要从三个并行任务转移到单一任务以计算最大值，最后计算最大值的节点是性能瓶颈。

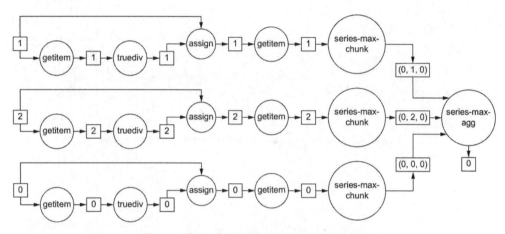

图 10.6　某些计算需要降低并行，如计算最大值

　　通常，与 pandas 或 NumPy 相比，Dask 的操作成本会有相当大的差异。如果操作需要在进程之间进行通信或停止并行处理，成本将会增加。根据底层架构的不同，具体的影响可能大不相同。

　　如果你不清楚某个操作的任务图拓扑结构，可以简单地渲染该操作的任务图，查看其结构并找到潜在的瓶颈。例如，图 10.7 显示了(高成本)操作 sort_values 的任务图。在这个案例中，barrier 和 shuffle-collect 任务对整个计算图造成了并行损失：

```
sv = taxes.sort_values("k_amount")
sv.visualize(filename="10-sv.svg", rankdir="LR")
```

　　有时你可能需要同时检查两个操作的任务图，因为 Dask 可能会对其进行优化。例如，groupby 之后的操作优化可能是完全不同的方式。不同 Dask 版本的优化方式甚至可能不同，所以除了检查 Dask 对具体操作的渲染方式外，并没有一般的规则。

　　这里没有列出低开销或高开销的 Dask 操作，主要有两个原因。首先，操作开销取决于执行环境。例如，云计算与大型多核计算机的情况不同。其次，Dask 一直在发展，不同版本的实现可能存在变化。重要的是要理解基本原理。

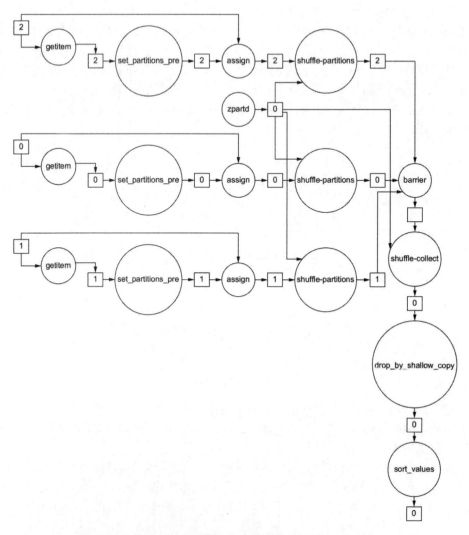

图 10.7 某些计算不仅复杂而且开销很高，如 sort_values

10.2.4 重新对数据进行分区

在某些情况下，根据任务图和执行环境，重新对数据进行分区有利于计算颗粒度。例如，假设为了完成部分高开销的计算，使用了更多的分区和更多的计算节点。完成计算后，如果进入计算量低的操作部分，可能会减少分区的数量。对于我们的示例，将分区数量从三个减少到两个：

```
taxes2 = taxes.repartition(npartitions=2)
taxes2.visualize(filename="10-repart.svg", rankdir="LR")
```

如任务图所示(图 10.8)，三个分区中的两个融合成一个新分区。如果两个新分区的数据量相似，那么效率会更高。

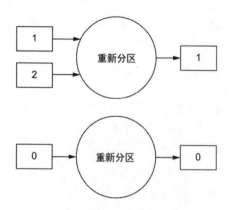

图 10.8　对不同数量的任务重新进行分区

因此，看看如何平衡这两个分区。遇到的第一个问题是 Dask 和 pandas 之间的语法差异。在进一步处理之前，应首先处理语法差异。

repartition 方法不仅可以根据分区的数量分割数据，还可以根据数据帧的索引将数据划分到各个分区。这需要知道索引，打印出来：

```
print(taxes.index)
```

输出如下：

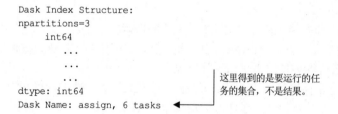

```
Dask Index Structure:
npartitions=3
     int64
        ...
        ...
        ...
dtype: int64
Dask Name: assign, 6 tasks
```

这里得到的是要运行的任务的集合，不是结果。

得到了一组要运行的任务，而不是最终的索引。因此，需要知道 compute 索引，这会带来一定计算开销，在大多数情况下会导致性能下降。

另一种方法是获取每个分区的边界。Dask 支持通过以下操作获取每个分区的边界：

```
print(taxes.divisions)
```

不过，输出如下：

```
(None, None, None, None)
```

没有得到索引列的值，而是得到 None。无法使用 None 计算重新分区。

我们陷入了左右为难的境地,需要索引以重新分区数据,但无法获取索引。使用 Dask 进行 read_csv 时,不会得到带有数值的索引,即使已经持久化了数据帧(至少在当前版本的 Dask 中)。

尝试通过设置索引获得起点,从而按索引重新分区。使用 Geo_Name 和 Tax_Type 作为索引列:

```
taxes = taxes.set_index(["Geo_Name", "Tax_Type"])
```

不过,当前版本的 Dask 不支持该操作,因为它还不支持多索引。这里的一个重要教训是,虽然 Dask 已在尽可能模仿 pandas 的接口和语法,但由于处理分布式数据结构的复杂性,仍存在一些限制和差异。Dask 已经表现良好,但还是存在一些问题。

提示
检查是否安装了最新的 Dask 版本。也许最新的 Dask 解决了以上问题。

接下来,尝试使用单列索引:

```
taxes = taxes.set_index(["Geo_Name"])
print(taxes.npartitions)
print(taxes.divisions)
```

输出如下:

```
3
('Alabama', 'Iowa', 'North Carolina', 'Wyoming')
```

结果不错,因为有三个分区:一个从阿拉巴马州开始,另一个从爱荷华州开始,最后从北卡罗来纳州到怀俄明州。

Dask 是惰性的,它是如何知道这些分区的呢?我们没有明确指示 Dask 计算新的数据帧。尽管如此,在某些情况下,set_index 是立即执行的,本来要用于渲染数据帧的算力被用来计算索引,后者可能会使用大量的计算资源。

重要的是,Dask 并不总是惰性的,所以对于某些操作,还要留意可能的计算开销。建议查询计算操作的文档,尤其是该计算操作可能是立即执行的类型。

有了索引后,将数据从三个分区重新划分为两个分区:

```
taxes2 = taxes.repartition(divisions=[
  "Alabama", "New Hampshire", "Wyoming"])
print(taxes2.npartitions)
print(taxes2.divisions)
```

输出如下:

```
2
('Alabama', 'New Hampshire', 'Wyoming')
```

通常,重新分区是高开销操作,只有当数据量不大,或者确信(即分析得出)重新分区有利时，才应该这样做。

这里针对 Dask 数据帧接口和 pandas 接口关系的讨论，可以扩展到 Dask 数组和 NumPy 数组。Dask 数组大多是通过惰性操作实现的，而且只实现了 NumPy 的部分接口，并且存在不同的语法。

接下来，将分布式数据帧存储到磁盘。

10.2.5　分布式数据帧持久化

为了将 taxe2 数据帧存储到磁盘，可以使用以下方法：

```
taxes2.compute().to_csv("taxes2_pandas.csv")
```

在这种情况下，要将 taxe2 分布式数据帧计算到 pandas 数据帧中。让 pandas 负责数据写入。将所有数据从计算节点转移到主节点的开销可能很高，或者数据甚至不适合放入内存，所以这个方法不适合。

警告

要注意"持久化"的含义。这里，"持久化"是指将数据传输到持久化存储设备，如硬盘。然而，Dask 也有 .persist 方法，用于计算并存储每个分区的对象。

可以让 Dask 通过以下方式写入节点中的数据：

```
taxes2.to_csv("partial-*.csv")
```

因为有两个分区，所以最终有两个 CSV 文件，即 partial-0.csv 和 partial-1.csv，这两个文件都具有表头。如果只想要一个文件，需要将子文件合并。

Parquet 格式(见第 8 章)可用于生成单一的持久化文件，每个分区可以独立写入数据：

```
taxes2.to_parquet("taxes2.parquet")
```

如果查看文件系统，会发现目录下有如下文件：

```
taxes2.parquet/
  _common_metadata
  _metadata
  part.0.parquet
  part.1.parquet
```

这些文件可以读取为单一的 Parquet 文件。如下所示，使用 Apache Arrow(见第 7 章)进行读取：

```
from pyarrow import parquet
taxes2_pq = parquet.read_table("taxes2.parquet")
taxes_pd = taxes2_pq.to_pandas()
```

因此，Parquet 作为一种格式，不仅能提供所有数据的一致性视图，也适合于分布式写入。

至此，我们了解了 Dask 任务的生成过程，但很少涉及执行问题。接下来是最后一步，即使用 Dask 在异构架构上进行高效并行计算，也就是调度。

10.3 使用 Dask 的分布式调度器

我们已经看到，Dask 倾向于使用惰性技术，只创建计算图，最终必须对其进行评估才能计算。为了在计算图的节点之间分配计算资源，Dask 使用了调度器。当在没有配置调度器的情况下计算任务图时，Dask 会自动根据任务图使用默认设置进行调度。以数据帧为例：

```
import dask
from dask.base import get_scheduler
import dask.dataframe as dd


df = dd.read_csv("FY2016-STC-Category-Table.csv")
print(get_scheduler(collections=[df]).__module__)
```

函数 get_scheduler 将返回执行任务图的函数。在我们的示例中，输出中打印的模块定义了该函数：

```
'dask.threaded'
```

顾名思义，数据帧的默认调度器是多线程的。Dask 提供了另外两个简单的调度器：一个是多进程的，一个是单线程的。单线程调度器特别适合于调试和分析，因为它通过严格的顺序执行降低了复杂度。但是对于生产环境来说，将使用更复杂的调度器：新的 Dask 分布式调度器取代了所有其他 Dask 调度器，更加灵活。

分布式调度器支持在多台机器上调度任务，并具有专门针对 HPC 集群、SSH 连接和云供应商等的实现。另外，它也具有在本地机器上的实现，可以是单线程或多线程的，也可以是基于多进程的。因此，分布式调度器包括内置调度器的所有计算方法。

接下来，将使用本地机器配置，所以不需要访问集群或云，但所有的基本功能都支持从单台机器上扩展到多台机器。

注意
本节的部分内容与第3章有重合，就像使用 Python 原生库一样，可以使用 Dask 在单台计算机上实现并行计算。但如果要进行扩展(即使用多台机器)时，Dask 是更好的选择。

我们将使用前一章的 Mandelbrot 生成器示例来展示 Dask 数组接口。此外，还有其他高效的 Mandelbrot 实现(如 Cython 或 Numba)。鉴于是在数组上进行原生的 Python 实现，Cython 或 Numba 实现的效率更高。实际上，对于非常大的图片，最高效的实现应该是基于 Cython 或 Numba 的 Dask 方案。接下来，先查看 dask.distributed 的架构。

10.3.1　dask.distributed 架构

图 10.9 展示的架构包括以下部分：

- 单一的集中式调度器——该调度器负责为所有 worker 调度任务。该调度器有一个网页数据看板，可检查计算的执行情况。
- Worker——worker 负责执行任务。每台机器可以有很多 worker。可以配置 worker，使其拥有任意多的线程。因此，在实践中，可以通过线程实现并行化，例如，worker 的线程数和 CPU 内核数一样多。或者，每个 CPU 内核有一个 worker 进程。每个 worker 都有一个数据看板和一个小型的附加进程，称为"进程保姆"，以持续监控 worker 的状态。
- 客户端——客户端可以连接到 Dask，使用调度器在 Dask 上部署任务，并检查调度器和 worker 的数据看板。

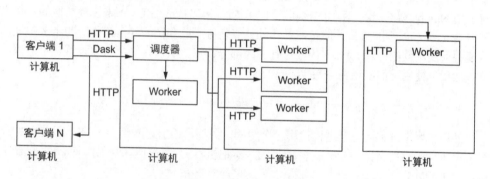

图 10.9　Dask 的执行架构

通常，组件中还将包括共享存储，例如共享文件系统，但这取决于具体环境。

在我们的示例中，只使用单台机器。所以，将在单台机器上启动所有进程。虽然还有更简单的架构部署方法，但这种方式可使所有组件都很清晰。

首先启动调度器：

```
dask-scheduler --port 8786 --dashboard-address 8787
```

如下所示，在调度器上启动 worker：

```
dask-worker --nprocs auto 127.0.0.1:8786
```

--nprocs auto 可使脚本判断在机器上启动多少个 worker，以及多少个线程。

我的计算机有 4 个内核，每个内核有两个线程，因此有 4 个 worker，每个 worker 有两个线程。可以从调度器数据看板上获取这些信息，浏览器打开地址 http://127.0.0.1:8787，在菜单中选择 Workers 标签，如图 10.10 所示。

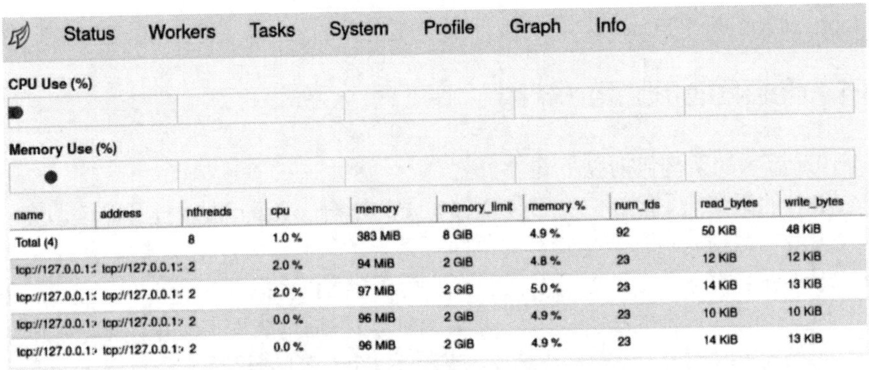

图 10.10　Dask 数据看板列出了 worker 信息

判断每台机器有多少个 worker，每个 worker 有多少个线程相当复杂，并且取决于任务。对于许多基于 NumPy 的问题，在配置正确的情况下是多线程的，可以从每台机器的单个 Python worker 开始。NumPy 会根据需要使用尽可能多的线程，线程数量由库做决定。对于用 Numba 或 Cython 优化的代码，因为两者都可以释放 GIL，脚本设置类似的参数来配置 worker 和线程的数量。但是，具体的计算任务可能存在差异。在我们的示例中，计算任务就是不同的：纯 Python 代码执行了大部分计算，所以为每个内核设置一个进程。

然后，使用下面的新命令启动 worker：

```
dask-worker --nprocs 4 --nthreads 1 --memory-limit 1GB 127.0.0.1: 8786
```

使用了 4 个进程，每个进程使用一个线程。另外，还指定内存为 1 GB，这是我的计算机上可用内存总量的一半。这样做是因为本地机器上运行有其他任务，在专用机器上可设置更高的内存。请根据具体环境调整这些配置参数。

为了进行分析，将把 worker 减少到两个，这样就可以讨论 worker 之间的通信，每个worker 只使用 250 MB。在我的计算机上，命令如下：

```
dask-worker --nprocs 2 --nthreads 1 --memory-limit 250MB 127.0.0.1:8786
```

接下来，将 Python 代码连接到调度器。在解决具体问题之前，首先检查基础配置：

```
from pprint import pprint
import dask.dataframe as dd
from dask.distributed import Client          ← 根据调度器的启动端
                                               口，连接到调度器。

client = Client('127.0.0.1:8786')  ◄──────
print(client)
for what, instances in client.get_versions().items():  ◄──
    print(what)
    if what == 'workers':                            get_versions 返回 Dask
        for name, instance in instances.items():     系统中各组件的信息。
            print(name)
            pprint(instance)
    else:
        pprint(instances)
```

通过创建指向入口的客户端对象连接到调度器。第一个打印的结果如下：

```
<Client: 'tcp://192.168.2.20:8786' processes=2 threads=2, memory=500.00 MB>
```

输出表明有两个 worker，每个 worker 有一个线程并占用 250 MB 的内存。
然后，打印出所有组件的信息。调度器如下所示：

```
scheduler
{'host': {'LANG': 'en_US.UTF-8',
          'LC_ALL': 'None',
          'OS': 'Linux',
          'OS-release': '5.13.0-19-generic',
          'byteorder': 'little',
          'machine': 'x86_64',
          'processor': 'x86_64',
          'python': '3.9.7.final.0',
          'python-bits': 64},
 'packages': {'blosc': '1.9.2',
              'cloudpickle': '1.6.0',
              'dask': '2021.01.0+dfsg',
              'distributed': '2021.01.0+ds.1',
              'lz4': None,
              'msgpack': '1.0.0',
              'numpy': '1.19.5',
              'python': '3.9.7.final.0',
              'toolz': '0.9.0',
              'tornado': '6.1'}}
```

输出中包含主机的信息，包括操作系统、处理器类型和 Python 版本，以及安装的库。
下面是两个 worker 和客户的简略信息：

```
workers
tcp://127.0.0.1:32931
{'host': {'LANG': 'en_US.UTF-8',
...
          'python-bits': 64},
  'packages': {'blosc': '1.9.2',
....
              'tornado': '6.1'}}
tcp://127.0.0.1:34719
{'host': {'LANG': 'en_US.UTF-8',
  ...
              'tornado': '6.1'}}
client
{'host': {'LANG': 'en_US.UTF-8',
...
              'tornado': '6.1'}}
```

需要确保库的版本是兼容的，这在多台机器的异构集群中很重要。在我们的示例中，由于机器同时是客户端、调度器和两个 worker，可以确保所有版本是同步的。然而，当涉及多台机器时，可能需要对库的版本进行调试。接下来部署代码。

10.3.2 使用 dask.distributed 运行代码

首先连接到调度器：

```
from dask.distributed import Client

client = Client('127.0.0.1 :8786')
```

除非覆盖客户端，否则所有的调用中都会隐式使用客户端。上一节介绍过，Dask 数据结构包含默认的调度器，但默认调度器会自动被分布式调度器取代。

提示

客户端对象暴露了一个显式接口，与 concurrent.futures API 非常相似。如果你想使用该接口，可参考第 3 章。在示例中，将通过数据科学类型的接口来使用分布式框架，即 dask.array，它模仿了 NumPy。

使用 NumPy 的通用函数方法。事实上，这里计算 Mandelbrot 集中单独一点的代码与前一章完全相同：

```
def compute_point(c):
    i = -1
    z = complex(0, 0)
    max_iter = 200
    while abs(z) < 2:
        i += 1
        if i == max_iter:
            break
        z = z**2 + c
    return 255 - (255 * i) // max_iter
```

为了计算 Mandelbrot 集，必须准备一个矩阵，其中每个单元都有用复数编码的二维位置。上一章使用了如下编码：

```
def prepare_pos_array(size, start, end, pos_array):
    size = pos_array.shape[0]
    startx, starty = start
    endx, endy = end
    for xp in range(size):
        x = (endx - startx)*(xp/size) + startx
        for yp in range(size):
            y = (endy - starty)*(yp/size) + starty       ← 设置位置数组。
            pos_array[yp, xp] = complex(x, y)
```

前面的代码理论上是可行的，但在实践中不可行。注意，最后一行不是在数组单元中存储位置，它实际上是在任务图中创建任务来计算结果。为了明确这一点，创建一张大小为 3×3(即分块大小为 3)的小型图片：

```
size = 3
pos_array = da.empty((size, size), dtype=np.complex128)
prepare_pos_array(3, start, end, pos_array)
pos_array.visualize("10-size3.png", rankdir="LR")
```

图 10.11 展示了任务图。一共创建了 9 个任务，每个任务更新一个单独的像素/单元。这个方案对微小的图片可行，但无法用于较大的图片。对于 1000×1000 的图片，需要处理 100 万个任务。

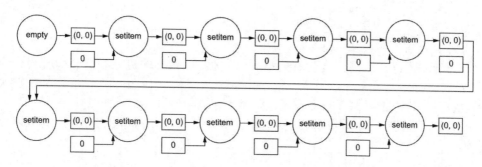

图 10.11　运行 9 个像素的初始化代码的任务图

理论上的替代方法是创建一个本地的 NumPy 数组，在本地初始化，然后再拆分。只要 NumPy 数组可在内存中使用，该方法就可行，但这违背了 Dask 的部分功能，即处理大于内存的数据结构。

另一个可行的方法是使用 Dask 在整个数据结构的每个独立分区上进行计算，从而大大减少了任务的数量：

```
size = 1000
range_array = da.arange(0, size*size).reshape(size, size)
range__array = pos_array.rechunk(size // 2, size // 2)    ← 将数组分为 4 块，大小为(500, 500)。
range__array.visualize("10-rechunk.png", rankdir="TB")
range_array = range_array.persist()
```

现在的图片大小为 1000×1000。使用范围数值初始化数组，这样就能计算二维坐标(详见下面的代码)。我们从尺寸为 1000×1000 的一维数组开始，然后将其重塑为(1000, 1000)。

然后，以(500，500)为单位对数组进行重新分块，最后得到四个分块。最后，将数组持久化到四个分块中，准备计算二维位置。

接下来准备位置数组。创建数组，并将二维位置编码为复数：

```
def block_prepare_pos_array(size, pos_array):
    nrows, ncols = pos_array.shape
    ret = np.empty(shape=(nrows,ncols), dtype=np.complex128)
    startx, starty = start
    endx, endy = end
    for row in range(nrows):
```

```
        x = (endx - startx) * ((pos_array[row, 0] // size ) / size) + startx
        for col in range(ncols):
            y = (endy -
        starty) * ((pos_array[row, col] % size) / size) + starty
              ret[row, col] = complex(x, y)
    return ret
```

该函数根据原始单元格中的值，将范围数组转换为位置数组。用到的算法很简单，即将一维坐标转换为二维坐标。需要注意另一点，查看如下代码：

```
pos_array = da.blockwise(
    lambda x: block_prepare_pos_array(size, x),
    'ij', range_array, 'ij', dtype=np.complex128)
pos_array.visualize("10-blockwise.png", rankdir="TB")
```

这段代码指示 Dask 将 `block_prepare_pos_array` 的初始化代码应用于每个分块。指定 `range_array` 作为输入参数。注意有两个参数 `ij`(即 `i` 和 `j`)，指示 Dask 输入参数的形状和输出参数之间的关系(即它们具有相同的形状)。

这段代码只创建了 4 个任务，如图 10.12 所示。如果使用原始代码，则会有 100 万个任务。

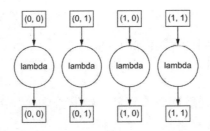

图 10.12　使用分块函数运行初始化代码的任务图

接下来，在矩阵上调用 Mandelbrot 代码：

```
from PIL import Image

u_compute_point = da.frompyfunc(compute_point, 1, 1)

image_arr = u_compute_point(pos_array)
image = Image.fromarray(image_np, mode="P")
image.save("mandelbrot.png")
```

这段代码使用 `frompyfunc` 将 Python 函数转换为 NumPy 通用函数。然后在 `pos_array` 矩阵上调用该函数。

接下来，对代码做一些基本分析。我们主要想查看使用大型图片对性能的影响。执行一些简单分析操作的代码如下：

```
from time import time
```

```
def time_scenario(size, persist_range, persist_pos, chunk_div=10):
    start_time = time()
    size = size
    range_array = da.arange(0, size*size).reshape(size, size).persist()
    range_array = range_array.rechunk(size // chunk_div, size // chunk_div)
    range_array = range_array.persist() if persist_range else range_array
    pos_array = da.blockwise(
        lambda x: block_prepare_pos_array(size, x),
        'ij', range_array, 'ij', dtype=np.complex128)

    pos_array = pos_array.persist() if persist_pos else pos_array
    image_arr = u_compute_point(pos_array)
    image_arr.visualize("task_graph.png", rankdir="TB")
    image_arr.compute()
    return time() - start_time
```

该函数运行 Mandelbrot 代码，对图片大小进行参数化。另外，还对分块进行参数化，同时持久化两个中间数组。该函数返回执行所需的秒数，作为对代码的粗略分析。

对大小为 500 的图片(即图片大小为 500×500)运行代码，chunk_div 为 2(即 4 个分块)：

```
size = 500
time_scenario(size, False, False, 2)
```

图 10.13 展示了任务图，显示有 4 个分块和计算的数量，即 lambda 和 frompyfunc 节点，也是 4 个。

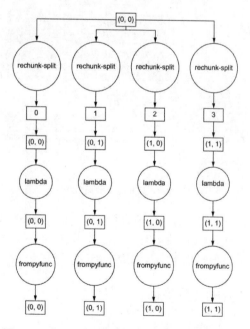

图 10.13　使用 4 个分块计算 Mandelbrot 大小的任务图

再以 5000 的大小(即 5000×5000 的图片)运行代码，chunk_div 为 10(即 100 块)。运行之前，用浏览器打开地址 http://127.0.0.1:8787(即 Dask 数据看板)：

```
size = 5000
client = client.restart()
time_scenario(size, True, True, 10)        运行代码后，刷新浏览器看板。
```

当运行 time_scenario 时，能看到计算的实时动画。书中无法展示视频，仅用图 10.14 展示了计算正在进行时的数据看板。主看板上有 5 张图。因为有 4 个 worker，因此它具有与图 10.13 类似的拓扑结构的任务图，但它包含 100 列，不仅仅是 4 列：

- 左上角的小图报告了所有 worker 中存储的字节数。
- 左边的第二张图展示了每个 worker 使用的内存，所以它是左上角图的更详细版本。
- 左下方的图列举了每个 worker 上处理的任务数量。
- 主图(右上角)的 X 轴是时间，Y 轴是 worker。每个分块代表任务图中的一个任务。不同的颜色(书中为灰度)对应不同的任务类型。
- 最后，右下角的图提供了所有任务的状态。

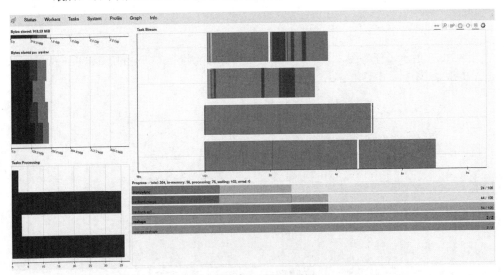

图 10.14　Dask 的数据看板

我们鼓励读者探索 Dask 数据看板的所有页面。例如，Profile 页面可视化展示了代码配置文件，类似 SnakeViz，Graph 页面会展示任务图中所有任务的实时状态。

最后，探讨 Dask 如何处理大于内存的数据集。

10.3.3　处理大于内存的数据集

Dask 支持处理大于内存的数据集。当使用多台计算机时，具有更多的内存，Dask 会将数据结构分配到不同的计算机。

　　另一种处理大于内存的数据集的办法是将其暂时存储到磁盘上。然而，这种方法性能一般。

　　本节对 10000×10000 的超大型数据集运行 Mandelbrot 代码。在一次运行中使用.persist 处理中间数组，在另一次运行中则不做持久化处理：

```
size = 10000
print(size, False, False, time_scenario(size, False, False))
print(size, True, True, time_scenario(size, True, True))
```

　　这段代码在我的计算机上的输出结果是：

```
10000 False False 696
10000 True True 752
```

　　第二个版本比较慢，因为持久化中间矩阵和计算所需的内存，大于 worker 可用的内存。从数据看板也能发现这个内存问题。例如，图 10.15 展示了左上方的两张图。第一张图的标题表明正在发生内存溢出。另外，两张图上的不同颜色(书中为灰度)表明数据存储在不同的位置。

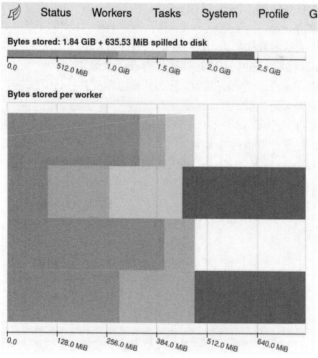

图 10.15　Dask 数据看板的左上角显示发生了内存溢出

　　溢出会导致延迟，比存内计算要慢几个数量级。为了解决溢出问题，最直接的方法是增加内存或更多的机器。在任何情况下，尽量避免发生溢出，或者确保性能不会受到很大的损失。

本章介绍了 Dask 的基本概念。有了这些信息，就可以理解使用 Dask 时有关性能的基本原理，并将这些原理应用于完全不同的底层架构，以解决各个架构特有的性能瓶颈。

10.4 本章小结

- Dask 支持将计算分布在多台机器上。
- Dask 支持处理大于内存的对象，如数据帧和数组。
- Dask 实现了流行的 API 的子集，如 pandas 和 NumPy，但 Dask 的 API 具有不同的语法，因为 Dask 的大部分 API 是惰性的。
- 在 Dask 中，可以在执行代码前检查任务图，这有助于了解计算过程。在某些情况下，可使用替代方案进行优化。
- Dask 支持调整计算执行方式的颗粒度。例如，可以要求计算节点在本地保存数据，以便在之后的计算中高效复用。
- 如果有助于提高计算速度，用户可以在各节点之间重新分区数据。然而，重新分区会导致跨节点传输数据，有性能损失。
- 在较低的任务级别，Dask 依赖 pandas 和 NumPy，可以直接使用这些库。
- Dask 提供了 `concurrent.futures` 类型的接口，类似于第 3 章中讨论的接口。
- 数据分析的基本算法必须考虑 Dask 对分区数据的使用。分区使得某些算法的性能与 pandas 或 NumPy 中的顺序执行存在很大区别。
- Dask 提供了若干调度器。其中，分布式调度器支持将计算部署到不同架构中，包括从单机到大型集群。
- Dask 提供了调度器 `dask.distributed`，它支持在多种架构上分配任务，涵盖从单机到科学计算集群或云端。
- `dask.distributed` 提供了强大的数据看板功能，可用于查看任务和分析分布式应用。

附录 *A*

搭建环境

本附录内容
- 设置 Anaconda
- 设置 Python 发行版
- 设置 Docker
- 硬件

附录 A 提供了关于搭建环境方面的建议。这里使用的是 Python 3.10。

你可以使用任何喜欢的操作系统。现在，大多数生产代码通常部署在 Linux 上，但你也可以使用 Windows 或 Mac OS X。Mac 和 Linux 的使用没有太大区别。使用 Windows 则比较困难，如果你使用的是 Windows，建议安装一些 Unix 工具，例如 Bash shell，或者可以使用 Windows 的 Linux 虚拟机，还可以使用 Cygwin。

所有操作系统上都通用的方法是使用 Docker 镜像，镜像中包括所需的软件。如果使用 Docker，则要为操作系统安装 Docker。我提供了默认的 Docker 镜像，对于需要专门软件的章节，我还提供了特定的 Docker 镜像，章节中会有具体说明。

本书涉及的完整软件列表位于各 `Dockerfile` 文件。因为列表过长，这里不列出。即使你不使用 Docker，这个列表也是有用的。本书的代码库地址是 https://github.com/tiagoantao/python-performance。

A.1 设置 Anaconda Python

Anaconda Python 可能是数据科学和工程领域最常用的发行版。我推荐使用它运行本书的代码。安装完 Anaconda 后，创建虚拟环境：

```
conda create -n python-performance python=3.10 ipython=8.3

conda install pandas numpy requests snakeviz line_profiler blosc
```

有些章节还会需要其他软件。这种情况下，我建议克隆原来的环境，为每一章创建新的虚拟环境。命令如下：

```
conda create --clone python-performance -n NEW_NAME
```

克隆后，你可以在新环境中安装任何软件，且不影响原来的环境。

我还建议你为每一章创建一个单独的环境，以避免不同的软件包和库之间发生冲突。即便使用好的软件包管理器，如 conda，软件包管理仍然可能存在问题，所以推荐独立环境。

> **更新 conda 环境**
> 如果你是 Anaconda 老用户，最好使用以下方法创建新环境：
>
> ```
> conda create -n python-performance python=3.10
> conda activate python-performance
> ```
>
> 更新旧环境会花费很多时间，甚至会失败。如果你是新 Anaconda 用户，应该考虑为全书或者最好为每章都创建单独的环境。

A.2　安装自己的 Python 发行版

你可以选择喜欢的任何 Python 发行版，但我强烈推荐 Anaconda Python，因为它是数据科学和高性能计算的事实标准。如果你安装了 Anaconda(而不是 Miniconda)，就拥有了本书中大部分开箱即用的软件。对于本书，极力推荐用户使用 Anaconda。如果你使用其他发行版，可能需要根据各章提供的安装说明(对于有特殊需要的章节)进行调整。我建议使用 Poetry(https://python-poetry.org/)这样的工具，一定程度上它能进行软件包管理。

另外，还需要安装标准的库，如 NumPy 和 SciPy。为了绘制图表，需要安装 matplotlib。有些章节需要特定的库，例如 Cython、Numba、Apache Arrow 或 Apache Parquet。如果你既不使用 conda 也不使用 Poetry，可以使用 pip 安装软件。

A.3　使用 Docker

如果你不想安装软件包，或者使用的是 Windows，还可以通过 Docker 使用编程环境。我提供了 Docker 镜像，包含了运行代码所需的一切。这些 Docker 镜像可提供 Linux 环境，独立于操作系统。

基本镜像可以按以下方式运行：

```
docker run -v PATH_TO_THE_REPOSITORY:/code -ti tiagoantao/python-performance
```

第一次运行这段代码时，Docker 会下载镜像，这可能需要一些时间。通过 shell，能在 /code 目录中找到代码。对于有特殊软件要求的章节，我提供了专门的 Docker 镜像。

A.4　硬件

本书中使用的软件相当标准，但它们的设置可能很棘手，甚至会导致错误，例如：

- 编译和连接库的方式对性能有很大影响(见第 4 章对 NumPy 的介绍)。如果根据前面的建议安装了推荐的发行版，大概率可以保证性能。如果没有安装(特别是自己编译软件)，请务必阅读第 4 章的最后一节。
- 如果你使用书中所提供的 Docker 镜像，那么在虚拟环境中，将很难判断是否完全控制了计算过程，这将使性能分析，特别是 CPU 缓存的可靠性降低。
- 如果你使用台式机，并且计算机上正在运行其他任务，也可能发生同样的问题。
- 云实例也会存在同样的问题，除非你能访问整个物理机器，这是有可能的(虽然昂贵)，但没有共享物理主机常见。
- 不同的硬件配置可以有完全不同的性能特征。例如，固态硬盘的读取性能通常比普通磁盘要好很多。CPU、CPU 缓存、内部总线、内存、磁盘和网络也有类似的性能差异，尤其是对于性能分析和缓存问题(CPU、磁盘或网络)方面。
- 为了从不同角度探究配置问题，配置良好的生产型裸机可能是最适合的探究各种方法的设备。
- 第 9 章涉及 GPU，需要使用最新的 NVIDIA GPU，至少是 Pascal 架构的 GPU。

我们将在本书中深入讨论所有这些问题。更重要的一点是，虽然书中列举的示例很有趣，但读者应该通过示例深入理解性能问题，并能将掌握的知识用于具体案例。所以在更高层面上，深入理解性能问题才是真正的目标，示例只是手段而不是目标。

使用 Numba 生成高效的底层代码

Numba 是可以将 Python 代码自动转换为 CPU 或 GPU 原生代码的框架。对于 CPU，Numba 是 Cython 的替代品。正文使用一章篇幅介绍 Cython(而不是 Numba)，是因为本书的主题是理解代码原理，不仅仅是使用代码。虽然 Numba 很出色，但不利于教学。

在解决实际问题方面，Numba 和 Cython 一样出色，甚至更好。因为 Numba 只需做更少的工作，就能实现类似的结果。从可用性的角度，建议读者将 Numba 作为 Cython 的替代品，优先使用 Numba 可能更好。

Numba 接收 Python 函数，并在运行该函数时动态地将其转换为优化的机器代码。换句话说，Numba 是即时(Just-In-Time，JIT)编译器。

在本附录中，将为 CPU 开发一个示例。可以将这个示例作为 GPU 章节所需的 Numba 介绍，也可以将其作为学习 CPU 和 Numba 的单独示例。

为了运行代码，需要安装 Numba。如果使用 conda，安装命令是 `conda install numba`。如果使用 Docker，镜像是 `tiagoantao/python-performance-numba`。

示例是计算 Mandelbrot 集，并比较 Python 版本和 Numba 版本的速度。Mandelbrot 集的图形如图 B.1 所示。Mandelbrot 集是在复数空间上进行计算的，因此需要使用复数，它研究迭代方程 $z=z^2+c$ 会发生什么。

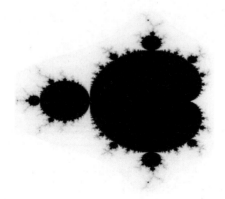

图 B.1　Mandelbrot 集的灰度渲染图

在方程 $z=z^2+c$ 中，c 是空间中的一个点，z 开始于(0，0)。计算过程并不复杂，代码如下所示：

```
def compute_point(c, max_iter=200):          ←──────────  指定最大迭代数，否则迭代次数
    num_iter = -1                                           是无限的。
    z = complex(0, 0)   ←──────────────  Python 支持复数。
    while abs(z) < 2:
        num_iter += 1
        if i == max_iter:
                    break
        z = z**2 + c    ←──────────────  Mandelbrot 方程 $z=z^2+c$。
    return 255 - (255 * num_iter) // max_iter
```

输入是空间中的点 c。我们感兴趣的是方程 $z=z^2+c$ 中开始于(0，0)的 z 的绝对值大于 2 时的迭代次数。迭代次数决定了位置 c 的像素颜色。规定了一个最大的迭代次数，因为接近 0 的点可能永远不会超过 2，而此时的迭代次数是无限的。

当 z 与原点的距离大于 2 时，停止迭代。离原点很远的点在第一次迭代时就停止了，而靠近原点的点则一直迭代。为了限制计算次数，用 max_iter 定义了最大迭代次数。在边界周围，迭代次数以一种混乱的方式变化(图 B.1 中的灰色)。图 B.1 显示了在 1.5-1.3i 和 0.5 + 1.3i 之间的复数空间中迭代次数向灰色渐变，最大输出为 255。

因此，计算 Mandelbrot 集的主函数是非常简单的。这里使用的 Mandelbrot 集实际上比标准版本略微复杂一些，因为我们将输缩到 0~255，而不管迭代次数如何。重新缩放可使绘制 8 位灰度图片更简单(因为是黑白印刷，所以使用灰度图片)。

B.1 使用 Numba 生成优化代码

现在使用@jit 装饰器创建 Numba 版本的函数：

```
from numba import jit

compute_point_numba = jit()(compute_point)
```

不要被装饰器吓到，装饰器只不过是语法糖而已。因为我们想比较 Python 和 Numba 代码的性能，所以使用装饰器更方便，装饰器的@语法只会生成 Numba 版本的代码。

由于 Numba 是 JIT，第一次调用该函数会将其编译为 LLVM 表示，这是一次性操作。后面会使用假调用，以免这个一次性操作影响性能分析：

```
compute_point_numba(complex(4,4))
```

必须小心处理可能导致副作用的函数，即确保假调用不会产生不良后果。在大多数不进行基准测试的生产环境中，可以忽略该步骤。

现在有了两个版本的代码，即 **Python**(compute_point)和 **Numba** 优化的(compute_ point_numba)代码。需要为想要绘制的每一个点调用这些函数，包括开始坐标、结束坐标、分辨率，且 X 和 Y 坐标具有相同的分辨率：

```
def do_all(size, start, end, img_array, compute_fun):
    startx, starty = start
    endx, endy = end
    for xp in range(size):
        x = (endx - startx)*(xp/size) + startx # precision issues
        for yp in range(size):
            y = (endy - starty)*(yp/size) + starty # precision issues
            img_array[yp, xp] = compute_fun(complex(x,y))
```

这个简单的函数会计算所有的点，该函数也可以转换为矢量化方法。size 是每个维度的像素数，start 和 end 是复数空间上的位置，img_array 是输出数组，compute_fun 是用来计算每个位置的值的函数。

对于如何计算 x 和 y 坐标，有一个小小的细微差别。理论上，可以在当前位置添加一个差值(delta)，如下所示：

```
x = startx
deltax = (endx - startx) / size
for xp in range(size):
    ....
    x += deltax
```

这个方法稍快，但问题是精度误差会在迭代中不断累积，导致可能得到错误的结果。因此，仍然使用开销更大的 x = (endx - startx)*(xp/ size) + startx。

为了生成图片，参数如下：

```
size = 2000
start = -1.5, -1.3
end = 0.5, 1.3

img_array = np.empty((size, size), dtype=np.uint8)
```

还需要初始化输出的数组。

现在，比较运行 Python 和 Numba 代码的时间。使用 IPython，方法如下：

```
In [2]: %timeit do_all(size, start, end, img_array, compute_point_numba)
4.71 s ± 105 ms per loop (mean ± std. dev. of 7 runs, 1 loop each)

In [3]: %timeit do_all(size, start, end, img_array, compute_point)
50.4 s ± 2.94 s per loop (mean ± std. dev. of 7 runs, 1 loop each)
```

在我的计算机上，得到了 10 倍的性能提升。

从这个示例中可以看出，Numba 在自动优化 Python 代码方面相当出色，但是 Numba 也存在 Cython 中的问题，即如果不绕开 CPython 对象机制，性能就会受到影响。下面通过示例说明这个问题。对于 Numba 优化示例，强制 Numba 生成与 CPython 绑定的代码，并查看其对性能的影响：

```
compute_point_numba_forceobj = jit(forceobj=True)(compute_point)
```

运行时间如下：

```
In [2]: %timeit do_all(size, start, end,
    img_array, compute_point_numba_forceobj)
1min 46s ± 2.46 s per loop (mean ± std. dev. of 7 runs, 1 loop each)
```

现在的运行时间时是 1 分 46 秒。注意，这个示例展示了最坏的情况。Numba 有时即使不能优化全部代码，也可以优化部分代码。

要强制 Python 编译，可在装饰器中添加 nopython=True。如果 Numba 不能编译函数，一定要检查 Numba 文档，地址是 https://numba.readthedocs.io/en/stable/user/5minguide.html，从中查看哪些 Python 函数支持编译。这里不一一赘述，因为文档内容会持续更新。

B.2 使用 Numba 编写并行函数

Numba 也支持编写并行线程代码，有时可以释放 GIL：

```
from numba import prange                          指定 parallel=True，通过
                                                  nogil=True 释放 GIL。
@jit(nopython=True,parallel=True,nogil=True)
def pdo_all(size, start, end, img_array, compute_fun):
    startx, starty = start
    endx, endy = end
    for xp in prange(size):                        使用 prange 函数。
        x = (endx - startx)*(xp/size) + startx
        for yp in range(size):
            y = (endy - starty)*(yp/size) + starty
            b = compute_fun(complex(x, y))
            img_array[yp, xp] = b
```

通过使用 prange 要求 Numba 将循环转换为并行。因为代码没有 GIL(即不涉及 CPython)，并行是可行的。结果如下所示：

```
In [3]: %timeit pdo_all(size, start, end, img_array, compute_point_numba)
1.41 s ± 35.6 ms per loop (mean ± std. dev. of 7 runs, 1 loop each)
```

在我的计算机上，这段代码的性能是串行版本的 3 倍多。虽然结果不错，但与计算机拥有的 8 个内核并不成正比。Numba 函数在某些情况下(即 Numba 可以完全绕开 Python 解释器时)可以生成真正的并行代码。

B.3　使用 Numba 编写 NumPy 代码

使用 Numba 转换 Python 代码后，再考虑如何使用 NumPy 通用函数，因为集成到 NumPy 是数据科学应用的基础。Numba 函数可以转换为常用于数据科学中的 NumPy 通用函数。转换过程非常简单：

```
from numba import vectorize

compute_point_ufunc = vectorize(
    ["uint8(complex128,uint64)"],
    target="parallel")(compute_point)
```

使用 `vectorize` 函数封装 `compute_point`。我们指定该函数可以并行运行。另外，还必须提供函数签名的类型列表。可选参数，如 `max_iter`，在实践中是必须设置的。

这段代码的使用方式不同，需要传入结果的位置矩阵：

```
size = 2000
start = -1.5, -1.3
end = 0.5, 1.3

def prepare_pos_array(start, end, pos_array):
    size = pos_array.shape[0]
    startx, starty = start
    endx, endy = end
    for xp in range(size):
        x = (endx - startx)*(xp/size) + startx
        for yp in range(size):
            y = (endy - starty)*(yp/size) + starty
            pos_array[yp, xp] = complex(x, y)

pos_array = np.empty((size, size), dtype=np.complex128)
prepare_pos_array(start, end, pos_array)
```

`prepare_pos_array` 包含所有要计算的坐标位置的输入数组。这种方法的缺点是需要在内存中存储位置和结果数组。

对代码进行计时：

```
%timeit img_array = compute_point_ufunc(pos_array, 200)
```

在我的计算机上，输出如下：

```
In [2]: %timeit img_array = compute_point_ufunc(pos_array, 200)
539 ms ± 7.17 ms per loop (mean ± std. dev. of 7 runs, 1 loop each)
```

没有花费太大精力，就使代码的运行速度比非 NumPy 并行版本几乎快了 3 倍。

希望本附录能帮助读者入门 Numba。如果对使用 Numba 生成 GPU 代码感兴趣，可阅读第 9 章。